"十二五"普通高等教育
本科国家级规划教材

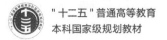

U0181413

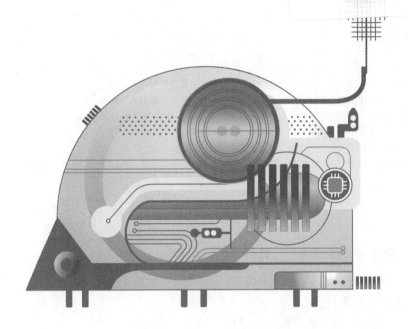

电力电子技术

第 3 版

浣喜明 编著

高等教育出版社·北京

内容提要

全书内容按照"电力电子器件、电力电子电路及其控制技术和电力电子装置"的编写思路分为三部分。

第一部分内容包括常用电力电子器件(如 SCR、GTO、VDMOS、IGBT、SIT、SITH、MCT、PIC 等)的工作原理、特性、参数、驱动电路及保护方法;第二部分包括直流变换电路、逆变电路、整流电路和交流变换电路在内的四大类电力电子电路的工作原理、参数计算方法和应用范围,还介绍了软开关技术的内容、相控技术和 PWM 控制技术在上述各种电路中的应用;第三部分从应用的角度出发,介绍了多种典型电力电子装置的组成、工作原理和实际应用,同时还介绍了先进控制技术在电力电子装置中的应用以及电力电子装置的可靠性与抗电磁干扰技术。

本书适用于高等学校电气工程及其自动化、自动化以及机械电子工程等专业,也可供有关工程技术人员参考。

图书在版编目(CIP)数据

电力电子技术/浣喜明编著.--3 版.--北京:
高等教育出版社,2021.6
ISBN 978-7-04-056002-2

Ⅰ.①电…　Ⅱ.①浣…　Ⅲ.①电力电子技术-高等学
校-教材　Ⅳ.①TM76

中国版本图书馆 CIP 数据核字(2021)第 065873 号

Dianli Dianzi Jishu

| 策划编辑 | 韩　颖 | 责任编辑 | 韩　颖 | 封面设计 | 张申申 | 版式设计 | 徐艳妮 |
| 插图绘制 | 邓　超 | 责任校对 | 高　歌 | 责任印制 | 田　甜 | | |

出版发行	高等教育出版社		网　址	http://www.hep.edu.cn
社　址	北京市西城区德外大街 4 号			http://www.hep.com.cn
邮政编码	100120		网上订购	http://www.hepmall.com.cn
印　刷	北京鑫海金澳胶印有限公司			http://www.hepmall.com
开　本	787mm×1092mm　1/16			http://www.hepmall.cn
印　张	17.5		版　次	2004 年 8 月第 1 版
字　数	380 千字			2021 年 6 月第 3 版
购书热线	010-58581118		印　次	2021 年 6 月第 1 次印刷
咨询电话	400-810-0598		定　价	36.00 元

第 3 版前言

高等教育出版社分别于 2004 年、2011 年出版了本书的第 1 版和第 2 版,其中第 1 版为教育科学"十五"国家规划课题研究成果教材,第 2 版被评为"十二五"普通高等教育本科国家级规划教材。本书出版后,得到国内众多院校相关专业的师生和企业、事业单位工程技术人员关注和关心,有选作教材的,有定为专业参考书的,还有读者提出了很多宝贵的修改意见。在此,我谨向长期关心、支持本书的各位同仁志士表示衷心的感谢!

综合各方面的建议,本书按照"合理选择知识点,突出基本概念,强调系统性,注重理论联系实践"的原则重新调整编写。全书共分为电力电子器件、电力电子电路及其控制技术和电力电子装置三部分。作为高等本科院校电气类各相关专业的教材,为了满足本学科知识更新和应用技术的发展,以及电气类相关专业人才培养方案和教学内容改革的需要,本书在第 2 版的基础上作了适当修改:

1. 在"电力电子器件"一章增加了碳化硅大功率电力电子器件及其应用的内容;

2. "整流电路"一章删去了部分较繁琐的数学表述和应用技术上过时的内容;

3. "直流变换电路"一章对降压变换电路的内容进行了部分调整;

4. 为了保证本书既有理论的完整性、严密性,又不失去先进性,增加了相关内容,删去原附录中常用电力电子器件型号及参数的内容(这些资料可以非常方便地从互联网获取);

5. 本书配套提供丰富的教学资源,包括教学大纲、教学计划、PPT 教学课件、习题解答和课后复习资料等,可方便教师教学,帮助学生学习。

本书在制订编写大纲、精选教学内容、课程应用实例和电力电子器件产品图样等方面得到了许多国内和国外知名企业以及行内专家的帮助,作者表示衷心的感谢。

作者还对书末所列参考文献的作者表示衷心的感谢。

本书的第 1 版和第 2 版由姚为正和浣喜明共同担任主编,姚为正对教材编写作出了重要贡献,由于他长期担任国家电网许继集团有限公司主要领导职务而工作繁忙,无法抽出时间和精力参与本书改编,为了尊重其本人意愿,本书不再署名。

由于作者学识水平有限,书中一定有很多疏漏和错误之处,期望本书的读者批评指正。作者 E-mail:huanxm@163.com。

编者

2020 年 12 月

第 2 版前言

本书的第 1 版于 2004 年由高等教育出版社出版，多年来受到国内众多高等学校相关专业的师生的关心和爱戴，将本书选作教材。本书有成功之处，得到广大读者的肯定，也有不足之处，谢谢读者提出了很多宝贵的修改意见。为了适应高等教育迅速发展的形势需要以及电气信息类专业人才培养方案和教学内容体系改革的需要，本书在第 1 版的基础上作了适当修改，主要变化有：

1. 第 2 版中"概述"不单独设为一章，精选内容后仍然命名为"概述"；

2. 在"电力电子器件"一章减少对器件微观特性的描述，加强对全控型器件的特性和驱动与保护电路介绍；

3. 在"软开关技术"一章中加入移相全桥型零电压软开关 PWM 变换电路的内容；

4. 在"无源逆变电路"一章中增加多重逆变电路和多电平逆变电路的内容；

5. 在"整流电路"一章中增加多重化整流电路的内容；

6. 在"电力电子装置"一章中增加应用实例的介绍，例如高频逆变焊接电源等；

7. 删去一些章节中较繁琐的数学公式的推导等。

与第 1 版相比，第 2 版增加了更多的例题、思考题和习题，可帮助读者提高认识、强化记忆。在附录中本书还列出了常用电力电子器件型号及参数供学生课程设计和工程技术人员参考。

本书既注重电力电子理论的完整性、严密性和先进性，又突出了应用技术。适用于本科学校电类各相关专业作为教材，也可供企、事业单位工程技术人员学习参考。

本书中应用了许多国内、外业内公司提供的大量的应用技术资料和产品样本，他们为本书的编写提供了重要帮助，作者表示衷心的感谢。

作者还对书末所列参考文献的作者表示衷心的感谢。

本书自第 1 版出版以来，已经重印了十多次，深受广大读者的爱戴，也得到了同行们的关心和支持，作者在此表示衷心的感谢。由于作者学识水平有限，书中的疏漏和错误之处，期望使用本书的师生批评指正。

编者

2010 年 12 月

E-mail：huanxm@163.com

第 1 版前言

本书是教育科学"十五"国家规划课题研究成果。根据教育部提出"以应用为目的"的高等技术工程应用型人才的培养目标,本书以"控制篇幅、精选内容、突出重点、便于教学"的指导思想为编写原则,在保证本学科知识内容体系完整的前提下,既紧跟电力电子技术发展的脉搏,反映本学科的先进技术,又遵循高等技术工程应用型人才的培养模式,使教材内容更具有实用性,符合培养应用型本科人才的要求。

全书内容按照电力电子器件、电力电子电路及其控制技术和电力电子装置分为三部分。

第一部分内容包括常用电力电子器件(如 SCR、GTO、VDMOS、IGBT、SIT、SITH、MCT、PIC 等)的工作原理、特性、参数、驱动电路及保护方法,在此用较多的篇幅叙述了全控型电力电子器件,体现了技术的先进性。

第二部分是本书的主干部分,内容安排体现了教材的基础性、科学性和知识的系统性。它包括直流变换电路、逆变电路、整流电路和交流变换电路在内的常用电力电子电路的工作原理、参数计算方法和应用范围。为了反映本学科的先进技术,书中还介绍了软开关技术的内容。

要让电力电子电路完成各种工作任务,必须配以相应的依赖于特定控制策略和控制算法的控制电路,本书较详细地介绍了相控技术和 PWM 控制技术在上述各种电路中的应用。

第三部分从应用的角度出发,用较多的篇幅介绍了多种典型电力电子装置的组成、工作原理和实际应用,同时还介绍了先进控制技术在电力电子装置中的应用以及电力电子装置的可靠性与抗电磁干扰技术。

另外,书中编排了适当的例题和大量的思考题与习题,可帮助学生提高认识、强化记忆。在书的附录中还列出了常用电力电子器件型号及参数,供学生课程设计和工程技术人员参考。为了便于学生学习,作者编写了复习资料;为了方便教师教学,作者提供多媒体教学课件和本书习题解答。如果需要这些教学辅助资料,请读者与作者联系。

本书第 6 章、第 8 章由姚为正编写,浣喜明负责第 1 章~第 5 章、第 7 章、附录的编写和全书的统稿工作。

在本书编写过程中,许继集团电源公司提供了大量的应用技术资料和产品样本,在此表示衷心的感谢。

　　本书由西安交通大学王兆安教授主审。王兆安教授在审稿中提出了许多宝贵的意见,在此谨致衷心的感谢。

　　由于作者学识水平有限,时间仓促,书中难免有错漏之处,恳请读者批评指正。

编者
2004 年 3 月

目　　录

概　　述

　　将电子技术和控制技术引入传统的电力技术领域,利用半导体电力开关器件组成各种电力变换电路实现电能的变换和控制,构成了一门完整的学科,被国际电工委员会命名为电力电子学(Power Electronics)或称为电力电子技术。1973 年 6 月,Dr. William E Newell 在 IEEE 电力电子专家会议上,用图 0.0.1 形象地描述了电力电子技术这一学科的构成及与其他学科的关系。

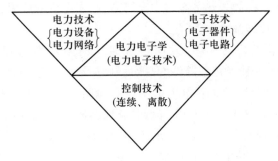

图 0.0.1　电力电子技术学科的构成

　　电力电子技术包括电力电子器件、电力电子电路和控制技术三个部分,它的研究任务是电力电子器件的应用、电力电子电路的电能变换原理、控制技术以及电力电子装置的开发与应用。

0.1　电力电子技术的发展

1. 电力电子器件的发展

　　电力电子技术的发展取决于电力电子器件的研制与应用。电力电子器件是电力电子技术的基础,也是电力电子技术发展的动力,电力电子技术的每一次飞跃都是以新器件的出现为契机的。

(1) 半导体整流管(SR)

　　20 世纪初自从 Grzetz 发明汞弧整流管单相桥式整流器开始,用于功率变换的主要器件是汞弧整流管和硒整流器。1947 年美国著名的贝尔实验室发明了晶体管,引发了电子技术的一场革命。以此为基础,美国在 1956 年研制出了最先用于电力领域的半导体器件——硅整流二极管(semiconductor rectifier,简称 SR),又称为电力二极管(power diodes,简称 PD)。普通的电力二极管因其正向通态压降(1 V 左右)远比汞弧整流器(10～20 V)小而取代汞弧整流器,大大提高了整流电路的效率。普通整流管通常应用于 400 Hz 以下的不可控整流电路。

电力二极管在电力电子电路中的应用非常广泛,为了提高性能、降低损耗,就必须降低其通态压降和缩短反向恢复时间。为此,人们开发出肖特基二极管和快恢复二极管。

肖特基二极管(Schottky barrier diode,简称 SBD)是以金属和半导体接触形成的势垒为基础的二极管。它具有通态压降低(0.3~0.6 V)、反向恢复时间短(能缩短到 10 ns 以内)的特点,但其反向漏电流较大,耐压低(一般低于 150 V),因此只适宜在低压、大电流情况下工作。实际应用中利用其低压降这一特点,能提高低压、大电流整流(或续流)电路的效率。

快恢复二极管(fast recovery diode,简称 FRD)工艺上多采用掺金措施,结构上有采用 PN 结型结构(有的采用改进的 PIN 结构)。它具有反向恢复时间短(可分为快恢复和超快恢复两个等级,前者反向恢复时间为数百纳秒,后者则在 100 ns 以下)、反向耐压高(可达 1 200 V)、开关特性好、正向电流大等优点。但其正向压降高于普通二极管(1~2 V),这对降低电路的损耗不利。快恢复二极管可广泛用于开关电源、脉宽调制器(PWM)、不间断电源(UPS)、交流电动机变频调速(VVVF)、高频加热等装置中充当高频、大电流的续流二极管或整流管。

（2）晶闸管（SCR）及其派生器件

1957 年美国通用电气公司（GE）发明了普通反向阻断型可控硅（sillicon controlled rectifier,简称 SCR),它是一种半控型器件(只能控制它导通,不能控制它关断),后来称晶闸管(thyristor)。晶闸管的问世,标志着电力电子技术的诞生。经过工艺完善和应用开发,到了 20 世纪 70 年代,晶闸管已形成了从低压小电流到高压大电流的系列产品。以晶闸管为主要器件的电力电子技术很快在电化学工业、铁道电气机车、钢铁工业(感应加热)、电力工业(直流输电、无功补偿)中获得了广泛的应用。

晶闸管（SCR）自问世到目前为止其功率容量提高了近 3 000 倍,现在许多国家已能生产 8 kV/4 kA 的晶闸管。然而,由于晶闸管是半控型器件,这就使其应用范围受到了极大的限制。近二十几年来,由于自关断器件的飞速发展,晶闸管的应用领域有所缩小。但是,由于它的高电压、大电流特性,在高压直流输电（HVDC）、静止无功补偿（SVG）、大功率直流电源及超大功率和高压变频调速应用方面仍占有十分重要的地位。预计在今后若干年内,晶闸管仍将在高电压、大电流应用场合得到继续发展。

从 20 世纪 70 年代开始,在其以后的近 30 年时间里,世界各国相继开发出如下所列的一系列晶闸管的派生器件。

$$
晶闸管的派生器件
\begin{cases}
不对称晶闸管(ASCR) \\
逆导晶闸管(RCT) \\
双向晶闸管(TRIAC) \\
光控晶闸管(LASCR) \\
快速晶闸管(FST) \\
可关断晶闸管(GTO) \\
集成门极换流晶闸管(IGCT)
\end{cases}
$$

在这些派生器件中,集成门极换流晶闸管(IGCT)是由瑞士 ABB 公司和日本三菱公司合作开发的,其容量可达 4 500 V/4 000 A,工作频率可达数千赫,已成功应用于中压变频器、电力机车牵引驱动和高压直流输电等领域,这是一种极具发展潜力的高压、大电流的电力半导体器件。而可关断晶闸管(GTO)容量可达 6 000 V/6 000 A,工作频率在 500 Hz 以下,则在低频、高压、大电流应用领域具有优势。可以说,GTO 和 IGCT 两种自关断器件,加上高压、大电流的晶闸管器件就成为当今电力电子技术中高压、大电流领域的关键器件。晶闸管的其余派生器件随着高频 PWM 变流技术的迅猛发展已有逐步被淘汰的趋势。尽管如此,人们还是认为晶闸管是电力半导体器件发展过程中的第一代发展平台。所谓发展平台,是指这种器件具有渗透性(应用领域广泛)、长期性(生命周期长)及派生性(其派生的器件多)等方面的特点。

由晶闸管及其派生器件构成的各种电力电子系统在工业应用中主要解决了传统的电能变换装置中所存在的能耗大和装置笨重的问题,因而提高了电能的利用率,同时也使工业噪声得到了相当程度的控制。

（3）功率晶体管（GTR）

自从 1947 年美国贝尔实验室发明了晶体管后,经过 20 多年的努力,用于电力变换的功率晶体管(giant transistor,简称 GTR)才进入到工业应用领域。20 世纪 80~90 年代,GTR 已被广泛应用于中小功率的电路中。它是全控型器件,驱动信号可控制其开通也可控制其关断,它的工作频率比晶闸管高,可达到 10~20 kHz。尤其是脉冲宽度调制(PWM)技术在 GTR 变换电路中的应用,使得直流线性电源迅速被高频开关电源所取代。GTR 也曾被应用于中小功率电机变频调速(目前已被 MOSFET 或 IGBT 所取代)、不间断电源(UPS)(已被 IGBT 管所替代)等工业领域,是因为 GTR 存在着二次击穿、不易并联以及开关频率偏低等问题,它的应用范围受到了限制。

（4）功率场效晶体管（MOSFET）

20 世纪 70 年代后期,功率场效晶体管(power MOSFET)开始进入实用阶段,进入 80 年代人们又在降低器件的导通电阻、消除寄生效应、扩大电压和电流容量以及驱动电路集成化等方面进行了大量的研究,取得了很大的进展。功率场效晶体管中应用最广的是电流垂直导电结构的器件(VDMOS)。VDMOS 是一种场控可关断器件,具有工作频率高、开关损耗小、安全工作区宽、无二次击穿问题、输入阻抗高、易并联等优点。曾被广泛应用于高频开关电源、计算机电源、航空电源、小功率 UPS 以及小功率(单相)变频器等领域。VDMOS 的缺点是电流容量小、耐压低、通态压降大,不适合应用于大功率装置。

（5）绝缘栅双极型晶体管（IGBT）

1983 年由美国 GE 公司发明了绝缘栅双极型晶体管(insulated gate bipolar transistor,简称 IGBT)。IGBT 是由 GTR 和 MOSFET 组成的复合全控型电压驱动式电力半导体器件,它兼有 MOSFET 的高输入阻抗和 GTR 的低导通压降两方面的优点。GTR 饱和压降低,载流密度大,但驱动电流较大;MOSFET 驱动功率很小,开关速度快,但导通压降大,载流密度小。IGBT 综合了以上两种器件的优点,驱动功率小而饱和压降低,实现了器件高电压、大电流参数同其动态参数之间最合理的折中。由于 IGBT 为电压型驱动,具有驱动功率小、开关速度高、饱和压降低、可耐高电压和大电流等一系列优点,表现出很好的综合性能,已成为当前在工业领域应用最广泛的电力半导体器件。三十几年前当 IGBT 出现在电力电子技术舞台的时候,尽管它表现出了很好的综合性能,许多人仍难以相信这种器件在大功率领域中的生命力。现在 IGBT 器件显示了巨大的发展前途,在大容量、高频率的电力电子电路中表现出非凡的性能,其硬开关频率达 25 kHz,软开关频率可达 100 kHz。而新研制成的霹雳(thunder-bolt)型 IGBT,其硬开关频率可达 150 kHz,在谐振逆变软开关电路中可达 300 kHz。形成了一个新的器件应用平台。三十多年前人们预测它会取代功率晶体管(GTR)现在早已成为事实,更进一步,它正成为高电压、大电流应用领域中 GTO 和 IGCT 的潜在竞争者,这是当年未曾预料的。

(6) 功率集成电路(PIC)和智能功率模块(IPM)

为了提高电力电子装置的功率密度以减小体积,把多个大功率器件组成的各种单元与驱动、保护、检测电路集成一体,构成了功率集成电路(peripheral interface controller,简称PIC)。制造具有各种不同功能的功率集成电路的最大优势是减少引线,提高可靠性,其经济效益也明显增加。PIC 的应用方便、可靠,代表着电力电子器件的发展方向。目前,高电压功率集成电路都已形成各种实用系列,它们实际上是一种微型化的功率变换装置,应用起来既可靠又方便,但是其功率都不是很大。

随着微电子技术的发展,20 世纪 80 年代诞生了智能功率模块(intelligent power module,简称 IPM),将具有驱动、保护、诊断功能的 IC 与电力半导体器件集成在一个模块中,可用于各种功率等级的电力电子系统中。由于不同的元器件、电路、集成芯片的封装或相互连接产生的寄生参数已成为影响电力电子系统性能的关键问题,所以采用 IPM 可以减少设计工作量,使生产自动化,提高系统可靠性和可维护性,设计周期短,成本低。目前,三相六管封装的 IPM 模块容量可达到 1 200 V/600 A,单相桥臂两管封装的 IPM 容量可达 1 200 V/2 400 A。大功率 IPM 已成为电力电子技术领域的一个研究重点。

(7) 碳化硅大功率电力电子器件

目前,制造电力电子器件的材料绝大部分是硅(Si)半导体,硅电力电子功率器件 MOS-FET、IGBT 等的开关性能随着结构设计和制造工艺的完善,已接近由其材料特性决定的理论极限,因此,依靠硅器件继续提高电力电子装置与系统性能遇到了瓶颈。电力电子技术的发展历史证明,新型半导体材料的开发和应用是推动器件技术革新的源泉,继而能有效地推进电力电子技术的发展。

对新型材料如碳化硅(SiC)、氮化镓、砷化镓、金刚石等的研究已进行了多年,其中对碳化硅材料及其器件的研究取得了巨大的成就。试验证明,碳化硅器件耐高温、功耗小、击穿电压高、工作频率高、抗辐射、适合于在恶劣条件下工作。与传统的硅器件相比,它在相同条件下可将功耗降低一半,这将大大减少设备的发热量,从而可大幅度降低电力功率变换器的体积和重量。尽管其制造工艺难度大、器件成品率低、价格高制约了它的应用,但可以预言,随着研究的深入,设计和制造工艺的完善,将会逐步破解制约其发展的难题。

在输电系统、配电系统、电力机车、电动汽车、电机驱动、光伏逆变器、风电并网逆变器、空调、服务器和个人电脑等众多领域,碳化硅器件将逐步地展现出巨大的优势,成为下一代电力电子器件的主要发展方向,在今后二三十年中,将为推动电力电子技术革新作出巨大贡献。

综上所述,电力半导体器件经过了 60 多年的发展,制造技术水平不断提高,已经历了以硅整流管(SR)、晶闸管(SCR)、可关断晶闸管(GTO)、功率晶体管(GTR)、功率 MOSFET、绝缘栅双极型晶体管(IGBT)为代表的分立器件,发展到由驱动电路、控制电路、传感电路、保护电路、逻辑电路等集成在一起的高度智能化的 PIC 和 IPM。按照其控制特性来说,电力半导体器件可分为硅整流管(SR)为代表的不可控器件、晶闸管(SCR)为代表的只能通过门极电流控制其开通不能控制其关断的半控型器件和以可关断晶闸管(GTO)、绝缘栅双极型晶体管(IGBT)为代表的既能控制其开通又能控制其关断的全控型器件三大类。在器件的控制模式上,从电流型控制模式发展到电压型控制模式,不仅大大降低了门极(栅极)的控制功率,而且大大提高了器件导通与关断的转换速度,从而使器件的工作频率由工频→中频→高频不断提高。在电力电子技术走向智能化、高频化、大功率化、模块化的进程中,作为其基础的新型电力半导体器件的不断涌现,为电力电子技术的发展做出新的贡献。先进的电力电子器件与计算机控制技术相结合,在各行各业发挥了重要作用,给电力电子技术注入了强大的生命力。

2. 电力电子电路及其控制技术的发展

完成电能变换和控制的电路称为电力电子电路。电力电子电路的根本任务是实现电能变换和控制,这是电力电子技术的主要内容,其基本形式可分为如下四种:

(1)直流变换电路

将直流电能转换为另一固定电压或可调电压的直流电能的电路称为直流变换电路。它的基本原理是利用电力开关器件周期性的开通与关断来改变输出电压的大小,因此也称为开关型 DC/DC 变换电路或称直流斩波器。直流变换技术广泛地应用于无轨电车、地铁列车、蓄电池供电的机动车辆的无级变速电动汽车的控制,从而获得加速平稳、快速响应的性能。特别要提出的是,20 世纪 80 年代以来兴起的采用直流变换技术的高频开关电源的发展最为迅猛,它以体积小、重量轻、效率高等优点,为计算机、通信、消费电子等类产品提供可靠的直流电源,在民用工业、军事和日常生活中均有着广泛的应用。

(2)逆变电路

将直流电能变换为交流电能的电路称为逆变电路,也称为 DC/AC 变换电路。完成逆变的电力电子装置称为逆变器。如果将逆变电路的交流侧接到交流电网上,把直流电逆变成同频率的交流电反送到电网去,称为有源逆变。它用于直流电机的可逆调速、绕线转子异步电机的串级调速、高压直流输电和太阳能发电等方面;如果逆变器的交流侧直接接到负载,即将直流电逆变成某一频率或可变频率的交流电供给负载,则称为无源逆变,它在交流电机变频调速、感应加热、不间断电源等方面的应用十分广泛,是构成电力电子技术的重要内容。

（3）整流电路

将交流电能转换为直流电能的电路称为整流电路，也称为 AC/DC 变换电路。完成整流任务的电力电子装置称为整流器。对晶闸管组成的整流器实施相移控制技术，可将不变的交流电压变换为大小可控的直流电压，即实现相控整流。晶闸管相控整流能取代传统的直流发电机组，实现直流电机的调速，广泛应用于机床、轧钢、造纸、纺织、电解、电镀等领域。但是，晶闸管相控整流电路的输入电流滞后于电压，其滞后角随着触发延迟角 α 的增大而增大，输入电流中谐波分量相当大，因此功率因数很低。把逆变电路中的 SPWM 控制技术用于整流电路，就构成了 PWM 整流电路。通过对 PWM 整流电路的适当控制，可以使其输入电流非常接近正弦波，且和输入电压同相位，功率因数近似为 1。这种整流电路也可以称为高功率因数整流器，其应用前景十分广泛。

（4）交流变换电路

把交流电能的参数（幅值、频率）加以转换的电路称为交流变换电路，也称为 AC/AC 变换电路。根据变换参数的不同，交流变换电路可以分为交流调压电路和交-交变频电路。交流调压电路是维持频率不变，仅改变输出电压的幅值。它广泛应用于电炉温度控制、灯光调节、异步电机的软启动和调速等场合。交-交变频电路也称直接变频电路（或周波变流器），是不通过中间直流环节而把电网频率的交流电直接变换成不同频率的交流电的变换电路，主要用于大功率交流电机调速系统。除此之外，还有采用全控型器件加 PWM 控制技术的交流变换器（又称交流斩波器），目前由于成本太高，一般很少使用。

（5）电力电子控制技术

要让电力电子电路完成各种工作任务，必须为功率变换主电路中的开关器件配以提供驱动信号的控制电路。驱动信号的产生依赖于特定的控制策略和控制算法。最常用的是相控方式，即采用延时脉冲控制功率器件导通的相位角，它在半控型器件的整流、逆变、交流调压等电路中获得了广泛的应用。除此之外，在大量采用全控型器件的电力电子电路中，为了减小输出电能中的谐波分量，把通信工程中脉冲宽度调制理论（PWM）应用到电力变换装置中。所谓 PWM 技术就是利用电力半导体器件的开通和关断产生一定形状的电压脉冲序列，经过低通滤波器后实现电能变换，并有效地控制和消除谐波的一种技术。在电力电子技术中，采用 PWM 控制技术可提高装置的功率因数，能同时实现变频变压，成为功率变换电路中的核心控制技术，被广泛应用到整流、斩波、逆变、交流变换等电路。同时，脉冲幅度调制（PAM）和脉冲频率调制（PFM）也得到了较多的应用。

对于动态性能和稳态精度要求较高的场合，还必须广泛采用自动控制技术和理论。例如，对线性负载常采用比例加积分加微分（PID）控制方法；对非线性负载（如交流电机）常采用矢量控制方法。

为了提高电力电子装置的功率密度，必须提高功率器件的开关频率，同时器件的开关损耗也随之加大。减小开关损耗、提高效率是电力电子技术的重要问题。如果在电力电子变换电路中采取一些措施，如改变电路结构和控制策略，使开关器件被施加驱动信号而开通过程中其端电压为零，这种开通称为零电压开通；若使开关器件撤除其驱动信号后的关断过程中其承载的电流为零,这种关断称为零电流关断。零电压开通和零电流关断是最理想的开关状态,被称为理想的软开关,其开关过程中无开关损耗。如果开关器件在开通过程中端电压很小,在关断过程中其电流也很小,这种开关过程的功率损耗不大,称为软开关。近年来软开关技术在电力电子系统设计中获得了广泛的应用。

0.2　电力电子技术的应用领域

针对生产、生活提出的实际问题,选择合适的电力电子电路,并采用传感技术、现代控制理论、微处理器、CPLD、DSP 以及大规模集成电路实现特定的控制方式,能组成多种完成特定任务的电力电子装置。

各种电力电子装置在工业、交通运输、电力系统、通信系统、计算机系统、新能源系统以及日常生活中得到了广泛的应用,其应用范围概括如下:

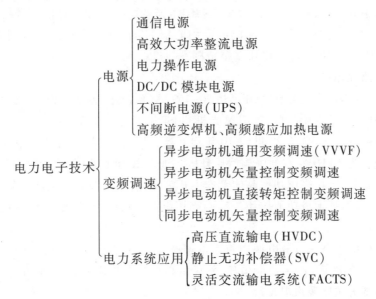

1. 高频开关电源

电力电子技术应用在各种电源系统中,开关电源技术被广泛应用。传统的电源体积庞大而笨重,如果采用高频开关电源技术,其体积和重量都会大幅度下降,而且可大大提高电源利用效率、节省材料、降低成本。高频开关电源技术是各种大功率开关电源(逆变焊机、通信电源、高频加热电源、激光器电源、电力操作电源、电动汽车和变频传动等)的核心技术。

(1) 通信电源

通信业的迅速发展极大地推动了开关电源技术的发展。高频小型化的开关电源已成为现代通信供电系统的主流配置。目前在程控交换机用的电源中,传统的相控式稳压电源已被高频开关电源取代,高频开关电源通过 MOSFET 或 IGBT 的开关工作(开关频率达到 50~

100 kHz），实现高效率和小型化。近几年，通信系统中开关电源的功率容量不断扩大，单机容量已从 48 V/12.5 A、48 V/20 A 扩大到 48 V/100 A。随着通信技术的发展，对电源的要求也越来越高，目前电源模块采用高频 PWM 技术和软开关技术，开关频率高达 500 kHz，功率密度达 $80 \sim 300$ W/cm^3。

（2）高频逆变式直流焊机电源

这是一种高性能、高效的新型焊机电源，代表了当今焊机电源的发展方向。逆变焊机电源大都采用交流-直流-交流-直流（AC-DC-AC-DC）的主电路拓扑。50 Hz 交流电经全桥整流变成直流，IGBT 组成的 PWM 高频变换电路将直流电逆变成 20 kHz 以上的高频电能，经高频变压器耦合，再经高频整流滤波后成为稳定的直流电能，供电焊机使用。

由于焊机电源的工作特点是频繁地处于短路、燃弧、开路交替变化之中，因此高频逆变式整流焊机电源的工作可靠性成为关键问题。采用微处理器作为脉冲宽度调制（PWM）的控制器，通过对多参数、多信息的提取与分析，达到预知系统各种工作状态的目的，进而提前对系统做出调整和处理，解决了目前大功率 IGBT 逆变电源可靠性低的问题。随着 IGBT 大容量模块的商用化，这种电源有着广阔的应用前景。目前逆变焊机已可做到额定焊接电流 1 250 A，负载持续率 60% 以上，电流调节范围 $5 \sim 1 250$ A。

（3）高压直流电源

大功率开关型高压直流电源（电压高达 $50 \sim 159$ kV，电流达到 0.5 A 以上，功率可达 100 kW）广泛应用于静电除尘、水质改良、医用 X 光机和 CT 机等大型设备。

在变压器的设计上，自从 20 世纪 70 年代开始，日本的一些公司开始采用逆变技术，将市电整流后逆变为 3 kHz 左右的中频然后升压。进入 20 世纪 80 年代，高频开关电源技术迅速发展，德国西门子公司采用功率晶体管作主开关元件，将电源的开关频率提高到 20 kHz 以上，并将干式变压器技术成功地应用于高频高压电源，取消了高压变压器油箱，使变压器系统的体积进一步减小。

国内对静电除尘高压直流电源中将市电经整流变为直流，采用全桥零电流开关串联谐振逆变电路将直流电压逆变为高频电压，然后由高频变压器升压，最后整流为直流高压。

（4）分布式开关电源供电系统

分布式电源供电系统采用小功率模块和大规模控制集成电路作基本部件，利用最新理论和技术成果，组成积木式、智能化的大功率供电电源。

20 世纪 80 年代初期，对分布式高频开关电源系统的研究基本集中在变换器并联技术的研究上。80 年代中后期，随着高频功率变换技术的迅速发展，各种变换器拓扑结构相继出现，结合大规模集成电路和功率元器件技术，使中小功率装置的集成成为可能，从而迅速地推动了分布式高频开关电源系统研究的展开。自 20 世纪 80 年代后期开始，这一方向已成为国际电力电子学界的研究热点，论文数量逐年增加，应用领域不断扩大。

分布供电方式具有节能、可靠、高效、成本低和维护方便等优点。已被大型计算机、通信设备、航空航天、工业控制等系统逐渐采纳，也是超高速型集成电路的低电压电源（3.3 V）最为理想的供电方式。

2. 不间断电源(UPS)

不间断电源(UPS)是计算机、通信系统以及要求提供不能中断电力场合所必需的一种高可靠性能的电源。输入交流电经整流器变成直流,一部分能量给蓄电池组充电,另一部分能量经逆变器变成交流电,经转换开关送到负载。为了在逆变器故障时仍能向负载提供能量,另一路备用电源通过电源转换开关来实现供电。

现代 UPS 普遍采用了脉宽调制技术和功率 MOSFET、IGBT 等电力电子器件,电源的噪声得以降低,而效率和可靠性得以提高。微处理器技术的引入,可以实现对 UPS 的智能化管理,进行远程维护和远程诊断。

目前在线式 UPS 的最大容量已可达到 600 kV·A。超小型 UPS 发展也很迅速,已经有 0.5 kV·A、1 kV·A、2 kV·A、3 kV·A 等多种规格的产品。

3. 变频器

变频器电源主要用于交流电机的变频调速,它在电气传动系统中占据重要的地位。变频器电源主电路均采用交流-直流-交流方案。工频电源通过整流器变成固定的直流电压,然后由 IGBT 组成的 PWM 高频变换器,将直流电能逆变成电压、频率可变的交流电能输出,电源输出波形近似于正弦波,用于驱动交流电动机实现无级调速。经过多年的努力,变频器设计和应用技术已经非常成熟,把计算机技术、自动控制技术应用于变频器中,尤其是新器件的应用和主电路拓扑的改进使变频器的控制特性得到优化,功能、可靠性、效率大大提高。变频调速被国内外公认为最有发展前途的交流电机调速方式。

在国外,变频器的研究起步早,各大品牌的变频器均形成了系列化的产品,其控制系统也已实现全数字化,几乎所有的产品均具有矢量控制功能,完善的工艺水平成就了其产品的优良品质。目前,只要有电机的场合就会同时有变频器的存在。概括地说具有如下特点:

① 技术开发起步早,并具有相当大的产业化规模;

② 能够提供特大功率的变频器,目前已超过 10 000 kW;

③ 变频调速产品的技术标准比较完善;

④ 新器件(如 IGCT 等)、新技术,新工艺层出不穷,并被大量、快速地应用于变频器生产中;

⑤ 高压变频器在各个行业中被广泛应用,并取得了显著的经济效益。

在国内,变频器厂商大部分生产低压 AC380V 的产品,能生产高压大功率变频器的企业不多。随着技术研究的进一步深入,在理论上和功能上国产变频器和进口变频器相比,差距在不断缩小。在产品技术标准规范化、研发能力和产业化规模、变频器中使用的功率半导体关键器件研发等方面也取得了长足的进步。

交流变频调速技术是机电一体的综合技术,既要处理巨大电能的转换(整流、逆变),又要处理信息的收集、变换和传输,因此它必定会分成功率电路和控制电路两大部分。前者要解决与高压大电流有关的技术问题,后者要解决软硬件控制问题。因此,未来变频调速技术也将在这两方面得到发展,其主要表现为:

　① 全面实现数字化和自动化,即参数自设定、过程自优化、故障自诊断;

　② 高压变频器将向着直接器件高压和多重叠加(器件串联和单元串联)两个方向发展;

　③ 现阶段开关器件 IGBT、IGCT 仍将扮演着主要的角色,SCR、GTO 将会退出变频器市场,更高电压、更大电流的新型电力半导体器件将应用在高压变频器中;

　④ 无速度传感器的矢量控制、磁通控制和直接转矩控制等技术的应用将趋于成熟;

　⑤ 变频器将朝着大功率、小型化、轻型化的方向发展。

4. 静止无功补偿装置与电力有源滤波器

利用高压、大电流电力电子器件组成的无触点开关克服了传统的有触点开关在高频率操作情况下,触点的磨损使得机械寿命短和可靠性差的缺陷,它具有无电弧、无噪声、无机械磨损、寿命长、操作频率高、开关损耗小、易控制的特点,是理想的无触点开关。

在电力系统中,电压是衡量电能质量的一个重要指标。为了满足电力系统的正常运行和用电设备对使用电压的要求,必须对电力系统进行无功补偿和谐波抑制。利用无触点开关构成的晶闸管控制电抗器(TCR)、晶闸管投切电容器(TSC)都是重要的无功补偿装置。近年来出现的静止无功发生器(SVC)、有源电力滤波器(APF)等新型电力电子装置具有更为优越的动态无功功率和谐波补偿的性能。

电力电子技术与微电子技术、信息技术与传感器技术的综合应用,推动了新技术与高精技术的发展。现代电力电子技术已成为新世纪电能控制和变换的主导技术。随着科学技术的发展,新型功率器件将会不断涌现,电力电子装置将朝着智能化、模块化、小型化、大容量、高效率和高可靠性的方向发展。

0.3　课程性质与学习方法

电力电子技术是高等学校自动化、电气工程及其自动化等相关专业的专业基础课程。本课程的目的和任务是使学生熟悉各种电力电子器件的特性和使用方法;掌握各种电力电子电路的结构、工作原理、控制方法、设计计算方法及实验技能;熟悉各种电力电子装置的应用范围及技术指标。同时,为"电力拖动自动控制系统"等后续课程打好基础。

学习本课程时,要着重物理概念与基本分析方法的学习,理论要结合实际,尽量做到器件、电路、系统(包括控制技术)应用三者结合。在学习方法上要特别注意电路的波形与相位分析,认真分析电力电子器件在电路中导通与关断的变化过程,从波形分析中进一步理解电路的工作情况,同时要注意培养读图与分析、器件参数计算、电路参数测量、调整以及故障分析等方面的实践能力。具体要求如下:

　① 掌握电力二极管、晶闸管、电力 MOSFET、IGBT 等电力电子器件的结构、工作原理、特性和使用方法;

　② 掌握基本的直流变换电路、逆变电路、整流电路和交流变换电路的结构、工作原理、波形分析方法;

③ 掌握相控技术和 PWM 技术的工作原理和控制特性，了解软开关技术的基本原理；
④ 了解电力电子技术的应用范围和发展动向；
⑤ 掌握基本电力电子装置的实验和调试方法。

概述课件

第1章　电力电子器件

　　电力电子电路中能实现电能变换和控制的电子器件称为电力电子器件(power electronic device)，然而从广义上讲，电力电子器件可分为电真空器件和半导体器件两类，本书涉及的器件都是指半导体电力电子器件。

　　电力电子器件是电力电子技术的基础，是电力电子装置的心脏，它不但对电力电子装置的体积、重量、效率、性能以及可靠性等起到至关重要的作用，而且对装置的价格也有很大影响。一种新型器件的诞生往往使整个电力电子装置发生改变，促进电力电子技术向前发展。自1957年第一个晶闸管问世以来，经过60多年的开发和研究，已有多种技术上成熟的电力电子器件推向市场，产品规格琳琅满目。目前电力电子器件正沿着高频化、智能化、大功率化和模块化方向发展。

　　本章在简要描述电力电子器件的基本模型之后，分别介绍各种常用的电力电子器件的工作原理、特性、主要参数和使用方法。这些器件主要包括电力二极管(PD)、晶闸管(SCR)及其派生器件、功率晶体管(GTR)、功率场效晶体管(MOSFET)、绝缘栅双极型晶体管(IGBT)和功率集成电路(PIC)等器件。

1.1　电力电子器件的基本模型

1.1.1　电力电子器件的基本模型与特性

　　电力电子器件的种类繁多，其结构特点、工作原理、应用范围各不相同，但是在电力电子电路中它们的功能相同，都是工作在受控的通、断状态[1]，具有开关特性。也就是说，在对电能的变换和控制过程中，电力电子器件可以抽象成如图1.1.1所示的理想开关模型[2]，它有三个电极，其中A和B代表开关的两个主电极，K是控制开关通、断的控制极。它只工作在"通态"和"断态"两种情况下，在通态时其电阻为零，断态时其电阻无穷大。当然，在研究电

---

　　[1]　GB—T 2900.33—2004中有"开通""通态""断态"的明确定义，开通即firing，也即turn-on；通态即on；断态即off。"关断"尽管在国标中没有定义，但它是本学科中描述电力电子器件从"通态"过渡到"断态"的一种习惯说法，即turn-off；在电子学中，描述此状态时称为"截止"，本书采用"截止"。

　　[2]　电力二极管只有两个主电极，没有控制极，外加正向电压导通，外加反向电压关断。

力电子器件的应用和电力电子电路的工作原理时,必须特别注意电力电子器件在"开通"和"关断"过程中所表现的特性。

在通常情况下,电力电子器件具有如下特征:

① 电力电子器件一般都工作在开关状态,通常用理想开关模型来代替。导通时(通态)它的阻抗很小,接近于短路,管压降接近于零,流过它的电流由外电路决定;阻断时(断态)阻抗很大,接近于断路,流过它的电流几乎为零,而管子两端电压由外加电源决定。

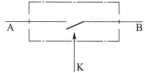

图 1.1.1 电力电子器件的理想开关模型

② 电力电子器件的开关状态通常需要由外电路来控制。用来控制电力电子器件导通和关断的电路称为驱动电路。

③ 在实际应用中,电力电子器件的表现与理想模型有较大的差别。器件导通时,其电阻并不为零而使它有一定的通态压降,形成通态损耗;阻断时,器件电阻并非无穷大而使它有微小的断态漏电流流过,形成断态损耗。除此之外,器件在开通或关断的转换过程中还要产生开通损耗和关断损耗(总称开关损耗),特别是器件开关频率较高时,开关损耗随之增大而可能成为损耗的主要因素。为保证不因损耗散发的热量导致器件温度过高而损坏,在其工作时一般都要配备散热器。

1.1.2 电力电子器件的种类

电力电子器件种类很多,并各有其特点。

(1) 按器件的开关控制特性分类

① 不可控器件。器件本身没有导通、关断控制功能,而是需要根据外电路条件决定其导通、关断状态的器件称为不可控器件。电力二极管(power diode)就属于此类器件。

② 半控型器件。通过控制信号只能控制其导通,不能控制其关断的电力电子器件称为半控型器件。例如,晶闸管(thyristor)及其大部分派生器件等。

③ 全控型器件。通过控制信号既可控制其导通又可控制其关断的器件,称为全控型器件。例如,门极可关断晶闸管(gate-turn-off thyristor)、电力场效晶体管(power MOSFET)和绝缘栅双极型晶体管(insulated-gate bipolar transistor)等。

(2) 按控制信号的性质不同分类

① 电流控制型器件。此类器件采用电流信号来实现导通或关断控制,代表性器件为晶闸管、门极可关断晶闸管、功率晶体管、IGCT 等。

② 电压控制型半导体器件。这类器件采用电压控制(场控原理控制)通、断,输入控制端基本上不流过控制电流信号,用小功率信号就可驱动工作。代表性器件为 MOSFET 管和 IGBT 管。

电力电子器件除了都具有良好的开关特性外,不同的器件还具有特殊性。正是由于这种特殊性,使得不同器件的应用范围不一样。表 1.1.1 归纳了主要电力电子器件的特性及其具有代表性的应用领域。

表 1.1.1   常用电力电子体器件的主要特性及其应用领域

器件种类	控制特性	器件特性概略 （额定电压、电流、开关频率）	应用领域
电力二极管（PD）	不可控	5 kV—3 kA—几百赫	各种整流装置
晶闸管（SCR）	半控型	6 kV—6 kA—几百赫 8 kV—3.5 kA—光控 SCR	炼钢厂、轧钢机、直流输电、电解用整流器
门极可关断晶闸管（GTO）	全控型	6 kV—6 kA—几百赫	工业逆变器、电力机车用逆变器、无功补偿器
电力晶体管（GTR）		600 V—400 A—几千赫 1 200 V—600 A—约 2 kHz	中小功率逆变器电源
电力场效晶体管（Power MOSFET）		600 V—70 A—约 100 kHz	开关电源、小功率 UPS、小功率逆变器
绝缘栅双极型晶体管（IGBT）		1 200 V—400 A—约 20 kHz 4.5 kV—1.8 kA—约 2 kHz	各种整流/逆变器（UPS、变频器、家电）、汽车、电力机车用逆变器、中压变频器

1.2   电力二极管

电力二极管（power diode）也称为半导体整流器（semiconductor rectifier，简称 SR），属不可控电力电子器件，是 20 世纪最早获得应用的电力电子器件，直到现在它仍在中、高频整流和逆变以及低压高频整流的场合发挥着积极的作用，具有不可替代的地位。

1.2.1   电力二极管及其工作原理

电力二极管的内部基本结构如图 1.2.1（a）所示，由 N 型半导体和 P 型半导体结合后构成。N 型半导体中有大量的电子（多子），P 型半导体中存在大量的空穴（多子），在两种半导体的交界处，由于电子和空穴的浓度差别，形成了多子向另一区的扩散运动，其结果是在 N 型半导体和 P 型半导体的分界面两侧分别留下了带正、负电荷的离子。这些不能移动的正、负离子形成空间电荷区（也称为耗尽层）。空间电荷建立的电场被称为内电场，其方向是阻止扩散运动的。另一方面，内电场又吸引对方区内的少子向本区运动，即形成漂移运动。扩散运动和漂移运动既相互联系又是一对矛盾，最终达到动态平衡，正、负空间电荷量达到稳定值，形成了一个稳定的空间电荷区——PN 结。

PN 结具有单向导电性。当它外加正向电压（P 正 N 负）时，外电场削弱内电场，空间电荷区变窄，使得多子的扩散运动强于少子的漂移运动，形成从 P 区流向 N 区的正向电流，此

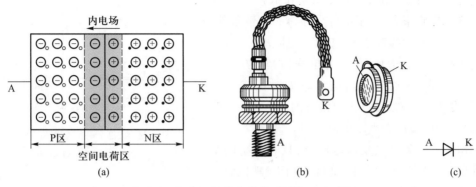

图 1.2.1　电力二极管的外形、结构和电气符号

时 PN 结表现为低电阻(电力二极管电压降只有 1V 左右),称为正向导通。当 PN 结加反向电压(P 负 N 正)时,外电场与内电场方向相同而加强,空间电荷区变宽,使得少子的漂移运动强于多子的扩散运动,形成从 N 区流向 P 区的反向电流,由于少子的浓度很小,只有极小的反向漏电流流过 PN 结,PN 结表现为高电阻,称为反向截止。

由一个面积较大的 PN 结和两端引线封装成电力二极管,它的外形结构如图 1.2.1(b)所示(左边为螺栓型,右边为平板型)。P 型半导体上设置阳极 A,N 型半导体上设置阴极 K。图 1.2.1(c)是它的电气符号。

必须注意,在外加电压的作用下,PN 结的电荷量随外加电压而变化,呈现电容效应,称为结电容 C_J,又称为微分电容。结电容按其产生机制和作用的差别分为势垒电容 C_B 和扩散电容 C_D。势垒电容只在外加电压变化时才起作用,外加电压频率越高,势垒电容作用越明显。势垒电容的大小与 PN 结截面积成正比,与阻挡层厚度成反比;而扩散电容仅在正向偏置时起作用。在正向偏置时,当正向电压较低时,势垒电容为结电容的主要成分;正向电压较高时,扩散电容为结电容的主要成分。结电容影响 PN 结的工作频率,特别是在高速开关的状态下,可使其单向导电性变差,甚至不能工作,应用时应注意。另外,电力二极管一般都工作在大电流、高电压场合,因此二极管本身耗散功率大、发热多,使用时必须配备良好的散热器,以使器件的温度不超过规定值,确保安全运行。

1.2.2　电力二极管的特性与主要参数

1. 电力二极管的电压-电流特性

图 1.2.2 是电力二极管的电压-电流特性曲线。从图中曲线可知电力二极管具有单向导电特性。

当它加上正向电压(大于 0.6~0.7 V)时,就有正向电流通过,电流随外加正向电压增大而迅速增加,电力二极管处于正向导通,呈现"低阻态",这时管子两端的正向电压称为管压降(仅 1V 左右)。当流过 PN 结的正向电流较小时,二极管的电阻主要是作为基片的低掺杂 N 区的欧姆电阻,其阻值较高且基本不变,因此管压降随正向电流的上升而增加;当 PN 结上流过的正向电流较大时,注入并积累在低掺杂 N 区的少子空穴浓度将很大,为了维持半导体的中性条件,其多子浓度也相应大幅度增加,使得其电阻率明显下降,也就是电导率大大增加,这称为电导调制效应。电导调制效应使得 PN 结在正向电流较大时压降仍然很低,维持在 1 V 左右,所以正向偏置的 PN 结表现为低阻态,且不随电流的大小而变化。

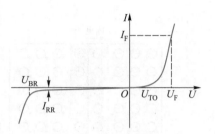

图 1.2.2　电力二极管的
电压-电流特性曲线

当电力二极管承受反向电压时,只有很小的反向漏电流流过,器件反向截止,呈现"高阻态"。如果增加反向电压,当增大到超过某一临界电压值(这个临界电压值称为反向击穿电压 U_{BR})时,反向电流急剧增大,电力二极管反向击穿,PN 结内产生雪崩击穿,可导致二极管损坏。电力二极管规定的额定电压略低于反向击穿电压。当然,它必须在额定电压以下使用,才能保证使用安全。

2. 电力二极管的开关特性

电力二极管工作状态在通态和断态之间转换时的特性称为开关特性。

(1) 关断特性

电力二极管由正向偏置的通态转换为反向偏置的断态过程中的电压、电流波形如图 1.2.3(a)所示。当原来处于正向导通的电力二极管外加电压在 t_F 时刻突然从正向变为反向时,正向电流 I_F 开始下降,到 t_0 时刻二极管电流基本降为零,此时 PN 结两侧存有大量的少子,器件并没有恢复反向阻断能力,直到 t_1 时刻 PN 结内储存的少子被抽尽时,反向电流达到最大值 I_{RP}。t_1 后二极管开始恢复反向阻断,反向恢复电流迅速减小。外电路中电感产生的高感应电动势使器件承受很高的反向电压 U_{RP}。当电流降到基本为零的 t_2 时刻,二极管两端的反向电压才降到外加反压 U_R,电力二极管完全恢复反向阻断能力。在上述关断过程中分别定义延迟时间 t_d 和下降时间 t_f 为

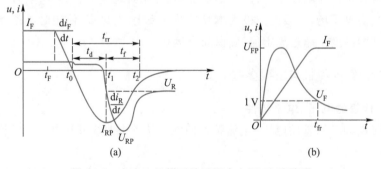

图 1.2.3　电力二极管开关过程中电压、电流波形

延迟时间 $$t_d = t_1 - t_0 \qquad\qquad (1.2.1)$$

下降时间 $$t_f = t_2 - t_1 \qquad\qquad (1.2.2)$$

电力二极管的反向恢复时间 $t_{rr} = t_d + t_f$ (1.2.3)

（2）开通特性

电力二极管由零偏置转换为正向偏置的通态过程的电压、电流波形如图1.2.3（b）所示。开通过程中,二极管两端也会出现峰值电压 U_{FP}（几伏至几十伏）。经过一段时间才接近稳态值 U_F（1 V 左右）。上述时间被称为正向恢复时间 t_{fr}。

电力二极管的应用范围广,种类也很多,主要有以下几种类型:

① 普通二极管。普通二极管又称整流管（rectifier diode,简称 RD）,多用于开关频率在 1 kHz 以下的整流电路中,额定电流达数千安,额定电压达数千伏以上。

② 快恢复二极管。快恢复二极管（fast recovery diode,简称 FRD）工艺上多采用掺金措施,结构上有采用 PN 结型结构（有的采用改进的 PIN 结构）。它具有反向恢复时间短（可分为快恢复和超快恢复两个等级,前者反向恢复时间为数百纳秒,后者则在 100 ns 以下,甚至达到 20~30 ns）、反向耐压高（可达 1 200 V）、开关特性好,正向电流大（可大于 200 A）等优点。但其正向压降高于普通二极管（1~2 V）,这对降低电路的损耗不利。快恢复二极管可广泛用于开关电源、脉宽调制器（PWM）、不间断电源（UPS）、交流电动机变频调速（VVVF）、高频加热等装置中作高频、大电流的续流二极管或整流管。

③ 肖特基二极管。肖特基二极管（Schottky barrier diode,简称 SBD）是以金属和半导体接触形成的势垒为基础、构成整流特性的单极型二极管。它具有正向电流大（电流可达到几千安培）、通态压降非常低（0.3~0.6 V）、反向恢复时间短（能缩短到 10 ns 以内）的特点,但其反向漏电流较大,耐压低（一般低于 150 V）,因此只适宜在高频低压、大电流情况下工作。实际应用中利用其低压降这一特点,能提高高频低压、大电流整流（或续流）电路的效率。它常被用于高频低压开关电路或高频低压整流电路中。

3. 电力二极管的主要参数

（1）额定正向平均电流 $I_{F(AV)}$

器件长期运行在规定管壳温度和散热条件下允许流过的最大工频正弦半波电流的平均值定义为额定正向平均电流 $I_{F(AV)}$。

设该正弦半波电流的峰值为 I_m,则额定电流（平均电流）为

$$I_{F(AV)} = \frac{1}{2\pi}\int_0^\pi I_m \sin \omega t d(\omega t) = \frac{I_m}{\pi}$$ (1.2.4)

额定电流有效值为

$$I_F = \sqrt{\frac{1}{2\pi}\int_0^\pi (I_m \sin \omega t)^2 d(\omega t)} = \frac{I_m}{2}$$ (1.2.5)

然而,在实际使用中,流过电力二极管的电流波形形状和导通角并不是一定的,各种含有直流分量的电流波形都有一个电流平均值（一个周期内波形面积的平均值）,也都有一个电流有效值（均方根值）。现定义某电流波形的有效值与平均值之比为这个电流的波形系数,用 K_f 表示,则

$$K_f = \frac{电流有效值}{电流平均值} \quad (1.2.6)$$

根据上式可求出正弦半波电流的波形系数

$$K_f = \frac{I_F}{I_{F(AV)}} = \frac{\pi}{2} = 1.57 \quad (1.2.7)$$

这说明额定电流 $I_{F(AV)}=100$ A 的电力二极管,其额定电流有效值为 $I_F=K_f I_{F(AV)}=157$ A。

应用时应按照流过二极管实际波形电流与工频正弦半波平均电流热效应相等(即有效值相等)的原则来选取电力二极管的额定电流,并留有 1.5~2 倍的裕量。

(2) 反向重复峰值电压 U_{RRM}

指器件能重复施加的反向最高峰值电压(额定电压)。此电压通常为击穿电压 U_{BR} 的 2/3。

(3) 正向压降 U_F

指规定条件下,流过稳定的额定电流时,器件两端的正向平均电压(又称管压降)。

(4) 反向漏电流 I_{RR}

指器件对应于反向重复峰值电压时的反向电流。

(5) 最高工作结温 T_{jM}

指器件中 PN 结不至于损坏的前提下所能承受的最高平均温度。T_{jM} 通常在 125~175 ℃ 范围内。表 1.2.1 列出了几种常用电力二极管的主要性能参数。

表 1.2.1 常用电力二极管的主要性能参数

型号	额定正向平均电流 I_F/A	反向重复峰值电压 U_{RRM}/V	反向电流 I_R	正向平均电压 U_F/V	反向恢复时间 t_{rr}	备注
ZP1~ZP4000	1~4 000	50~5 000	1~40 mA	0.4~1		
ZP3~ZP2000	3~2 000	100~4 000	1~40 mA	0.4~1	<10 μs	
10DF4	1	400		1.2	<100 ns	
31DF2	3	200		0.98	<35 ns	
30BF80	3	800		1.7	<100 ns	
50WF40F	5.5	400		1.1	<40 ns	
10CTF30	10	300		1.25	<45 ns	
25JPF40	25	400		1.25	<60 ns	
HFA90NH40	90	400		1.3	<140 ns	模块结构
HFA180MD60D	180	600		1.5	<140 ns	模块结构
HFA75MC40C	75	400		1.3	<100 ns	模块结构

续表

型号	额定正向平均电流 I_F/A	反向重复峰值电压 U_{RRM}/V	反向电流 I_R	正向平均电压 U_F/V	反向恢复时间 t_{rr}	备注
MR867 快恢复功率二极管（美国 MOTOROLA）	50	600	50 μA	1.4	<400 ns	
MUR10020CT 超快恢复功率二极管（美国 MOTOROLA）	50	200	25 μA	1.1	<50 ns	

1.3 晶闸管

晶闸管（thyristor）是硅晶体闸流管的简称,俗称可控硅整流管（silicon controlled rectifier,简称 SCR）。从 20 世纪 60 年代开始研制并生产,到现在已成为电力器件中品种最多的一种,由于它电流容量大,电压耐量高（目前生产水平:4 500 A/8 000 V）已被广泛应用于相控整流、逆变、交流调压、直流变换等领域,成为特大功率、低频（200 Hz 以下）装置中的主要器件。

晶闸管包括普通晶闸管（SCR）、快速晶闸管（FST）、双向晶闸管（TRIAC）、逆导晶闸管（RCT）、门极可关断晶闸管（GTO）和光控晶闸管等。由于普通晶闸管面世早,应用极为广泛,因此在无特别说明的情况下本书所说的晶闸管都为普通晶闸管。

1.3.1 晶闸管及其工作原理

1. 晶闸管的结构

目前国内外生产的晶闸管,其封装形式可分为小电流塑封式、小电流螺旋式、大电流螺旋式和大电流平板式（额定电流在 200 A 以上）,分别如图 1.3.1（a）、（b）、（c）、（d）所示。晶闸管有三个电极,阳极 A、阴极 K 和门极（或称栅极）G,它的电气符号如图 1.3.1（e）所示。

大功率器件晶闸管工作时产生大量的热,因此必须配备散热器。螺旋式晶闸管紧拴在铝制散热器上,采用自然散热冷却方式,如图 1.3.2（a）所示。平板式晶闸管由两个彼此绝缘的散热器紧夹在中间,散热方式可以采用风冷或水冷,以获得较好的散热效果,如图 1.3.2（b）、（c）所示。

2. 晶闸管的工作原理

普通晶闸管由四层半导体（P_1、N_1、P_2、N_2）组成,形成三个结 J_1（P_1N_1）、J_2（N_1P_2）、J_3（P_2N_2）,并分别从 P_1、P_2、N_2 引出 A、G、K 三个电极,如图 1.3.3（a）所示。由于采用扩散工

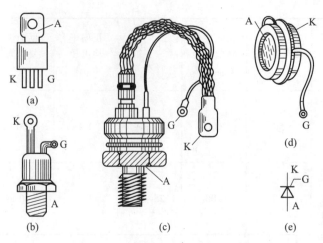

图 1.3.1　晶闸管的外形及电气符号

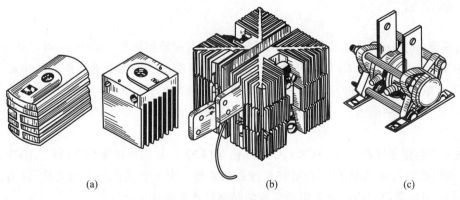

图 1.3.2　晶闸管的散热器

艺,具有三结四层结构的普通晶闸管可以等效成如图 1.3.3(b)所示的由两个晶体管 T_1(P_1-N_1-P_2)和 T_2(N_1-P_2-N_2)组成的等效电路。

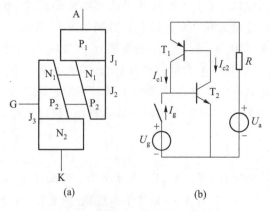

图 1.3.3　晶闸管的内部结构和等效电路

当晶闸管阳极和阴极之间施加正向电压时,若给门极 G 也加正向驱动电压 U_g,门极电流 I_g 经晶体管 T_2 放大后成为集电极电流 I_{c2},I_{c2} 又是晶体管 T_1 的基极电流,放大后的集电极电流 I_{c1} 进一步使 I_g 增大且又作为 T_2 的基极电流流入。重复上述正反馈过程,两个晶体管 T_1、T_2 都快速进入饱和状态,使晶闸管阳极 A 与阴极 K 之间导通。此时若撤除 U_g,T_1、T_2 内部电流仍维持原来的方向,只要满足阳极正偏的条件,晶闸管就一直导通。

当晶闸管 A 、K 间承受正向电压,而门极电流 $I_g = 0$ 时,上述 T_1 和 T_2 之间的正反馈不能建立起来,晶闸管 A 、K 间只有很小的正向漏电流,它处于正向阻断状态。

晶闸管的导通条件可定性地归纳为阳极正偏和门极正偏。晶闸管导通后,即使撤除门极驱动信号 U_g,也不能使晶闸管关断,只有设法使阳极电流 I_a 减小到维持电流 I_H(约十几毫安)以下,导致内部已建立的正反馈无法维持,晶闸管才能恢复阻断状态。很明显,如果给晶闸管阳极加反向电压,无论有无门极电压 U_g,晶闸管都不能导通。

综上所述,晶闸管像二极管一样具有单向导电性,但它又与二极管不同。当门极没有加上正向电压($I_g = 0$)时,尽管阳极已加正向电压,晶闸管仍处于正向阻断状态,在门极电压的触发($I_g > 0$)下,晶闸管立即导通。这种门极电流对晶闸管正向导通所起的控制作用称为闸流特性,也称为晶闸管的可控单向导电性。门极电流只能触发晶闸管开通,不能控制它的关断,从这个意义上讲,晶闸管是半控型电力器件。

1.3.2　晶闸管的特性与主要参数

1. 晶闸管的电压-电流特性

晶闸管阳极与阴极之间的电压 U_A 与阳极电流 I_A 的关系曲线称为晶闸管的电压-电流特性,如图 1.3.4 所示,包括正向特性(第一象限)和反向特性(第三象限)两部分。图 1.3.4 中各物理量的意义如下:

U_{DRM}、U_{RRM}——正、反向断态重复峰值电压;

U_{DSM}、U_{RSM}——正、反向断态不重复峰值电压;

U_{BO}——正向转折电压;

U_{RO}——反向击穿电压。

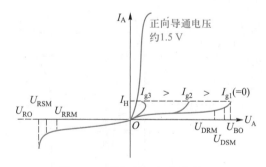

图 1.3.4　晶闸管阳极伏安特性

晶闸管的反向特性与一般二极管的反向特性相似。在正常情况下,当晶闸管承受反向阳极电压时,它总是处于阻断状态,只有很小的反向漏电流流过。当反向电压增加到一定值时,反向漏电流增加较快,再继续增大反向阳极电压(超过反向击穿电压 U_{RO} 时),会导致晶闸管反向击穿,造成晶闸管永久性损坏。

晶闸管的正向特性又有阻断状态和导通状态之分。在正向阻断状态,晶闸管的伏安特性是一组随门极电流 I_g 的增加而不同的曲线簇。$I_g = 0$ 时,逐渐增大阳极电压 U_A,只有很小的正向电流,晶闸管正向阻断。随着阳极电压的增加,当达到正向转折电压 U_{BO} 时,漏电流突然剧增,晶闸管由正向阻断突变为正向导通状态。这种在 $I_g = 0$ 时,依靠增大阳极电压而强迫晶闸管导通的方式称为"硬开通"。多次"硬开通"会使晶闸管损坏,实际应用中应避免这种情况发生。

随着门极电流 I_g 的增大,晶闸管的正向转折电压 U_{BO} 迅速下降,当 I_g 足够大时,晶闸管的正向转折电压很小(与一般二极管一样),加上正向阳极电压,管子导通。晶闸管正向导通状态的伏安特性又与二极管的正向特性相似,即使是流过较大的阳极电流,晶闸管的本身压降也很小。

当晶闸管正向导通后,要使晶闸管恢复阻断,只有逐步减小阳极电流 I_A。I_A 下降到维持电流 I_H 以下时,晶闸管便由正向导通状态变为正向阻断状态。

综上所述,晶闸管就像一个可以控制的单向无触点开关。当然,这个单向的无触点开关不是理想的,在正向阻断和反向阻断时,晶闸管的电阻不是无穷大;正向导通时,晶闸管的电阻也不为零,还有一定的管压降。

2. 晶闸管的开关特性

晶闸管的开关特性是指通态和断态转换过程中电压和电流的变化情况。由于晶闸管的内部结构特点,它的开通和关断并不是瞬时完成的,需要一定的时间,即存在瞬态过程。当元件的导通与关断频率较高时,就必须考虑过渡时间的影响。晶闸管开通和关断过程的电压、电流波形如图 1.3.5 所示。

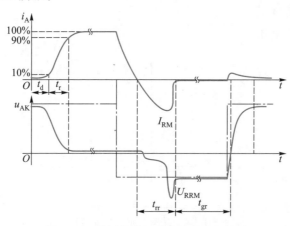

图 1.3.5 晶闸管的开通和关断过程波形

（1）开通过程

当晶闸管 A、K 之间正偏且门极获得触发信号后，由于管子内部正反馈的建立需要时间，阳极电流不会马上增大，而要延迟一段时间。规定从晶闸管的门极获得触发信号时刻开始，到阳极电流上升到稳态值的 10% 的时间称为延迟时间 t_d；阳极电流从 10% 上升到稳态值的 90% 所需的时间称为上升时间 t_r，以上两者之和就是晶闸管的开通时间 t_{gt}。即

$$t_{gt} = t_d + t_r \tag{1.3.1}$$

经过 t_{gt} 时间后，晶闸管才会从断态变为通态。普通晶闸管的延迟时间为 $0.5 \sim 1.5$ μs，上升时间为 $0.5 \sim 3$ μs，开通时间 t_{gt} 约为 6 μs。开通时间与触发脉冲的大小、陡度、结温以及主回路中的电感量等因素有关。为了缩短开通时间，常采用实际触发电流比规定触发电流大 $3 \sim 5$ 倍、前沿陡的窄脉冲来触发，称为强触发。另外，如果触发脉冲不够宽，晶闸管就不可能触发导通。一般说来，要求触发脉冲的宽度稍大于 t_{gt}，以保证晶闸管可靠触发。

（2）关断过程

晶闸管导通时，内部存在大量的载流子。为了关断晶闸管，必须使阳极电压为零或加反向电压。当阳极电流刚好下降到零时，晶闸管内部各 PN 结附近仍然有大量的载流子未消失，此时若马上重新加上正向电压，晶闸管仍会不经触发而立即导通，只有再经过一定时间，元件内的载流子通过复合而基本消失之后，晶闸管才能完全恢复正向阻断能力。把正向电流降为零到反向恢复电流衰减至接近零的时间称为反向阻断恢复时间 t_{rr}，反向恢复过程结束后，载流子复合到恢复正向阻断所需的时间称正向阻断恢复时间 t_{gr}，值得注意的是：① 在正向阻断恢复时间内，如果重新对晶闸管施加正向电压，晶闸管就会重新正向导通；② 实际应用中，若要使晶闸管充分恢复其对正向电压的阻断能力，应对晶闸管施加足够长时间的反向电压。

t_{rr} 与 t_{gr} 之和是晶闸管的关断时间 t_q。即

$$t_q = t_{rr} + t_{gr} \tag{1.3.2}$$

晶闸管的关断时间与元件结温、关断前阳极电流的大小以及所加反压的大小有关。普通晶闸管的 t_q 约为几十到几百微秒。

3. 晶闸管的主要参数

为了正确使用晶闸管，必须掌握晶闸管的主要参数。

（1）晶闸管的重复峰值电压——额定电压 U_{Te}

门极断开（$I_g = 0$），元件处在额定结温时，正向阳极电压为正向阻断不重复峰值电压 U_{DSM}（此电压不可连续施加）的 80% 所对应的电压称为正向重复峰值电压 U_{DRM}（此电压可重复施加，其重复频率为 50 Hz，每次持续时间不大于 10 ms）。元件承受反向电压时，阳极电压为反向不重复峰值电压 U_{RSM} 的 80% 所对应的电压，称为反向重复峰值电压 U_{RRM}。晶闸管铭牌标注的额定电压通常取 U_{DRM} 与 U_{RRM} 中的最小值，然后根据表 1.3.1 所示的标准电压等级标定器件的额定电压。

表 1.3.1 晶闸管元件的正、反向电压等级

级别	正、反向重复峰值电压/V	级别	正、反向重复峰值电压/V	级别	正、反向重复峰值电压/V
1	100	8	800	20	2 000
2	200	9	900	22	2 200
3	300	10	1 000	24	2 400
4	400	12	1 200	26	2 600
5	500	14	1 400	28	2 800
6	600	16	1 600	30	3 000
7	700	18	1 800		

由于晶闸管工作时,外加电压峰值瞬时超过反向不重复峰值电压即可造成永久损坏,且环境温度升高或散热不良,均可能使晶闸管正、反向转折电压下降,特别是在使用中会出现各种过电压,因此选用元件的额定电压值时,应比实际正常工作时的最大电压大 2~3 倍。

（2）晶闸管的额定通态平均电流——额定电流 $I_{T(AV)}$

在环境温度为 40 ℃和规定的冷却条件下,晶闸管工作在电阻性负载且导通角不小于 170°的单相工频正弦半波电路中,当结温稳定且不超过额定结温时所允许的最大通态平均电流,称为额定通态平均电流,用 $I_{T(AV)}$ 表示,将此电流按表 1.3.4（见本节末）所示的晶闸管标准电流系列取相应的电流等级,称为元件的额定电流。

根据额定电流的定义可知,额定通态平均电流是指通以单相工频正弦波电流时的允许最大平均电流。设该正弦半波电流的峰值为 I_m,则额定电流（平均电流）为

$$I_{T(AV)} = \frac{1}{2\pi}\int_0^\pi I_m \sin \omega t \mathrm{d}(\omega t) = \frac{I_m}{\pi} \tag{1.3.3}$$

额定电流有效值为

$$I_T = \sqrt{\frac{1}{2\pi}\int_0^\pi (I_m \sin \omega t)^2 \mathrm{d}(\omega t)} = \frac{I_m}{2} \tag{1.3.4}$$

采用与研究电力二极管额定电流相同的方法,在定义电流的波形系数 K_f 后,可求出正弦半波电流的波形系数为

$$K_f = \frac{I_T}{I_{T(AV)}} = \frac{\pi}{2} = 1.57 \tag{1.3.5}$$

这说明额定电流 $I_{T(AV)} = 100$ A 的晶闸管,其额定有效值为 $I_T = K_f I_{T(AV)} = 157$ A。

不同波形的电流有不同的平均值与有效值,波形系数 K_f 也不同,表 1.3.2 列出了四种典型电流波形的 K_f 值与额定电流为 100 A 的晶闸管通以各种波形电流时实际允许通过的电流平均值。

表 1.3.2　四种波形的 K_f 值与 100 A 晶闸管允许电流平均值

波形	平均值与有效值计算公式	波形系数	允许电流平均值
	$I_d = \dfrac{I_m}{\pi}, I = \dfrac{I_m}{2}$	1.57	100 A
	$I_d = \dfrac{I_m}{2\pi}, I = \dfrac{I_m}{2\sqrt{2}}$	2.22	70.7 A
	$I_d = \dfrac{2I_m}{\pi}, I = \dfrac{I_m}{\sqrt{2}}$	1.11	141.4 A
	$I_d = \dfrac{I_m}{3}, I = \dfrac{I_m}{\sqrt{3}}$	1.73	90.7 A

　　表 1.3.2 的数据表明:额定电流为 100 A 的晶闸管,只有在通以正弦半波电流时(波形系数 $K_f = 1.57$),允许通过的最大平均电流为 100 A。在其他波形的情况下,允许的电流平均值都不是 100 A。当波形系数 $K_f > 1.57$ 时,允许的电流平均值小于 100 A;当 $K_f < 1.57$ 时,允许的电流平均值大于 100 A。

　　实际应用中应按照流过晶闸管实际波形电流与工频正弦半波平均电流热效应相等(即有效值相等)的原则来选取晶闸管的额定电流,然后根据管子的额定电流(通态平均值)求出元件允许流过的最大有效电流。不论流过晶闸管的电流波形如何,只要流过元件的实际电流最大有效值小于或等于管子的额定有效值,且散热、冷却在规定的条件下,管芯的发热就能限制在允许范围内。

　　由于晶闸管的电流过载能力比一般电机、电器要小得多,因此在选用晶闸管额定电流时,根据实际最大的电流计算后至少还要乘以 1.5~2 的安全系数,使其有一定的电流裕量。

　　(3) 门极触发电流 I_{GT} 和门极触发电压 U_{GT}

　　在室温下,晶闸管加 6 V 正向阳极电压时,使元件完全导通所必需的最小门极电流称为门极触发电流 I_{GT}。对应于门极触发电流的门极电压称为门极触发电压 U_{GT}。门极触发电流、电压的大小必须有一定的范围限制。元件所需的触发电流、电压太小,容易受干扰而造成误触发;元件所需的触发电流、电压太大又会造成触发困难,但即使同一工厂生产的同一型号的晶闸管,由于门极特性的差异,其触发电流、触发电压也相差很大,所以对不同系列的元件只规定了触发电流、电压的上、下限值。例如 100 A 的晶闸管,其触发电流、电压分别不应超过 250 mA/4 V,也不应小于 1 mA/0.15 V。

通常每一个晶闸管的铭牌上都标明了其触发电流和电压在常温下的实测值,但触发电流、电压受温度的影响很大,温度升高,U_{GT}、I_{GT} 值会显著降低;温度降低,U_{GT}、I_{GT} 值又会增大。为了保证晶闸管的可靠触发,在实际应用中,外加门极电压的幅值应比 U_{GT} 大几倍。

(4) **通态平均电压 $U_{T(AV)}$**

在规定环境温度、标准散热条件下,元件通以正弦半波额定电流时,阳极与阴极间电压降的平均值称为通态平均电压(又称管压降),其数值按表 1.3.3 分组。在实际使用中,从减小损耗和元件发热来看,应选择 $U_{T(AV)}$ 小的晶闸管。

表 1.3.3　晶闸管通态平均电压分组

组别	A	B	C
通态平均电压/V	$U_{T(AV)} \leqslant 0.4$	$0.4 < U_{T(AV)} \leqslant 0.5$	$0.5 < U_{T(AV)} \leqslant 0.6$
组别	D	E	F
通态平均电压/V	$0.6 < U_{T(AV)} \leqslant 0.7$	$0.7 < U_{T(AV)} \leqslant 0.8$	$0.8 < U_{T(AV)} \leqslant 0.9$
组别	G	H	I
通态平均电压/V	$0.9 < U_{T(AV)} \leqslant 1.0$	$1.0 < U_{T(AV)} \leqslant 1.1$	$1.1 < U_{T(AV)} \leqslant 1.2$

(5) **维持电流 I_H 和擎住电流 I_L**

在室温下门极断开时,元件从较大的通态电流降至刚好能保持导通的最小阳极电流称为维持电流 I_H。维持电流与器件容量、结温等因素有关,同一型号的器件其维持电流也不相同。通常在晶闸管的铭牌上标明了常温下 I_H 的实测值。

给晶闸管门极加上触发电压,当元件刚从阻断状态转为导通状态就撤除触发电压,此时元件维持导通所需要的最小阳极电流称为擎住电流 I_L。对同一晶闸管来说,擎住电流 I_L 要比维持电流 I_H 大 2~4 倍。

(6) **晶闸管的开通与关断时间**

开通时间 t_{gt}:普通晶闸管的开通时间 t_{gt} 约为 6 μs。开通时间与触发脉冲的陡度、电压大小、结温以及主回路中的电感量等有关。

关断时间 t_q:普通晶闸管的 t_q 为几十到几百微秒。关断时间与元件结温、关断前阳极电流的大小以及所加反压的大小有关。

(7) **通态电流临界上升率 di/dt**

门极流入触发电流后,晶闸管开始只在靠近门极附近的小区域内导通,随着时间的推移,导通区才逐渐扩大到 PN 结的全部面积。如果阳极电流上升得太快,则会导致门极附近的 PN

结因电流密度过大而烧毁,使晶闸管损坏。所以对晶闸管必须规定允许的最大通态电流上升率,晶闸管能承受而没有损害影响的最大通态电流上升率称为通态电流临界上升率 $\mathrm{d}i/\mathrm{d}t$。

(8) 断态电压临界上升率 $\mathrm{d}u/\mathrm{d}t$

晶闸管的结面在阻断状态下相当于一个电容,若突然加正向阳极电压,便会有一个充电电流流过结面,该充电电流流经靠近阴极的 PN 结时,产生相当于触发电流的作用,如果这个电流过大,将会使元件误触发导通,因此对晶闸管还必须规定允许的最大断态电压上升率。把在规定条件下,不导致晶闸管直接从断态转换到通态的最大阳极电压上升率称为断态电压临界上升率 $\mathrm{d}u/\mathrm{d}t$。

晶闸管的型号种类繁多,了解其特性与参数是正确使用晶闸管的前提。表 1.3.4 和表 1.3.5 列出了几种国产 KP 型普通晶闸管的特性与参数。

表 1.3.4　KP 型普通晶闸管的特性与参数

参数 单位 系列	通态平均电流	断态重复峰值电压、反向重复峰值电压	断态不重复平均电流、反向不重复平均电流	额定结温	门极触发电流	门极触发电压	断态电压临界上升率	通态电流临界上升率	浪涌电流
	$I_{\mathrm{T(AV)}}$	U_{DRM}、U_{RRM}	$I_{\mathrm{DS(AV)}}$ $I_{\mathrm{RS(AV)}}$	t_{jM}	I_{GT}	U_{GT}	$\mathrm{d}u/\mathrm{d}t$	$\mathrm{d}i/\mathrm{d}t$	I_{TSM}
	A	V	mA	℃	mA	V	V/μs	A/μs	A
KP1	1	100~3 000	≤1	100	3~30	≤2.5			20
KP5	5	100~3 000	≤1	100	5~70	≤3.5			90
KP10	10	100~3 000	≤1	100	5~100	≤3.5			190
KP20	20	100~3 000	≤1	100	5~100	≤3.5			380
KP30	30	100~3 000	≤2	100	8~150	≤3.5			560
KP50	50	100~3 000	≤2	100	8~150	≤3.5			940
KP100	100	100~3 000	≤4	115	10~250	≤4	25~1 000	25~500	1 880
KP200	200	100~3 000	≤4	115	10~250	≤4			3 770
KP300	300	100~3 000	≤8	115	20~300	≤5			5 650
KP400	400	100~3 000	≤8	115	20~300	≤5			7 540
KP500	500	100~3 000	≤8	115	20~300	≤5			9 420
KP600	600	100~3 000	≤9	115	30~350	≤5			11 160
KP800	800	100~3 000	≤9	115	30~350	≤5			14 920
KP1000	1 000	100~3 000	≤10	115	40~400	≤5			18 600

表 1.3.5　KP 型晶闸管元件的其他特性参数

参数　　　　单位　　　系列	断态重复平均电流、反向重复平均电流 $I_{DR(AV)}$ mA	通态平均电压 $U_{T(AV)}$ V	维持电流 I_H mA	门极不触发电流 I_{GD} mA	门极不触发电压 U_{GD} V	门极正向峰值电流 I_{GFM} A	门极反向峰值电压 U_{GRM} V	门极平均功率 $P_{G(AV)}$ W	门极峰值功率 P_{GM} W	门极控制开通时间 t_{gt} μs	电路换向关断时间 t_g μs
KP1	<1	①	实测值	0.4	0.3	—	5	0.5	—	②典型值	②典型值
KP5	<1			0.4	0.3	—	5	0.5	—		
KP10	<1			1	0.25	—	5	1	—		
KP20	<1			1	0.25	—	5	1	—		
KP30	<2			1	0.15	—	5	1	—		
KP50	<2			1	0.15	—	5	1	—		
KP100	<4			1	0.15	—	5	2	—		
KP200	<4			1	0.15	—	5	2	15		
KP300	<8			1	0.15	4	5	4	15		
KP400	<8			1	0.15	4	5	4	15		
KP500	<9			1	0.15	4	5	4	15		
KP600	<9			—	—	4	5	4	15		
KP800	<9			—	—	4	5				
KP1000	<10			—	—	4	5				

① 元件出厂上限值由各厂根据合格的产品试验自定。

② 同类产品中最有代表的数值。

1.3.3　晶闸管的派生器件

在晶闸管的家族中,除了最常用的普通型晶闸管之外,根据不同的实际需要,衍生出了一系列的派生器件,主要有快速晶闸管(FST)、双向晶闸管(TRIAC)、逆导晶闸管(RCT)、可关断晶闸管(GTO)和光控晶闸管等,下面分别对它们做简要介绍。

1. 快速晶闸管

允许开关频率在 **400 Hz** 以上工作的晶闸管称为快速晶闸管(fast switching thyristor,简称 FST)。它们的外形、电气符号、基本结构、电压-电流特性都与普通晶闸管相同。

根据不同的使用要求,快速晶闸管有以开通快为主的和以关断快为主的,也有两者兼顾的,它们的使用与普通晶闸管基本相同,但必须注意如下问题:

① 快速晶闸管为了提高开关速度,其硅片厚度做得比普通晶闸管薄,因此承受正反向阻断重复峰值电压较低,一般在 2 000 V 以下。

② 快速晶闸管 du/dt 的耐量较差,使用时必须注意产品铭牌上规定的额定开关频率下的 du/dt。当开关频率升高时,du/dt 耐量会下降。

2. 双向晶闸管

双向晶闸管(triode AC switching thyristor,简称 TRIAC)在结构和特性上可以看作是一对反向并联的普通晶闸管,它的内部结构、等效电路、电气符号和电压-电流特性分别如图 1.3.6(a)、(b)、(c)和(d)所示。

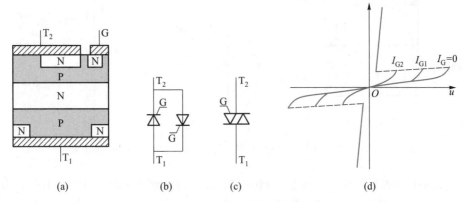

图 1.3.6　双向晶闸管的内部结构、等效电路、电气符号和伏安特性

双向晶闸管有两个主电极 T_1、T_2 和一个门极 G,并在第一和第三象限有对称的伏安特性。T_1 相对于 T_2 既可以加正电压,也可以加负电压,这就使得门极 G 相对于 T_1 端无论是正电压还是负电压,都触发双向晶闸管。

双向晶闸管具有被触发后能双向导通的性质,因此在交流开关、交流调压(如电灯调光及加热器控制)方面获得了广泛的应用。

双向晶闸管在使用时必须注意如下问题:

① 不能反复承受较大的电压变化率,因此难以用于感性负载。

② 门极触发灵敏度较低。

③ 关断时间较长,因而只能在低频场合应用。这是因为双向晶闸管在交流电路中使用时,T_1、T_2 间承受正、反两个半波的电流和电压,当在一个方向导通结束时,管内载流子还来不及回复到截止状态的位置,若迅速承受反方向的电压,这些载流子产生的电流有可能作为器件反向工作的触发电流而误触发,使双向晶闸管失去控制能力而造成换流失败。

④ 与普通晶闸管不同,双向晶闸管的额定电流是用正弦电流有效值而不是用平均值标定。例如一个额定电流为 200 A 的双向晶闸管,其峰值电流为 $200\sqrt{2}$ A = 283 A,而它的正弦半波电流的平均值为 $283/\pi$ A = 90 A。也就是说,一个额定电流为 200 A 的双向晶闸管相当于两个额定电流为 90 A 的普通晶闸管的反并联。

3. 逆导晶闸管

逆导晶闸管(reveres conducting thyristor)简称 RCT。在逆变或直流电路中,经常需要将晶闸管和二极管反向并联使用,逆导晶闸管就是根据这一要求将晶闸管和二极管集成在同一硅片上制造而成的,它的内部结构、等效电路、电气符号和电压-电流特性分别如图 1.3.7 (a)、(b)、(c)和(d)所示。和普通晶闸管一样,逆导晶闸管也有三个电极,它们分别是阳极 A、阴极 K 和门极 G。

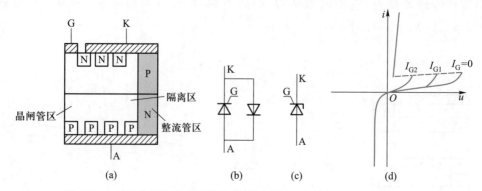

图 1.3.7　逆导晶闸管的内部结构、等效电路、电气符号和电压-电流特性

逆导晶闸管的基本类型有快速型(200~350 Hz)、高频率型(500~1 000 Hz)和高压型 (如 400 A/7 000 V)等几种,主要应用在直流变换(调速)、中频感应加热及某些逆变电路中。它使两个元件合为一体,缩小了组合元件的体积。与普通晶闸管相比,逆导晶闸管具有正向压降小、关断时间短、高温特性好、额定结温高等优点,但也带来了一些新的问题,在使用时必须注意:

① 根据逆导晶闸管的电压-电流特性可知,它的反向击穿电压很低,因此只能适用于反向不需承受电压的场合。

② 逆导晶闸管存在着晶闸管区和整流管区之间的隔离区。如果没有隔离区,在反向恢复期间整流管区的载流子就会进入晶闸管区,并在晶闸管承受正向阳极电压时,误触发晶闸管,造成换流失败。虽然设置了隔离区,但整流管区的载流子在换向时,仍有可能通过隔离区作用到晶闸管区,使换流失败。因此逆导晶闸管的换流能力(器件反向导通后恢复正向阻断特性的能力)是一个重要参数,使用时必须注意。

③ 逆导晶闸管的额定电流分别以晶闸管和整流管的额定电流表示,例如 300/300 A、300/150 A 等。通常,晶闸管电流列于分子,整流管电流列于分母。

4. 光控晶闸管

光控晶闸管(light triggered thyristor)简称 LTT,是一种光控器件。它与普通晶闸管的不同之处在于其门极区集成了一个光电二极管。在光的照射下,光电二极管漏电流增加,此电流成为门极触发电流使晶闸管开通。除此之外,光控晶闸管的工作原理、结构和特性与一般的晶闸管相同。图 1.3.8(a)、(b)分别为光控晶闸管电气符号和电压-电流特性曲线。

小功率光控晶闸管只有阳极、阴极两个电极,大功率光控晶闸管的门极带有光缆,光缆上有发光二极管或半导体激光器作为触发光源。由于光控晶闸管主电路与控制电路电气绝

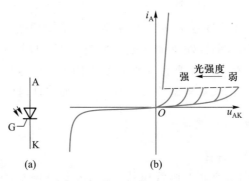

图 1.3.8 光控晶闸管电气符号和电压-电流特性

缘,因此具有优良的绝缘和抗电磁干扰性能。目前光控晶闸管在高压直流输电和高压核聚变装置等大功率场合中发挥了积极的作用。

1.4 门极可关断晶闸管

门极可关断晶闸管(gate-turn-off thyristor)简称 **GTO**。它具有普通晶闸管的全部优点,如耐压高、电流大等。同时它又是全控型器件,即在门极正脉冲电流触发下导通,在负脉冲电流触发下关断。

1.4.1 门极可关断晶闸管及其工作原理

1. 门极可关断晶闸管的结构

GTO 的内部结构与普通晶闸管相同,都是 PNPN 四层三端结构,外部引出阳极 A、阴极 K 和门极 G。和普通晶闸管不同,GTO 是一种多元胞的功率集成器件,内部包含数十个甚至数百个共阳极的小 GTO 元胞,这些 GTO 元胞的阴极和门极在器件内部并联在一起,使器件的功率可以到达相当大的数值。图 1.4.1(a)、(b)分别是 GTO 各单元的阴极、门极间隔排列的图形和并联单元结构断面示意图。图 1.4.1(c)是它的电气符号。

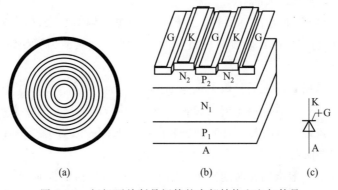

图 1.4.1 门极可关断晶闸管的内部结构和电气符号

2. 门极可关断晶闸管的工作原理

GTO 的导通机理与 SCR 是完全一样的。在制作时采用特殊的工艺使管子导通后处于临界饱和,而不像普通晶闸管那样处于深饱和状态,这样就可以用门极负脉冲电流破坏临界饱和状态使其关断。GTO 在关断机理上与 SCR 是不同的。门极加负脉冲即从门极抽出电流(即抽取饱和导通时储存的大量载流子),强烈正反馈使器件退出饱和而关断。

1.4.2 门极可关断晶闸管的特性与主要参数

1. 门极可关断晶闸管的特性

GTO 的电压-电流特性与普通晶闸管相同。图 1.4.2 是 GTO 的开关特性。它的导通机理与 SCR 是完全一样的,只是导通时饱和程度较浅。

开通过程与普通晶闸管类似,需经过延迟时间 t_d 和上升时间 t_r,很明显,GTO 的开通时间为

$$t_{on} = t_d + t_r \qquad (1.4.1)$$

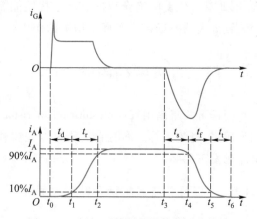

图 1.4.2 门极可关断晶闸管的开关特性

在关断机理上,GTO 与普通晶闸管是不同的。为了将 GTO 在短时间内关断,需要采用很大的负门极电流迅速地使阳极电流减小,过一段时间后阳极电流降为零,这时 GTO 才真正关断。在上述过程中,可以用与普通晶闸管一样的双晶体管模型来分析。抽取饱和导通时储存的大量载流子,使等效晶体管退出饱和所需的时间称为储存时间 t_s;等效晶体管从饱和区退至放大区,阳极电流逐渐减小所需的时间称为下降时间 t_f,则 GTO 的关断时间为

$$t_{off} = t_s + t_f \qquad (1.4.2)$$

不可忽视的是残存载流子复合需要时间,称为尾部时间 t_t,此段时间后 GTO 微小阳极电流降为零,这时 GTO 才真正关断。

通常 t_f 比 t_s 小得多,而 t_t 比 t_s 要长。门极负脉冲电流幅值越大,前沿越陡,抽走储存载流子的速度越快,t_s 越短。在 t_t 阶段门极负脉冲的后沿缓慢衰减,仍保持适当负电压,可缩短尾部时间。

2. 门极可关断晶闸管的主要参数

GTO 的许多参数和普通晶闸管相应的参数意义相同,以下只介绍意义不同的参数。

① 开通时间 t_{on}:延迟时间与上升时间之和。延迟时间一般为 1~2 ms,上升时间则随通态阳极电流值的增大而增大。

② 关断时间 t_{off}:一般指储存时间和下降时间之和,不包括尾部时间。GTO 的储存时间随阳极电流的增大而增大,下降时间一般小于 2 ms。

③ 最大可关断阳极电流 I_{ATO}：它是 GTO 的额定电流。

④ 电流关断增益 β_{off}：GTO 的门极关断能力用电流关断增益 β_{off} 来表征，最大可关断阳极电流 I_{ATO} 与门极负脉冲电流最大值 I_{GM} 之比称为电流关断增益

$$\beta_{off} = \frac{I_{ATO}}{I_{GM}} \tag{1.4.3}$$

通常大容量 GTO 的关断增益很小（不超过 3~5），这正是 GTO 的缺点，它表明要关断一个阳极电流 I_{ATO}，需要一个 $\left(\frac{1}{3} \sim \frac{1}{5}\right) I_{ATO}$ 的门极负脉冲电流峰值，例如一个 1 000 A 的 GTO 关断时门极负脉冲电流峰值要 200 A，为此付出的代价实在是太大了。

3. 门极可关断晶闸管的应用

作为一种全控型电力电子器件，GTO 主要用于直流变换和逆变等需要元件强迫关断的地方，其电压、电流容量较大，与普通晶闸管接近，达到兆瓦级。GTO 与 SCR 相比具有特殊性，在使用时必须注意以下问题：

① 用门极正脉冲可使 GTO 开通，用门极负脉冲可以使其关断，这是 GTO 最大的优点。要使 GTO 关断的门极反向电流比较大，即阳极电流的 1/3 ~ 1/5，尽管采用高幅值的窄脉冲可以减小关断所需的能量，但还是要采用专门的触发驱动电路。

② GTO 的通态管压降比较大，一般为 2~3 V。

③ GTO 有能承受反压和不能承受反压两种类型，在使用时要特别注意。一些 GTO 制造成逆导型，类似于逆导晶闸管，需承受反压时应和电力二极管串联。

1.5　电力晶体管

电力晶体管（giant transistor，直译为巨型晶体管，简称 GTR）是一种耐高电压、大电流的双极型晶体管（bipolar junction transistor，简称 BJT），英文有时候也称为 power BJT。它是一种全控型电力电子器件，具有控制方便、开关时间短、高频特性好、价格低廉等优点。20 世纪 80 年代以来，GTR 经历了双极单个晶体管、达林顿管和 GTR 模块等发展阶段。目前 GTR 的容量已达 400 A/1 200 V、1 000 A/400 V，工作频率可达 5 kHz，因此它可在中、小功率范围内的不间断电源、中频电源和交流电机调速等电力变流装置中取代晶闸管，但目前又大多被 IGBT 和电力 MOSFET 取代。

1.5.1　电力晶体管及其工作原理

与普通的双极型晶体管基本原理一样，电力晶体管由三层半导体（两个 PN 结）组成。NPN 三层扩散台面型结构是单管 GTR 的典型结构，如图 1.5.1（a）所示（GTR 有 NPN 和 PNP 两种，这里只讨论 NPN 型）。图中掺杂浓度高的 N^+ 区称为 GTR 的发射区，E 为发射极。基区是一个厚度在几微米至几十微米之间的 P 型半导体薄层，B 为基极。集电区是 N 型半导体，C 为集电极。为了提高 GTR 的耐压能力，在集电区中设置低掺杂的 N^- 区。在两种不同

类型的半导体交界处 N⁺P 构成发射结 J_1，PN⁺构成集电结 J_2。图 1.5.1（b）、（c）分别是 GTR 的内部 PN 结等效图和电气符号。

　　GTR 一般采用共发射极接法，图 1.5.1（d）是管内载流子运动示意图。外加偏置 E_B、E_C 使发射结 J_1 正偏，集电结 J_2 反偏，基极电流 I_B 就能实现对 I_C 的控制。当 $U_{BE}<0.7$ V 或为负电压时，GTR 处于关断状态，I_C 为零；当 $U_{BE} \geqslant 0.7$ V 时，GTR 处于开通状态，I_C 为最大值（饱和电流）。定义集电极电流 I_C 与基极电流 I_B 之比为 GTR 电流放大系数

$$\beta = \frac{I_C}{I_B} \tag{1.5.1}$$

β 反映了基极电流对集电极电流的控制能力。单管 GTR 的 β 值比小功率晶体管小得多，通常小于 10，采用达林顿接法可有效增大电流增益。

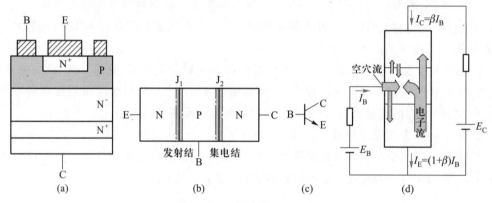

图 1.5.1　GTR 的结构、电气符号和内部载流子的运动

　　当考虑到集电极和发射极间的漏电流 I_{CEO} 时，I_C 和 I_B 的关系为

$$I_C = \beta I_B + I_{CEO} \tag{1.5.2}$$

　　在电力电子技术中，GTR 主要工作在开关状态，人们希望它在电路中的表现接近于理想开关，即导通时的管压降趋于零，截止时的电流趋于零，而且两种状态间的转换过程要足够快。图 1.5.2 是由 GTR 组成的共射极开关电路。给 GTR 的基极施加幅度足够大的脉冲驱动信号，它将工作于导通与截止的开关工作状态，在两种状态的转换过程中，GTR 快速地通过有源放大区。为了保证开关速度快、损耗小，要求 GTR 饱和压降 U_{CES} 小，电流增益 β 值要大，穿透电流 I_{CEO} 要小以及开通与关断时间要短。

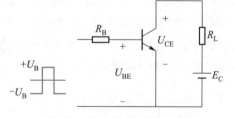

图 1.5.2　GTR 共射极开关电路

1.5.2　电力晶体管的特性与主要参数

1. GTR 共射电路输出特性

　　在共射极接法电路中 GTR 的集电极电压 U_C 与集电极电流 I_C 的关系曲线称为输出特

性曲线,如图 1.5.3 所示。从图可以看出,随着 I_B 从小到大的变化,GTR 经过截止区(又称阻断区)、线性放大区、准饱和区和深饱和区四个区域。在截止区 $I_B<0$(或 $I_B=0$),$U_{BE}<0$,$U_{BC}<0$,GTR 承受高电压,且有很小的穿透电流流过,类似于开关的断态;在线性放大区 $U_{BE}>0$,$U_{BC}<0$,$I_C=\beta I_B$,GTR 应避免工作在线性区以防止大功耗损坏 GTR。随着 I_B 的增大,GTR 进入准饱和区,此时 $U_{BE}>0$,$U_{BC}>0$,但 I_C 与 I_B 之间不再呈线性关系,β 开始下降,曲线开始弯曲;在深饱和区 $U_{BE}>0$,$U_{BC}>0$,I_B 变化时 I_C 不再改变,管压降 U_{CES} 很小,类似于开关的通态。

2. GTR 的开关特性

GTR 开关过程的电流波形如图 1.5.4 所示。

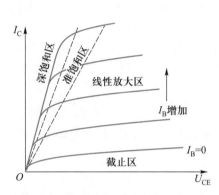

图 1.5.3 GTR 共射极电路的输出特性曲线

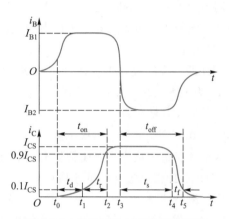

图 1.5.4 GTR 开关过程电流波形图

(1)开通时间

图 1.5.2 所示的电路在基极电流 I_B 的作用下,GTR 的集电极电流 I_C 从 0 增加到其饱和电流 I_{CS} 的 10% 所经历的时间称为延迟时间 $t_d=t_1-t_0$,上升时间 $t_r=t_2-t_1$,它表示从 t_1 时刻起 I_C 上升至 I_{CS} 的 90% 所经历的时间。则 GTR 的开通时间为

$$t_{on}=t_d+t_r \tag{1.5.3}$$

(2)关断时间

图中存储时间 $t_s=t_4-t_3$,它表明在反向基极电流的作用下,从 t_3 时刻起 I_C 开始下降,到 t_4 时刻 I_C 已减小到 I_{CS} 的 90%;下降时间 $t_f=t_5-t_4$,它表示从 t_4 时刻起到 I_C 下降到 I_{CS} 的 10% 所经历的时间。则 GTR 的关断时间为

$$t_{off}=t_s+t_f \tag{1.5.4}$$

延迟过程是因为发射结势垒电容充电引起的;上升过程是由于基区电荷储存需要一定的时间引起的;存储时间是消除基区超量储存电荷过程引起的;下降时间是发射结和集电结势垒电容放电的结果。在应用中,为了提高 GTR 的开关速度,要设法减小 t_{on} 与 t_{off} 的大小。很明显,增大驱动电流 I_B,加快充电可以减小 t_d 与 t_r,但 I_B 太大会使关断存储时间增长。在关断 GTR 时,加反向基极电压有助于势垒电容上电荷的释放,即可以减小 t_s 和 t_f,但反向基极电压不能过大,否则会击穿发射结并使下次开通时延迟时间增长。

3. GTR 的主要参数

（1）最高工作电压

集电极–基极反向击穿电压 $U_{(BR)CBO}$：发射极开路时，集电极–基极间能承受的最高电压。

集电极–发射极反向击穿电压 $U_{(BR)CEO}$：基极开路时，集电极–发射极间能承受的最高电压。在实际应用中，为了保证 GTR 的安全工作而不被高电压击穿，工作电压只能取 $U_{(BR)CEO}$ 的一半，甚至更低。

（2）最大工作电流

集电极电流最大值 I_{CM}：一般以 β 值下降到额定值的 $1/2 \sim 1/3$ 时的 I_C 值定为 I_{CM}。在实际应用中为了确保 GTR 的安全，工作电流只能取 I_{CM} 的一半左右。

基极电流最大值 I_{BM}：规定为内引线允许通过的最大电流，通常取 $I_{BM} \approx (1/2 \sim 1/6)I_{CM}$。

（3）最高结温 T_{jM}

GTR 的最高结温与半导体材料性质、器件制造工艺、封装质量有关。一般情况下，塑封硅管 T_{jM} 为 $125 \sim 150 \ ℃$；金封硅管 T_{jM} 为 $150 \sim 170 \ ℃$；高可靠平面管 T_{jM} 为 $175 \sim 200 \ ℃$。

（4）最大耗散功率 P_{CM}

GTR 在最高结温时所对应的耗散功率，它等于集电极工作电压与集电极工作电流的乘积。这部分能量转化为热能使管温升高，在使用中要特别注意 GTR 的散热，如果散热条件不好，GTR 会因温度过高而迅速损坏。

（5）饱和压降 U_{CES}

GTR 工作在深饱和区时集射极间的电压值。图 1.5.5 为 GTR 的饱和压降特性曲线。由图可知，U_{CES} 随 I_C 增加而增加。在 I_C 不变时，U_{CES} 随管壳温度 T_C 的增加而增加。

（6）共射直流电流增益 β

$\beta = I_C / I_B$ 表示 GTR 的电流放大能力。一般高压大功率 GTR（单管）$\beta < 10$。

4. 二次击穿和安全工作区

（1）二次击穿

处于工作状态的 GTR，当其集电极反偏电压 U_{CE} 逐渐增大到 $U_{(BR)CEO}$ 时，集电极电流 I_C 急剧增大（雪崩击穿），但此时集电结的电压基本保持不变，这称为一次击穿，如图 1.5.6 所示。发生一次击穿时，如果有外接电阻限制电流 I_C 的增大，一般不会引起 GTR 的特性变坏。

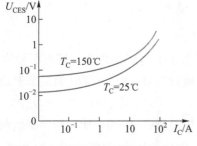

图 1.5.5　GTR 饱和压降特性曲线

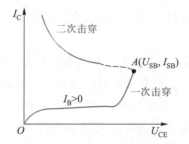

图 1.5.6　GTR 二次击穿示意图

如果不限制 I_C 的增长,继续增大 U_{CE},当 I_C 上升到 A 点(临界值)时,U_{CE} 突然下降,而 I_C 继续增大(负阻效应),这称为二次击穿。A 点对应的电压 U_{SB} 和电流 I_{SB} 称为二次击穿的临界电压和临界电流,其乘积为

$$P_{SB} = U_{SB}I_{SB} \tag{1.5.5}$$

称为二次击穿的临界功率。二次击穿的时间在微秒甚至纳秒数量级内,在这样短的时间内如果不采取有效保护措施,就会使 GTR 内出现明显的电流集中和过热点,轻者使器件耐压降低、特性变差,重者使器件集电结和发射结熔通,造成 GTR 的永久性损坏。

把不同 I_B 下二次击穿的临界点连接起来就形成二次击穿临界线,如图 1.5.7 所示。从图可知 P_{SB} 越大,越不容易发生二次击穿。值得注意的是,GTR 发生二次击穿损坏必须同时具备三个条件:高电压、大电流和持续时间。因此,集电极电压、电流、负载性质、驱动脉冲宽度与驱动电路的配置等因素都对二次击穿造成一定的影响。一般来说,工作在正常开关状态的 GTR 是不会发生二次击穿现象的。

(2)安全工作区

安全工作区 SOA(safe operation area)是指在输出特性曲线图上 GTR 能够安全运行的电流、电压的极限范围。按基极偏置分类可分为正偏安全工作区 FBSOA 和反偏安全工作区 RBSOA。

① 正偏安全工作区 FBSOA。又称开通安全工作区,它是基极正向偏置条件下由 GTR 的最大允许集电极电流 I_{CM}、最大允许集电极-发射极反向击穿电压 $U_{(BR)CEO}$、最大允许集电极功耗 P_{CM} 以及二次击穿功率 P_{SB} 四条限制线所围成的区域,如图 1.5.8 所示。

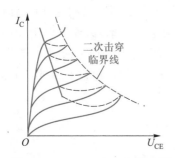

图 1.5.7 GTR 二次击穿临界线

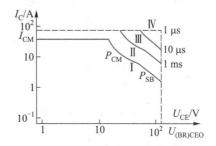

图 1.5.8 GTR 正偏安全工作区

当 GTR 流过直流电流时,其安全工作区称为直流安全工作区,此时 GTR 的工作条件最差,其安全工作区的范围最小,如图 1.5.8 中曲线 I 所示。随着基极驱动脉冲宽度从大到小变化,GTR 的正偏安全工作区向外扩展,图 1.5.8 中曲线 II、III、IV 分别表示脉宽 1 ms、10 μs 和 1 μs 对应的正偏安全工作区。很明显,当脉宽小于 10 μs 时不必再担心二次击穿问题。值得注意的是 GTR 的正偏安全工作区还与管壳温度有关,若 GTR 工作时的实际壳温超过允许值,P_{CM} 与 P_{SB} 都有所下降,因此正偏安全工作区的区域将缩小。

② 反偏安全工作区 RBSOA。又称 GTR 的关断安全工作区。它表示在反向偏置状态下 GTR 关断过程中电压 U_{CE}、电流 I_C 限制界线所围成的区域,如图 1.5.9 所示。从图中可以

看出反偏安全工作区随基极反向电流的增大而变窄。另外,反偏安全工作区还受结温的影响,如果配给 GTR 的散热器质量不佳,反偏安全工作区会缩小。

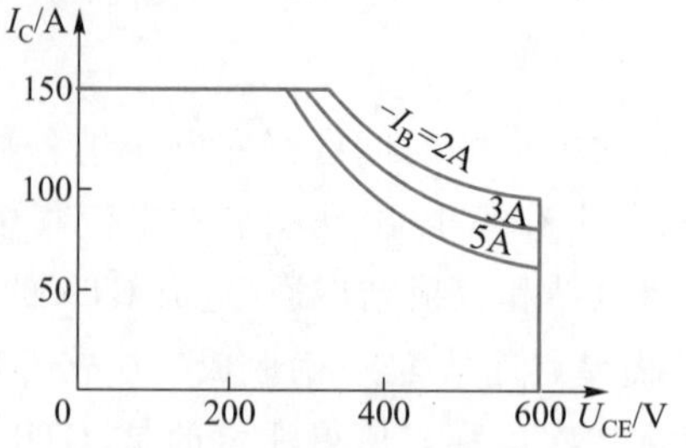

图 1.5.9 GTR 反偏安全工作区

1.6 电力场效晶体管

场效晶体管分为结型场效晶体管(junction type field effect transistor,简称 JFET)和绝缘栅金属-氧化物-半导体场效晶体管(metal-oxide-semiconductor field effect transistor,简称 MOSFET)。电力场效晶体管通常指绝缘栅型中的 MOS 型,简称电力 MOSFET(power MOSFET)。按导电沟道不同,电力 MOSFET 可分为 P 沟道和 N 沟道两类,其中每类中又有耗尽型(当栅极电压为零时,漏源极之间就存在导电沟道)和增强型[对于 N(P)沟道器件,栅极电压大于(小于)零时才存在导电沟道]两种,电力 MOSFET 主要是 N 沟道增强型器件。

电力 MOSFET 是一种单极型电压控制器件,它具有输入阻抗高(可达 40 MΩ 以上),开关速度快,工作频率高(开关频率可达1 000 kHz),驱动电路简单,需要的驱动功率小,热稳定性好,无二次击穿、安全工作区(SOA)宽等优点。目前电力 MOSFET 的耐压可达 1 000 V,电流为 200 A,开关时间仅 13 ns。然而与 SCR 和 GTO 相比,它的电流容量小、耐压低,一般只适用功率不超过 10 kW 的电力电子装置。

1.6.1 电力场效晶体管及其工作原理

1. 电力场效晶体管的结构

早期的电力场效晶体管采用水平结构(PMOS),器件的源极 S、栅极 G 和漏极 D 均被置于硅片的同一侧(与小功率 MOS 管相似),这种结构存在通态电阻大、频率特性差和硅片利用率低等缺点。20 世纪 70 年代中期将 LSIC 垂直导电结构应用到电力场效晶体管的制作中,出现了 VMOS 结构。这种器件保持了平面结构的优点,而且大幅度提高了器件的电压阻断能力、载流能力和开关速度。早期 VMOS 结构采用 V 形槽以实现垂直导电,称为 VVMOS。这种结构在精确控制沟道长度方面存在工艺上的困难,于是自 20 世纪 80 年代以来,采用二次扩散形成的 P 形区和 N^+型区在硅片表面的结深之差来形成极短沟道长度(1~2 μm),研制成功了垂直导电的双扩散场控晶体管,简称为 VDMOS。目前生产的 VDMOS 中绝大多数是 N 沟道增强型,这是由于 P 沟道器件在相同硅片面积下,其通态电阻是 N 型器件的 2~3

倍。因此今后若无特别说明,均指 N 沟道增强型器件。

目前电力场效晶体管的型号和种类很多,图 1.6.1(a)所示是电力场效晶体管几种典型的外形封装图。它有三个电极,分别是源极 S、栅极 G 和漏极 D,图 1.6.1(b)所示是其电气符号。

(a)　　　　　　　　　　　　　(b)

图 1.6.1　电力场效晶体管的外形结构与电气符号

图 1.6.2 所示是 N 沟道 VDMOS 管元胞结构,在 N^+ 型高掺杂浓度衬底上,外延生长 N^- 型高阻层,N^+ 型区和 N^- 型区共同组成漏区。由同一扩散窗进行两次扩散,在 N^- 区内先扩散形成 P 型体区,再在 P 型体区内有选择地扩散形成 N^+ 型区,由两次扩散的深度差形成沟道部分,因而沟道的长度可以精确控制。由于沟道体区与源区总是短路的,所以源区 PN 结常处于零偏置状态。在 P 和 N^+ 上层与栅极之间生长金属 SiO_2 绝缘薄层作为栅极和导电沟道的隔离层,这样,当栅极加有适当电压时,由于表面电场效应会在栅极下面的体区中形成 N 型反型层,这些反型层就是源区和漏区的导电沟道。

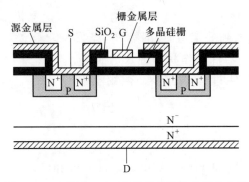

图 1.6.2　N 沟道 VDMOS 管元胞结构和等效电路

通常一个 VDMOS 管是由许多元胞并联组成的,一个高压芯片的密集度可达每立方英寸一十四万个元胞。

值得注意的是,源极金属电极将 N^+ 区和 P 区连接在一起,因此源极与漏极间形成一个寄生二极管,因而无法承受反向电压。

2. 电力场效晶体管的工作原理

电力 MOSFET 是一种单极型电压控制器件(用栅极电压来控制漏极电流)。

当栅源电压 $U_{GS} \leq 0$ 时,由于表面电场效应,栅极下面的 P 型体区表面呈多子(空穴)的堆积状态,不可能出现反型层,因而无导电沟道形成,D、S 间相当于两个反向串联的二极管。

当 $0<U_{GS}\leqslant U_T$(U_T 为开启电压,又称为阈值电压)时,栅极下面的 P 型体区表面呈耗尽状态,不会出现反型层也不会形成导电沟道。

在上述两种情况下,即使加以漏极电压 U_{DS},也没有漏极电流 I_D 出现。VDMOS 处于截止状态。

当 $U_{GS}>U_T$ 时,栅极下面的 P 型体区发生反型而形成导电沟道。若此时加至漏极电压 $U_{DS}>0$,则会产生漏极电流 I_D,VDMOS 处于导通状态,且 U_{DS} 越大,I_D 越大。另外,在相同的 U_{DS} 下,U_{GS} 越大,反型层越厚即沟道越宽,I_D 越大。VDMOS 处于导通状态。

综上所述,VDMOS 的漏极电流 I_D 受控于栅压 U_{GS}。

1.6.2　电力场效晶体管的特性与主要参数

1. 静态输出特性

在不同的 U_{GS} 下,漏极电流 I_D 与漏极电压 U_{DS} 间的关系曲线簇称为 VDMOS 的输出特性曲线。如图 1.6.3 所示,它可以分为四个区域:

当 $U_{GS}<U_T$(U_T 的典型值为 2~4 V)时,VDMOS 工作在截止区;

当 $U_{GS}>U_T$ 且 U_{DS} 很小时,I_D 和 U_{GS} 几乎呈线性关系,此时管子工作在线性(导通)区,又称欧姆工作区;

当 $U_{GS}>U_T$ 时,且随着 U_{DS} 的增大,I_D 几乎不变,器件进入有源区(又称饱和区);

当 $U_{GS}>U_T$,且 U_{DS} 增大到一定值时,漏极 PN 结发生雪崩击穿,I_D 突然增加,器件工作状态进入雪崩区。正常使用时,不应使器件进入雪崩区,否则会使 VDMOS 管损坏。

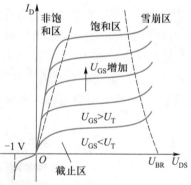

图 1.6.3　VDMOS 的输出特性

2. 主要参数

(1)通态电阻 R_{on}

在确定的栅压 U_{GS} 下,VDMOS 由可调电阻区进入饱和区时,漏极至源极间的直流电阻称为通态电阻 R_{on}。R_{on} 是影响最大输出功率的重要参数。理论和实践都证明,器件的电压越高,R_{on} 随温度的变化越显著。在相同条件下,耐压等级越高的器件其 R_{on} 值越大,这也是 VDMOS 电压难以提高的原因之一。另外,R_{on} 随 I_D 的增加而增加,随 U_{GS} 的升高而减小。

(2)阈值电压 U_T

沟道体区表面发生强反型所需的最低栅极电压称为 VDMOS 的阈值电压。当 $U_{GS}>U_T$ 时,漏源之间形成导电沟道。一般情况下,将漏极短接条件下,$I_D=1$ mA 时的栅极电压定义为 U_T。实际应用时,$U_{GS}=(1.5~2.5)U_T$,以利于获得较小的沟道压降。U_T 还与结温 T_j 有关,T_j 升高,U_T 将下降(大约 T_j 每增加 45℃,U_T 下降 10%,其温度系数为 -6.7 mV/℃)。

（3）跨导 g_m

跨导 g_m 定义为

$$g_m = \frac{\Delta I_D}{\Delta U_{GS}} \tag{1.6.1}$$

g_m 表示 U_{GS} 对 I_D 的控制能力的大小。高跨导的管子具有更好的频率响应。

（4）漏源击穿电压 $U_{(BR)DS}$

$U_{(BR)DS}$ 决定了 VDMOS 的最高工作电压，它是为了避免器件进入雪崩区而设立的极限参数。

（5）栅源击穿电压 $U_{(BR)GS}$

$U_{(BR)GS}$ 是为了防止绝缘栅层因栅源间电压过高发生介电击穿而设立的参数。一般 $U_{(BR)GS} = \pm 20$ V。

（6）最大漏极电流 I_{DM}

I_{DM} 表征器件的电流容量。当 $U_{GS} = 10$ V，U_{DS} 为某一数值时，漏源间允许通过的最大电流称为最大漏极电流。

（7）最高工作频率 f_m

定义 $$f_m = \frac{g_m}{2\pi C_i} \tag{1.6.2}$$

式中，C_i 为器件的输入电容。器件的极间电容等效电路如图 1.6.4 所示。图中

输入电容 $$C_i = C_{GS} + C_{GD} \tag{1.6.3}$$

输出电容 $$C_o = C_{DS} + C_{GD} \tag{1.6.4}$$

反馈电容 $$C_f = C_{GD} \tag{1.6.5}$$

（8）开关时间 t_{on} 与 t_{off}

开通时间 $$t_{on} = t_d + t_r \tag{1.6.6}$$

式中，t_d 为延迟时间。在图 1.6.5 所示的 VDMOS 开关过程波形图中，t_d 对应着输入电压上升沿幅度为 $10\% U_{im}$ 到输出电压下降沿幅度为 $10\% U_{om}$ 的时间间隔；t_r 为上升时间，它对应着输出电压幅度由 $10\% U_{om}$ 变化到 $90\% U_{om}$ 的时间，这段时间对应于 U_i 向器件输入电容充电的过程。

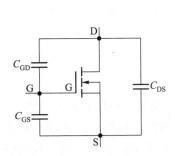

图 1.6.4　VDMOS 极间电容等效电路

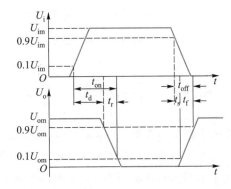

图 1.6.5　VDMOS 开关过程电压波形图

关断时间 $\qquad\qquad\qquad t_{\text{off}} = t_{\text{s}} + t_{\text{f}}$ $\qquad\qquad\qquad$ (1.6.7)

式中，t_{s} 为存储时间，对应着栅极电容存储电荷的消失过程；t_{f} 为下降时间。在 VDMOS 中，t_{on} 和 t_{off} 都可以控制得比较小，因此器件的开关速度相当高。

3. 安全工作区

VDMOS 是单极型器件，几乎没有二次击穿问题，因此其安全工作区非常宽。考虑到

VDMOS 开关频率高，常处于动态过程，它的安全工作区分为以下三种情况：

① 正向偏置安全工作区（FBSOA）。如图 1.6.6 所示，其四条边界极限是：漏源通态电阻限制Ⅰ（由于通态电阻 R_{on} 大，因此器件在低压段工作时要受自身功耗的限制）、最大漏极电流限制线Ⅱ、最大功耗限制线Ⅲ和最大漏源电压限制线Ⅳ。图中还画出了对应于不同导通时间的最大功耗限制线，很明显，导通时间越短，最大功耗耐量越高。

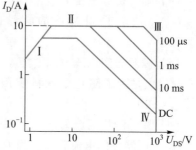

图 1.6.6　VDMOS 的 FBSOA 曲线

② 开关安全工作区（SSOA）。开关安全工作区（SSOA）反应 VDMOS 在关断过程中的参数极限范围，它由最大峰值漏极电流 I_{DM}、最小漏源击穿电压 $U_{\text{(BR)DS}}$ 和最高结温 T_{jM} 决定，如图 1.6.7 所示。曲线的应用条件是：结温 $T_{\text{j}} < 150\text{℃}$，$t_{\text{on}}$ 与 t_{off} 均小于 1 μs。

③ 换向安全工作区（CSOA）。换向安全工作区（CSOA）是器件寄生二极管或集成二极管反向恢复性能所决定的极限工作范围。在换向速度 $\text{d}i/\text{d}t$（寄生二极管反向电流变化率）一定时，CSOA 由漏极正向电压 U_{DS}（即二极管反向电压 U_{R}）和二极管正向电流的安全运行极限值 I_{FM} 来决定，如图 1.6.8 所示。

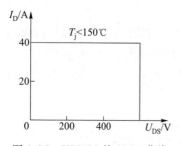

图 1.6.7　VDMOS 的 SSOA 曲线

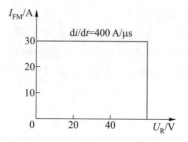

图 1.6.8　VDMOS 的 CSOA 曲线

1.7　绝缘栅双极型晶体管

绝缘栅双极型晶体管（insulated gate bipolar transistor，简称 IGBT）是兼具功率 MOSFET 高速开关特性和 GTR 的低导通压降特性两者优点的一种复合器件。其导通电阻是同一耐压规格的功率 MOSFET 的 1/10，开关时间是同容量 GTR 的 1/10。因为它的等效结构既具有 GTR 模式又有 MOSFET 的特点，所以称为绝缘栅双极型晶体管。IGBT 于 1983 年开始研制，

1986 年投产,是发展最快而且很有前途的一种混合型器件。目前 IGBT 产品已系列化,最大电流容量达 1 800 A,最高电压等级达 4 500 V,工作频率达 50 kHz。在电机控制、中频电源、各种开关电源以及其他高速低损耗的中小功率领域,IGBT 取代了 GTR 和一部分 MOSFET 的市场。随着 IGBT 的生产水平进一步向高电压、大电流方向发展,可以预料它不仅在低压高频应用领域,而且在高压、大电流场合都会接近 GTO 的水平而获得极为广泛的应用。

1.7.1 绝缘栅双极型晶体管及其工作原理

1. IGBT 的结构

目前国内外 IGBT 的生产厂家的型号很多,根据其不同的功率大小又有不同的外形封装,它有三个电极,分别是集电极 C、发射极 E 和栅极 G,图 1.7.1(a)所示是几种常用的 IGBT 外形结构,图 1.7.1(b)是它的电气符号。

(a)　　　　　　　　　　　(b)

图 1.7.1　IGBT 的外形结构和电气符号

通常一个 IGBT 管是由许多元胞并联组成的,一个元胞的结构如图 1.7.2(a)所示。从图可知,它是在 VDMOS 管结构的基础上再增加一个 P^+ 层,形成了一个大面积的 P^+N 结 J_1,和其他结 J_2、J_3 一起构成了一个相当于由 VDMOS 驱动的厚基区 PNP 型 GTR,简化等效电路如图 1.7.2(b)所示。

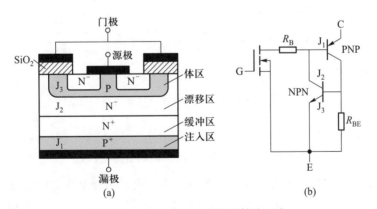

(a)　　　　　　　　　　　(b)

图 1.7.2　IGBT 的结构和简化等效电路

2. IGBT 的工作原理

IGBT 是场控器件,其驱动原理与电力 **MOSFET** 基本相同。如果集电极 C 接电源正极,发射极 E 接电源负极,则它的导通和关断由栅极电压 U_{GE} 来控制。

在 IGBT 的栅极加上正电压 U_{GE},且 U_{GE} 大于开启电压 $U_{GE(TH)}$(IGBT 能实现电导调制而导通的最低栅射电压)时,等效 MOSFET 内(栅极下)形成导电沟道,为等效 PNP 型 GTR 提供基极电流,则 IGBT 导通。此时,从 P^+ 区注入 N^- 区的空穴(少子)对 N^- 区进行电导调制,减小了 N^- 区的电阻,IGBT 呈现低导通压降特性。这一点是与功率 MOSFET 的最大区别,也是 IGBT 可以大电流化的原因。

在栅极上加反向电压或不加信号时,等效 VDMOS 的导电沟道消失,GTR 的基流被切断,则 IGBT 被关断。

综上所述,IGBT 是一种由栅极电压 U_{GE} 控制集电极电流 I_C 的全控型器件。

1.7.2   绝缘栅双极型晶体管的特性与主要参数

1. IGBT 的电压-电流特性和转移特性

IGBT 的电压-电流特性(又称静态输出特性)如图 1.7.3(a)所示,它反映在一定的栅极-发射极电压 U_{GE} 下器件的输出端电压 U_{CE} 与电流 I_C 的关系。U_{GE} 越高,I_C 越大。与 GTR 一样,IGBT 的电压-电流特性分为截止区、有源放大区、饱和区和击穿区。值得注意的是,IGBT 的反向电压承受能力很差,从曲线中可知,其反向阻断电压 U_{BM} 只有几十伏,因此限制了它在需要承受高反向电压场合的应用。

图 1.7.3(b)是 IGBT 的转移特性曲线。当 $U_{GE} > U_{GE(TH)}$(开启电压,一般为 3 ~ 6V)时,IGBT 开通,其输出电流 I_C 与驱动电压 U_{GE} 基本呈线性关系;当 $U_{GE} < U_{GE(TH)}$ 时,IGBT 关断。

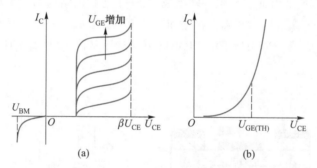

图 1.7.3   IGBT 的电压-电流特性和转移特性

2. IGBT 的开关特性

IGBT 的开通过程是从正向阻断状态转换到正向导通的过程。开通时间 t_{on} 定义为从驱动电压 U_{GE} 的脉冲前沿上升到最大值 U_{GEM} 的 10% 所对应的时间至集电极电流 I_C 上升到最大值 I_{CM} 的 90% 所需要的时间。t_{on} 又可分为开通延迟时间 $t_{d(on)}$ 和电流上升时间 t_r 两部分。$t_{d(on)}$ 定义为从 10% U_{GEM} 到 10% I_{CM} 所需的时间;t_r 定义为 I_C 从 10% I_{CM} 上升至 90% I_{CM} 所需要的时间,如图 1.7.4 所示。

IGBT 的关断过程是从正向导通状态转换到正向阻断状态的过程。关断时间 t_{off} 定义为从驱动电压 U_{GE} 的脉冲后沿下降到 90% U_{GEM} 起至集电极电流下降到 10% I_{CM} 所经过的时间。

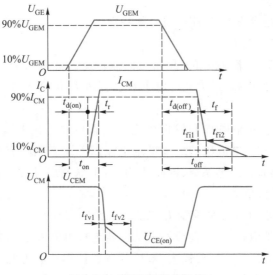

图 1.7.4　IGBT 的开关特性

t_{off} 又可分为关断延迟时间 $t_{d(off)}$ 和电流下降时间 t_f 两部分。$t_{d(off)}$ 是从 $90\% U_{GEM}$ 至 $90\% I_{CM}$ 所需的时间；t_f 是从 $90\% I_{CM}$ 下降至 $10\% I_{CM}$ 所需的时间，t_f 由 t_{fi1}（IGBT 中的 MOS 管决定）和 t_{fi2}（IGBT 中 PNP 晶体管决定）两部分组成。

　　IGBT 的开关特性好，开关速度快，其开关时间是同容量 GTR 的 1/10。

　　IGBT 的开关时间与集电极电流、栅极电阻以及结温等参数有关。图 1.7.5 给出了富士 2MBI100-120 型 IGBT 模块的开关时间与集电极电流 I_C、栅极电阻 R_G 的关系曲线。由曲线可知，随着 I_C 和 R_G 的增加，开通时间 t_{on}、上升时间 t_r、关断时间 t_{off} 和下降时间 t_f 都趋向增加，其中 R_G 对开关时间影响较大。

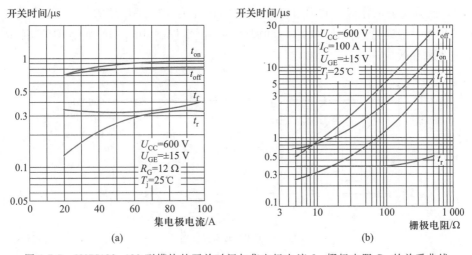

图 1.7.5　2MBI100-120 型模块的开关时间与集电极电流 I_C、栅极电阻 R_G 的关系曲线

3. IGBT 的主要参数

IGBT 的参数是其性能的描述，应用时必须特别注意。

（1）最大集射极间电压 U_{CEM}

即 IGBT 在关断状态时集电极和发射极之间能承受的最高电压。与 VDMOS 和 GTR 相比，IGBT 的耐压可以做得更高，最大允许电压 U_{CEM} 可达 4 500 V 以上。

（2）通态压降

指 IGBT 在导通状态时集电极和发射极之间的管压降。在大电流段是同一耐压规格 VDMOS 的 1/10 左右。在小电流段的 1/2 额定电流以下通态压降有负温度系数，在 1/2 额定电流以上通态压降具有正温度系数，因此，IGBT 在并联使用时具有电流自动调节能力。

（3）集电极电流最大值 I_{CM}

IGBT 在正常工作时，由 U_{GE} 来控制 I_C 的大小，当 I_C 大到一定的程度时，IGBT 中寄生的 NPN 和 PNP 晶体管处于饱和状态，栅极 G 失去对集电极电流 I_C 的控制作用，这称为擎住效应。IGBT 发生擎住效应后，I_C 大，功耗大，最后导致器件损坏。为此，器件出厂时必须规定集电极电流的最大值 I_{CM} 以及与此相应的栅极-发射极最大电压 U_{GEM}，避免集电极电流值超过 I_{CM} 时，IGBT 产生擎住效应。另外器件在关断时电压上升率 du_{CE}/dt 太大，也会产生擎住效应。

（4）最大集电极功耗 P_{CM}

正常工作温度下允许的最大功耗。

（5）安全工作区

IGBT 的安全工作区比 GTR 宽，而且还具有耐脉冲电流冲击的能力。

IGBT 在开通时为正向偏置，其安全工作区称为正偏安全工作区 FBSOA，如图 1.7.6（a）所示。由图可知，IGBT 的导通时间越长，发热越严重，安全工作区越小。

IGBT 在关断时为反向偏置，此时的安全工作区称为反偏安全工作区 RBSOA，如图 1.7.6（b）所示。反偏安全工作区与电压上升率 dU_{CE}/dt 有关，dU_{CE}/dt 越大，反偏安全工作区越小。在使用中一般通过选择适当的 U_{CE} 和栅极驱动电阻控制 dU_{CE}/dt，避免 IGBT 因 dU_{CE}/dt 过高而产生擎住效应。

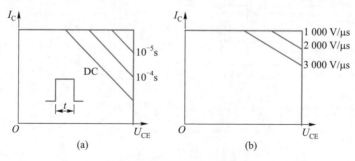

图 1.7.6　IGBT 的安全工作区

（6）输入阻抗

IGBT 的输入阻抗高，可达 $10^9 \sim 10^{11}$ Ω 数量级，呈纯电容性，驱动功率小，这些与 VDMOS 相似。

（7）最高允许结温 T_{jM}

IGBT 的最高允许结温 T_{jM} 为 150 ℃。VDMOS 的通态压降随结温升高而显著增加，而 IGBT 的通态压降在室温和最高结温之间变化很小，具有良好的温度特性。

1.8 其他新型电力电子器件

1.8.1 静电感应晶体管

静电感应晶体管（static induction transistor，简称 SIT）从 20 世纪 70 年代开始研制，发展到现在已成为系列化的电力器件。它是一种多子导电的单极型器件，具有输出功率大、输入阻抗高、开关特性好、热稳定性好、抗辐射能力强等优点。现已商品化的 SIT 可工作在几百千赫下，电流达 300 A，电压达 2 000 V，被广泛用于高频感应加热设备（例如200 kHz、200 kW 的高频感应加热电源）。SIT 还适用于高音质音频放大器、大功率中频广播发射机、电视发射机、差转机、微波以及空间技术等领域。

1. SIT 的工作原理

SIT 为三层结构，其元胞结构图如图 1.8.1(a)所示，其三个电极分别为栅极 G、漏极 D 和源极 S，表示符号如图 1.8.1(b)所示。SIT 分 N 沟道和 P 沟道两种，箭头向外的为 N-SIT，箭头向内的为 P-SIT。

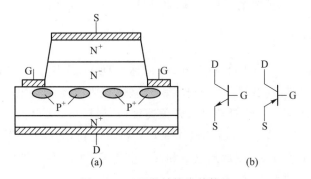

图 1.8.1　SIT 的结构及其符号

SIT 为常开型器件，即栅源电压为零时，两栅极之间的导电沟道使 D-S 之间导通。当加负栅源电压 $-U_{GS}$ 时，栅源间 PN 结产生耗尽层。随着负偏压 $-U_{GS}$ 的增加，其耗尽层加宽，漏源间导电沟道变窄。当 $U_{GS} = U_P$（夹断电压）时，导电沟道被耗尽层夹断，SIT 关断。

SIT 的漏极电流 I_D 不仅受栅极电压 U_{GS} 控制，同时还受漏极电压 U_{DS} 控制，这与真空三极管非常相似。

2. SIT 的特性

图 1.8.2 为 N 沟道 SIT 的静态电压-电流特性曲线。当漏源电压 U_{DS} 一定时,对应于漏极电流 I_D 为零的栅源电压称为夹断电压 U_P。在不同 U_{DS} 下有不同的 U_P。当栅源电压 U_{GS} 一定时,随着漏源电压 U_{DS} 的增加,漏极电流 I_D 也线性增加,其大小由 SIT 的通态电阻决定,因此 SIT 不仅是一个开关元件,而且是一个性能良好的放大元件。

SIT 采用垂直导电结构,其导电沟道短而宽,适应于高电压、大电流的场合。SIT 的漏极电流具有负温度系数,可避免因温度升高而引起的恶性循环。

SIT 的漏极电流通路上不存在 PN 结,一般不会发生热不稳定性和二次击穿现象,其安全工作区范围较宽,如图 1.8.3 所示。

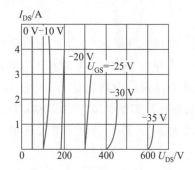

图 1.8.2　N-SIT 静态电压-电流特性曲线

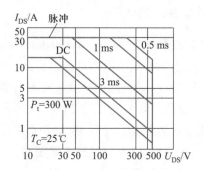

图 1.8.3　SIT 的安全工作区

SIT 是短沟道多子器件,无电荷积累效应,它的开关速度相当快,适用于高频场合。

SIT 的栅极驱动电路比较简单。一般来说,关断 SIT 需加数十伏的负栅压 $-U_{GS}$,使 SIT 导通,也可以加 5~6 V 的正栅偏压 $+U_{GS}$,以降低器件的通态压降。

1.8.2　静电感应晶闸管

静电感应晶闸管(static induction thyristor,简称 SITH)。它属于双极型半控开关器件,自 1972 年开始研制并生产,发展至今已初步趋于成熟,有些已经商品化。与 GTO 相比,SITH 有许多优点,如通态电阻小、通态压降低、开关速度快、损耗小、di/dt 及 du/dt 耐量高等。现有产品容量已达 1 000 A/2 500 V,2 200 A/450 V 和 400 A/4 500 V,工作频率可达 100 kHz 以上,应用于直流调速系统、高频加热电源和开关电源等领域。但 SITH 制造工艺复杂、成本高,这是阻碍其发展的重要因素。

1. SITH 的工作原理

在 SIT 结构的基础上再增加一个 P$^+$ 层即形成了 SITH 的元胞结构,如图 1.8.4(a)所示。在 P$^+$ 层引出阳极 A,原 SIT 的源极变为阴极 K,其控制极仍为门极 G,图 1.8.4(b)是 SITH 的常用符号。

和 SIT 一样,SITH 也为常开型器件。栅极开路,在阳极和阴极之间加正向电压,有电流流过 SITH,其特性与二极管正向特性相似。在门极 G 和阴极 K 之间加负电压,G-K 之间 PN

结反偏,在两个门极区之间的导电沟道中出现耗尽层,A-K 间电流被夹断,SITH 关断。这一过程与 GTO 的关断非常相似。门极所加的负偏压越高,可关断的阴极电流也越大。

2. SITH 的特性

图 1.8.5 为 SITH 的静态电压-电流特性曲线。由图可知,特性曲线的正向偏置部分与 SIT 相似。门极负电压$-U_{GK}$可控制阳极电流关断,已关断 SITH 的 A-K 间只有很小的漏电流存在。SITH 为场控少子器件,其动态特性比 GTO 优越。SITH 的电导调制作用使它比 SIT 的通态电阻小、压降低、电流大,但因器件内有大量的存储电荷,所以它的关断时间比 SIT 长,工作频率低。

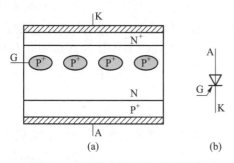
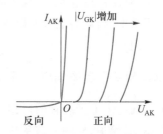

图 1.8.4 SITH 元胞结构及其符号   图 1.8.5 SITH 的静态
电压-电流特性曲线

1.8.3 集成门极换流晶闸管

集成门极换流晶闸管(integrated gate-commutated thyristor,简称 IGCT),也称 GCT(gate-commutated thyristor),20 世纪 90 年代后期出现。IGCT 晶闸管是一种新型的大功率器件,结合了 IGBT 与 GTO 的优点,与常规 GTO 晶闸管相比,它具有许多优良的特性:容量与 GTO 相当,能实现可靠关断、存储时间短、开关速度快、开通能力强、关断门极电荷少和应用系统(包括所有器件和外围部件,如阳极电抗器和缓冲电容器等)总的功率损耗低等,且可省去 GTO 庞大而复杂的缓冲电路,只不过所需的驱动功率仍很大。

在上述这些特性中,优良的开通和关断能力是特别重要的,因为在实际应用中,GTO 的应用条件主要是受到开关特性的局限。一个 4.5 kV/4 kA 的 IGCT 与一个 4.5 kV/4 kA 的 GTO 的硅片尺寸类似,可是它能在高于 6 kA 的情况下不用缓冲电路加以关断,它的 di/dt 高达 6 kA/μs。IGCT 之所以具有上述这些优良特性,是因为在器件结构上对 GTO 采取了一系列改进措施。IGCT 芯片的基本图形和结构与常规 GTO 类似,但是它除了采用了阳极短路型的逆导 GTO 结构以外,主要是采用了特殊的环状门极,其引出端安排在器件的周边,特别是它的门极、阴极之间的距离要比常规 GTO 的小得多,所以在门极加负偏压实现关断时,门极、阴极间可立即形成耗尽层,从阳极注入基区的主电流在关断瞬间全部流入门极,关断增益为 1,从而使器件迅速关断。因此,关断 IGCT 时需要提供与主电流相等的瞬时关断电流,这就要求包括 IGCT 门阴极在内的门极驱动回路必须具有十分小的引线电感。实际上,它的门极和阴极之间的电感仅为常规 GTO 的 1/10。

IGCT 的另一个特点是有一个极低的引线电感与管饼集成在一起的门极驱动器。IGCT 用多层薄板状的衬板与主门极驱动电路相接。门极驱动电路则由衬板及许多并联的功率 MOS 管和放电电容器组成。包括 IGCT 及其门极驱动电路在内的总引线电感量可以减小到 GTO 的 1/100。

目前,4.5 kV(1.9 kV/2.7 kV 直流链)及 5.5 kV(3.3 kV 直流链)、3 000 A 的 IGCT 已研制成功。有效硅面积小、低损耗、快速开关这些优点保证了 IGCT 能可靠、高效率地用于 300 kV·A ~ 10 MV·A 的电力电子装置,而不需要串联或并联。在串联时,逆变器功率可扩展到 100 MV·A。虽然高功率的 IGBT 模块具有一些优良的特性,如能实现 di/dt 和 du/dt 的有源控制、有源钳位、易于实现短路电流保护和有源保护等,但因存在着导通损耗高、硅有效面积利用率低、损坏后造成开路等缺点,限制了高功率 IGCT 模块在高功率电力电子装置中的实际应用。

1.8.4 功率模块与功率集成电路

为了提高电力电子装置的可靠性和功率密度以减小体积,把多个大功率器件组成的各种单元与驱动、保护、检测电路集成一体,构成了具有特定功能的功率集成电路模块。由于模块外形尺寸和安装尺寸的标准化以及芯片间的连线已在模块内部连成,因而它与同容量的分立器件相比,具有体积小、质量轻、结构紧凑、可靠性高、外接线简单、互换性好、便于维修和安装、结构重复性好、装置的机械设计可简化、总价格(包括散热器)比分立器件低等优点。从 20 世纪 80 年代中后期开始,至今 40 多年来,世界各国电力半导体器件公司高度重视,投入大量人力和财力,开发出各种形式的电力半导体模块,如晶闸管、整流二极管、双向晶闸管、逆导晶闸管、光控晶闸管、可关断晶闸管、功率 MOSFET 以及绝缘栅双极型晶体管 IGBT 等模块,并已形成各种实用系列,使模块技术得以蓬勃发展,代表着电力电子器件的发展方向。

所谓模块,就是把两个或两个以上的电力半导体芯片按要求连接成特定的电路,并与辅助电路共同封装在一个绝缘的树脂外壳内。这种模块称为功率模块(power module,简称 PM)。将电力电子器件特定单元电路与逻辑、控制、保护、传感、检测等信息电子电路制作在同一芯片上,称为功率集成电路(power integrated circuit,简称 PIC)。类似功率集成电路的还有许多名称,但实际上各有侧重,比如高压集成电路(high voltage IC,简称 HVIC,一般指横向高压器件与逻辑或模拟控制电路的单片集成)、智能功率集成电路(smart power IC,简称 SPIC,一般指纵向功率器件与逻辑或模拟控制电路的单片集成)和智能功率模块(intelligent power module,简称 IPM,专指 IGBT 及其辅助器件与其保护和驱动电路的单片集成,也称智能 IGBT)。

1. 晶闸管和整流二极管模块

图 1.8.6(a)、(b)是晶闸管、整流二极管桥臂模块和电桥模块内部电连接图,图 1.8.6(c)是模块的外形图。图中单相和三相电桥模块可带续流二极管,亦可不带续流二极管,因此图

中续流二极管用虚线连接表示。模块一般有两种形式,即绝缘隔离型和非绝缘隔离型,前者芯片与铜底板之间的绝缘耐压有效值高达 2.5 kV 以上,应用比较灵活,装置设计者可以把一个或多个桥臂模块安装在同一接地的散热器上,连成各种标准的单相或三相全控、半控整流等桥式电路、交流开关或其他各种实用电路,从而大大简化了电路结构,缩小装置体积。后者要有公共阳极和阴极才能使用,因而在使用中有很大局限性。目前,这类模块的应用已十分广泛,并逐步替代分立器件。

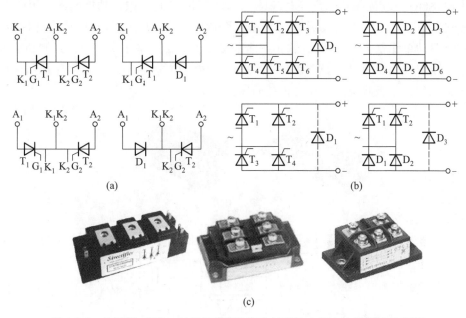

图 1.8.6 晶闸管、整流二极管桥臂模块和电桥模块内部电连接图及外形图

2. IGBT 模块

将多个 IGBT 芯片按要求连接成特定的电路,并与辅助电路共同封装在一个绝缘的树脂外壳内构成 IGBT 模块。目前,IGBT 模块有一单元、二单元、四单元、六单元和七单元的标准型模块,其最高水平已达到 1 800 A/4 500 V。图 1.8.7 为 300 A/1 700 V IGBT 模块的外型封装和等效电路图。它由两个 IGBT 管和两个快恢复二极管组成。

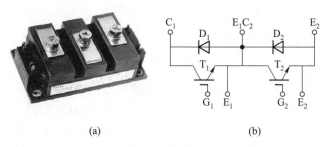

图 1.8.7 300 A/1 700 V IGBT 模块的外型封装和等效电路图

3. 智能功率模块 IPM

由于 IGBT 是电压驱动的,因此驱动功率小,并可用集成电路来实现驱动和控制,把 IGBT 芯片,快恢复二极管芯片,控制和驱动电路,过压、过流、过热和欠压保护电路、钳位电路以及自诊断电路等封装在同一绝缘外壳内就构成了智能化 IGBT 模块(IPM)。由于 IPM 均采用标准化的具有逻辑电平的门控接口,使 IPM 能很方便与控制电路板相连接。IPM 在故障情况下的自保护能力,降低了器件在开发和使用中损坏的几率,大大提高了整机的可靠性。图 1.8.8(a)为 IPM 模块的外型封装图,图 1.8.8(b)是它的内部功能框图。图中 IPM 内置的保护功能避免了因控制失灵和应力过大而造成的 IGBT 损坏,其中任一种保护动作,IGBT 门极驱动单元就会被关断,并输出一个故障信号。由于采用实时电流控制功能来抑制短路电流,所以能实现短路的安全切断。过电压钳位保护,改变了过去过压保护用外接吸收电路的办法,解决了吸收电路存在的损耗问题。

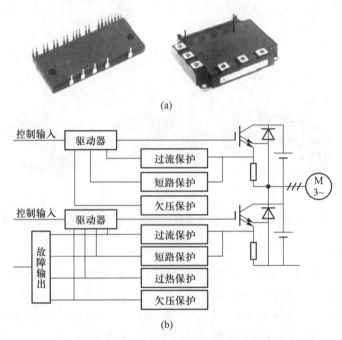

(a)

(b)

图 1.8.8 IPM 模块的外型封装图和内部功能框图

1.8.5 碳化硅大功率电力电子器件及其应用

1. 碳化硅的特性

制造电力电子器件比较理想的材料是临界雪崩击穿电场强度、载流子饱和漂移速率和热导率都比较高的宽禁带半导体材料,从表 1.8.1(碳化硅与硅材料的主要物理参数)可知,碳化硅的禁带宽度比硅材料的禁带宽度要大很多,显然,碳化硅材料更适合制造电力电子器件。碳化硅肖特基二极管在本世纪初投放市场并获得良好的实际应用效果,进一步增强了人们大力发展碳化硅电力电子器件的信心。

表 1.8.1　SiC 与 Si 材料的主要物理参数（以 4H-SiC 为例）

材料	禁带宽度（eV）	相对介电常数	迁移率（$cm^2/V \cdot s$）	绝缘击穿场强（V/cm）
SiC	3.25	9.7	1 140	3×10^6
Si	1.10	11.8	1 500	3×10^5

现已发现的碳化硅同质异晶体形态就有百余种之多，但主要的同素异构体为 3C-SiC、4H-SiC 及 6H-SiC 几种。6H-SiC 与 4H-SiC 的禁带宽度分别为 3.0 eV、3.25 eV，其本征温度可达到 800 ℃以上。即使是禁带宽度最窄的 3C-SiC，也达到了 2.3 eV 左右。目前，商用的碳化硅器件多为 4H-SiC。

功率开关器件反向电压承受能力与漂移区（单极器件）或基区（双极器件）的长度和电阻率有关，而单极功率开关器件的通态电阻又直接由漂移区长度和电阻率决定，并与制造材料击穿电场强度的立方成反比。试验还证明：在较低的击穿电压（~500 V）情况下，单极 SiC 器件的通态电阻小于硅器件的 1/100；在较高的击穿电压（~5 000 V）条件下，单极 SiC 器件的通态电阻小于硅器件的 1/300。碳化硅功率开关器件工作温度超过 600 ℃时，其电学特性变化不大，这表明它能同时工作在高压、高温条件下。

除了用碳化硅材料制造电力二极管以外，它还是目前唯一可以使用热氧化法生成高品质氧化物化合物半导体。因此，它可以像硅材料一样用来制造 MOSFET 和 IGBT 这类含有 MOS 结构的器件。

2. 碳化硅电力电子器件的特点与应用

随着高品质 6H-SiC 和 4H-SiC 外延层生长技术的成功应用，碳化硅材料可以用来制造各种功率器件。尽管产量低、成本高和可靠性差等问题仍对其商品化有所制约，但碳化硅器件代替硅器件的过程已经开始。现在，在电力电子系统中广泛应用的二极管、MOSFET、GTO、IGBT、IGCT 都已经有对应的碳化硅产品，被广泛应用在输电系统、配电系统、电力机车、电动汽车、电机驱动、光伏逆变器、风电并网逆变器、空调、服务器以及个人电脑等领域中。

① 碳化硅二极管。碳化硅 PN 结二极管通常用液相外延法或气相处延法制成 P+N-N 结构，有平面型和台面型两种（由于 PN 结之间有高阻 N 层，也常称为 pin 二极管）。2006 年，美国 Cree 公司用 4H-SiC 研制出了 180 A/4 500 V 的 pin 二极管，其芯片尺寸为 13.6 mm×13.6 mm，通态压降为 3.17 V；2008 年，日本 Rohm 公司制造了 300 A/660 V 的 4H-SiC 肖特基二极管，其芯片尺寸为 10 mm×10 mm，通态压降为 1.5 V；目前，额定电流 100 A 的碳化硅二极管已量产，接近 20 kV 碳化硅 pin 二极管已问世，日本 Sugawara 研究室采用结终端扩展（junction termination extension）技术，用 4H-SiC 研制出了 12 kV 和 19 kV 台面型 pin 二极管。

碳化硅二极管有很好的反向特性，与硅二极管相比，它具有很小的反向恢复电流和极短的反向恢复时间，在很多电力电子装置中得到了广泛的应用。

② 碳化硅 MOSFET。碳化硅 MOSFET 一直是最受瞩目的开关管，其结构与硅功率 MOS-FET 没有太大区别，它不仅具有理想的栅极绝缘特性、高速的开关性能、低导通电阻和高稳

定性,而且其驱动电路非常简单,并与硅功率 MOSFET 驱动电路完全兼容。

理论分析表明,用 6H-SiC 和 4H-SiC 制造功率 MOSFET,其通态电阻是同等级的硅功率 MOSFET 的 $\frac{1}{100}$ 和 $\frac{1}{2\,000}$。2006 年,美国 Cree 公司制作出 5 A/10 kV 的 4H-SiC MOSFET,其通态压降为 3.76 V;2009 年多种功率等级系列化的 SiC MOSFET 已经量产,并广泛应用到光伏逆变器、风电并网逆变器、电动汽车充电机等领域。

③ 碳化硅 GTO。与硅晶闸管(Si GTO)类似,碳化硅晶闸管(SiC GTO)也设计成 PNPN 结构。这种器件在开关频率、功率等级和耐高温特性方面最能发挥碳化硅材料的特长。因为 SiC 材料禁带宽度大、临界电场强度高和热传导率高,SiC GTO 在高温下工作时,比传统的 Si GTO 有更快的开关响应速度和更高的阻断能力;碳化硅器件同时具有开关速度快和通态损耗低的特点,不需要像硅器件那样,在高速开关速度和通态压降间进行折中;对 3 000 V 以上阻断电压,碳化硅 GTO 的通态电流密度可以高出硅晶闸管几个数量级,特别适合制作交流开关和直流开关;另外,碳化硅晶闸管在大电流条件下的通态压降具有正温度特性,这样就会像功率 MOSFET 器件那样能够自动均流,有利于器件的并联使用。

④ 碳化硅 IGBT。近年来,高压 SiC IGBT 的研发工作已有较大进展,目前遇到的主要困难在于 P 沟道 IGBT 的发射极接触电阻偏高,而 N 沟道的 IGBT 又需要 P 型碳化硅材料做衬底。因此,SiC IGBT 的研发工作的实质进展还有待材料和工艺的进一步改进。最近,研发一种阻断电压为 7.5 kV 的 4H-SiC IGBT 有重大进展。它采用了电流抑制层(CSL)来消除寄生的 JFET 效应,通过寄生的 NPN 管抑制电导来增强电导调制,在 25 ℃、栅极电压为 16 V 时,导通电阻达到 26 mΩ/cm^2。

碳化硅 MOSFET 器件的通态电阻过高,在 10 kV 以下的应用中,碳化硅 IGBT 相对于碳化硅 MOSFET 的优势并不十分明显。在 15 kV 以上的应用领域,碳化硅 IGBT 综合了功耗低和开关速度快的特点,相对于碳化硅的 MOSFET 以及硅基的 IGBT 器件具有明显的技术优势,特别适合于高压电力系统领域。新型高温高压碳化硅 IGBT 器件将对大功率应用,特别是电力系统的应用产生重大的影响。可以预见,高压碳化硅 IGBT 器件将和 pin 二极管器件一起,成为下一代智能电网技术中核心的电力电子器件。

⑤ 碳化硅 IGCT。门极换流自关断晶闸管(IGCT)兼有 GTO 和 IGBT 的特长,因此,碳化硅 IGCT 的开发也很受关注,因为高压输电设备中特别需要耐压 12.5 kV 以上的高压大电流开关器件,而硅器件很难满足这个要求。目前,SiC 功率器件中,单芯片最大电流容量的器件是 SiC IGCT。2006 年,日本关西电力公司与美国 Cree 公司联合研制的 ICGT 的芯片面积扩大到 8 mm×8 mm,其额定电流可达 200 A,室温下的通态压降(电流 120 A)小于 5 V,4.5 kV 阻断电压下的高温(250 ℃)漏电流密度不到 5 μA/cm^2。该器件有很好的动态特性,其开通时间为 0.3 μs,关断时间为 1.7 μs。目前,SiC ICGT 已成功应用于 180 kVA 三相变频器中。

⑥ 碳化硅功率模块。目前,全球大型电力电子器件企业都在着重研究碳化硅功率模块,它已经在一些高端领域(包括高功率密度电能转换、高性能电机驱动等)实现了初步应用,并具有广阔的应用前景和市场潜力。

在碳化硅功率模块领域,最先开始研发的是基于碳化硅功率二极管和硅基 IGBT 的混合功率模块。德国 Infineon 公司的 PrimePACK 系列碳化硅二极管和硅基 IGBT 高功率模块率先实现商用。随着制造技术的进步,全碳化硅功率模块已层出不穷。

2009 年,美国 Cree 公司与 Powerex 公司开发出了双开关 1 200 V、100 A 的碳化硅功率模块,该模块由高耐压和大电流的碳化硅 MOSFET 器件和碳化硅肖特基二极管组成。

2011 年,美国陆军研究实验室(U.S.Army Research Laboratory)用 20 个 80 A 的 SiC MOS-FET 和 20 个 50 A SiC 肖特基二极管制作了一个 1 200 V/800 A 的双向功率模块。该模块用作全桥逆变并与 Si 器件比较实验,结果表明功率损耗至少降低 40%,在同样输出电流等级下,SiC 模块可以工作在 Si 模块的 4 倍频状态。

2012 年,日本富士电机公司研发出基于 SiC MOSFET 的 1 200 V/100 A 的碳化硅功率模块。该模块采用新型无焊线设计、氮化硅陶瓷作衬底,可以在 200 ℃ 高温下工作,并且类似倒装芯片的压接式设计,使得该模块与传统的铝线键合模块相比,其内电感小、损耗低、结构更紧凑,体积约为硅功率模块的 1/2。

2013 年,美国的 Cree 公司和日本的三菱公司同时推出了 1 200 V/100 A 的全碳化硅模块。它组合了碳化硅 MOSFET 器件和肖特基二极管,可替换额定电流为 200~400 A 的硅基 IGBT 模块。这类器件热损耗小、散热性能好,可以将电力变换时的电能损耗削减 85% 以上,同时缩小了冷却装置,使得装置的体积缩小了一半,实现了小型化。

在国内,很多企业先后启动了"宽禁带半导体基础研究""SiC 高频高温功率器件"和"SiC 单晶衬底制备"项目的研究,取得一定成绩,实现了 2 英寸、3 英寸、4 英寸、6 英寸的碳化硅单晶衬底和碳化硅外延晶片的量产。

2012 年,西安电子科技大学成功研制了 4H-SiC 功率 BJT 样品,器件的电流增益为 20。同年还研制出 850 V SiC UMOSFET 器件。

2013 年,南京电子器件研究所利用自主生长的 SiC 外延材料,研制出 1 700 V 常开型和常闭型 SiC JFET 器件,正向电流达 3.5 A。

2014 年浙江大学研制了 3 500 V/15 A 常闭型 SiC JFET。泰科天润半导体科技(北京)有限公司打破了国外 SiC 肖特基二极管的商业垄断,其 600 V/10 A、1 200 V/20 A 等产品的合格率达到国际领先水平;中国电子科技集团公司第五十五研究所报道其 SiC 二极管的击穿电压到达 10 kV。

2015 年年初,中国电子科技集团公司第五十五研究所、西安电子科技大学、中国科学院微电子研究所分别研制出了 1 200 V SiC VDMOSFET 器件,最大电流 10 A;同年 9 月,泰科天润半导体科技(北京)有限公司发布了其 1 200 V/10 A SiC BJT 研究成果,电流增益为 85.8,所组成的功率模块容量为 53.03 kW。

2019 年国内同行业厂家相继推出了 SiC 模块(包括全 SiC 及混合 SiC 模块),新器件型号齐全,并形成系列化产品,且年产出数量占到了新品总数的一半以上,其中全 SiC 模块最高工作电压为 3 300 V,这也意味着 SiC 器件应用迈入新的阶段。特别值得关注的是 1 700 V/250 A 全 SiC 功率模块,可在室外发电系统和工业高压电源的应用中发挥重要作用,且其应用效果显示,采用新模块后的系统节能效果和可靠性提升显著,这意味着 1 700 V SiC 模块在性能上已可以替代 1 700 V Si IGBT 模块。

受多重利好政策以及新能源汽车、智能电网等多个新兴市场的拉动,预计中国碳化硅半导体市场将迎来快速发展的明天。

1.9 电力电子器件的驱动与保护

电力开关管是电力电子主电路的核心,正是由于它工作在不同电路拓扑中并对其实施不同的控制就组成了各种不同功能的电力电子电路,以实现电能的控制与变换,进而组成具有各种功能的电力电子系统。电力电子系统是由多电力开关管和多个子系统构成的复杂系统,为了使系统稳定工作、性能优秀,除了对电力开关管进行可靠的驱动与保护以外,还必须对系统实施保护与控制,这是电力电子系统设计的重要任务。

一般说来,电力电子电路的驱动、保护与控制包括如下内容:

① 电力电子开关管的驱动。驱动器接收控制系统输出的控制信号,经处理后发出驱动信号给开关管,控制开关器件的通、断。

② 过流、过压保护。它包括器件保护和系统保护两个方面。检测开关器件的电流、电压,保护主电路中的开关器件,防止过流、过压损坏开关器件。检测系统电源输入、输出以及负载的电流、电压,实时保护系统,防止系统崩溃而造成事故。

③ 缓冲器。在开通和关断过程中防止开关管过压和过流,减小 du/dt、di/dt,降低开关损耗。

④ 滤波器。电力电子系统中都必须使用滤波器。在输出直流的电力电子系统中,输出滤波器用来滤除输出电压或电流中的交流分量以获得平稳的直流电能;在输出交流的电力电子系统中,滤波器滤除无用的谐波以获得期望的交流电能,提高由电源所获取的以及输出至负载的电力质量。

⑤ 散热系统。散发开关器件和其他部件的功耗发热,降低开关器件的结温。

⑥ 控制系统。实现电力电子电路的实时、适式控制,综合给定和反馈信号,经处理后为开关器件提供开通、关断信号,开机、停机信号和保护信号。

1.9.1 电力电子器件的换流方式

驱动电力电子器件,就是要实现器件的换流。在图 1.9.1 中,T_1、T_2 表示由两个电力半导体器件(用理想开关模型表示)组成的导电臂,当 T_1 关断、T_2 导通时,电流 i 流过 T_2;当 T_2 关断、T_1 导通时,电流 i 从 T_2 转移到 T_1。电流从一个臂向另一个臂转移的过程称为换流(或换相)。在换流的过程中,有的臂从导通到关断,有的臂从关断到导通。要使臂导通,只要给组成臂的器件的控制极施加适当的驱动信号,但要使臂关断,情况就复杂多了。全控型器件可以

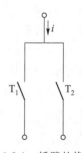

图 1.9.1 桥臂的换流

用适当的控制信号使其关断,而半控型的晶闸管,必须利用外部条件或采取一定的措施才能使其关断。晶闸管要在电流过零以后再施加一定时间的反向电压,才能使其关断。

一般来说,换流方式可分为以下几种:

① 器件换流。利用电力电子器件自身所有的关断能力进行换流称为器件换流。

② 电网换流。由电网提供换流电压使电力电子器件关断,实现电流从一个臂向另一个臂转移称为电网换流。

③ 负载换流。由负载提供换流电压,使电力电子器件关断,实现电流从一个臂向另一个臂转移称为负载换流。凡是负载电流的相位超前电压的场合,都可以实现负载换流。

④ 脉冲换流。设置附加的换流电路,由换流电路内的电容提供换流电压,控制电力电子器件实现电流从一个臂向另一个臂转移称为脉冲换流,有时也称为强迫换流或电容换流。

脉冲换流有脉冲电压换流和脉冲电流换流。

图 1.9.2 给出了脉冲电压换流的电路原理图,在晶闸管 T 处于导通状态时,预先给电容 C 按图中所示极性充电。如果合上开关 S,就可以使晶闸管 T 被加反压而关断。

图 1.9.3 为脉冲电流换流原理图。晶闸管 T 处于导通状态时,预先给电容 C 按图中所示的极性充电。在图(a)中,如果闭合开关 S,LC 振荡电流流过晶闸管,直到其正向电流为零后,再流过二极管 D。在图(b)的情况下,接通开关 S 后,LC 振荡电流先和负载电流叠加流过晶闸管 T,经半个振荡周期 $t=\pi\sqrt{LC}$ 后,振荡电流反向流过 T,直到 T 正向电流减至零以后再流过二极管 D。这两种情况,都在晶闸管的正向电流为零和二极管开始流过电流时晶闸管关断,二极管上的管压降就是加在晶闸管上的反向电压。

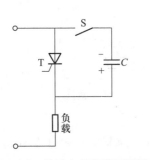
图 1.9.2　脉冲电压换流原理图

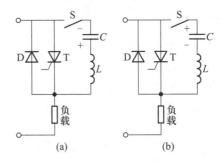
图 1.9.3　脉冲电流换流原理图

在上述四种换流方式中,器件换流只适应于全控型器件;其他三种换流方式主要是针对晶闸管而言的。

1.9.2　驱动电路

电力电子电路中各种驱动电路的电路结构取决于开关器件的类型、主电路的拓扑结构和电压、电流等级,开关器件的驱动电路接受控制系统输出的微弱电平信号,经处理后给开关器件的控制极(门极或基极)提供足够大的电压或电流,使之立即开通。此后,必须维持通态,直到接受关断信号后立即使开关器件从通态转为断态,并保持断态。

在很多情况下,尤其在高压变换电路中,需要控制系统和主电路之间进行电气隔离,这可以通过脉冲变压器或光耦来实现,后者通过在光电半导体器件附近放置发光二极管来传送信息。此外,还可采用光纤传导替代光信号的空间传导。由于不同类型的开关器件对驱动信导的要求不同,对于半控器件(SCR 和双向晶闸管)、电流控制型全控器件(GTO 和GTR)和电压控制型全控器件(MOSFET、IGBT 和 SIT)等有着不同的解决方案。

1. 晶闸管 SCR 触发驱动电路

对于使用晶闸管的电路,在晶闸管阳极加正向电压后,还必须在门极与阴极之间加触发电压,晶闸管才能从阻断转变为导通,习惯称为触发控制,提供这个触发电压的电路称为晶闸管的触发电路。它决定每个晶闸管的触发导通时刻,是晶闸管装置中不可缺少的一个重要组成部分。

控制电路和主电路的隔离通常是必要的,隔离可由光耦或脉冲变压器实现。

基于脉冲变压器 Tr 和晶体管放大器的驱动电路如图 1.9.4 所示,当控制系统发出的高电平驱动信号加至晶体管放大器时,变压器 Tr 输出电压经 D_2 输出脉冲电流 I_G 触发 SCR 导通。当控制系统发出的驱动信号为零时,D_1、D_Z 续流,Tr 的一次电压速降为零,防止变压器饱和。

图 1.9.5 所示为光耦隔离的 SCR 驱动电路。当控制系统发出驱动信号至光耦输入端时,光耦输出电路中 R 上电压产生的脉冲电流 I_G 触发 SCR 导通。

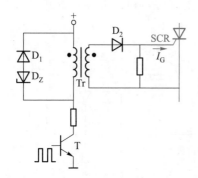

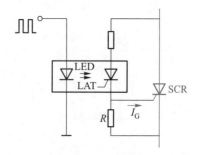

图 1.9.4 带隔离变压器的 SCR 驱动电路   图 1.9.5 光耦隔离的 SCR 驱动电路

目前 SCR 的产品型号很多,其触发电路的种类也多,尤其是各种专用触发集成电路获得了广泛的应用,本书将在整流电路一章中详细介绍 SCR 的触发电路。

2. GTO 的驱动电路

根据 GTO 的特性,在其门极加正驱动电流时,GTO 将开通(和 SCR 类似),但是关断则要求在其门极加很大的负电流。图 1.9.6 是 GTO 的基本驱动电路。

图 1.9.6(a)中,晶体管 T 导通时,电源 E 经过 T 使 GTO 触发导通,同时电容 C 被充电,电压极性如图所示。当 T 关断时,电容 C 经 L、SCR、GTO 阴极、GTO 门极放电,反向电流使 GTO 关断。图中 R 起开通限流作用,L 的作用是在 SCR 阳极电流下降期间释放出储能,补偿

GTO 的门极关断电流,提高关断能力。该电路简单可靠,但由于无独立的关断电源,其关断能力有限且不易控制。另一方面,电容 C 上必须有一定的能量才能使 GTO 关断,故触发 T 的脉冲必须有一定的宽度。

图 1.9.6(b)中,T_1、T_2 导通时,GTO 被触发;T_1、T_2 关断和 SCR_1、SCR_2 导通时,GTO 门极与阴极间流过负电流而被关断。由于 GTO 的开通和关断均依赖于一个独立的电源,故其关断能力强且可控制,其触发脉冲可采用窄脉冲。

图 1.9.6(c)中,导通和关断用两个独立的电源,开关元件少,电路简单。

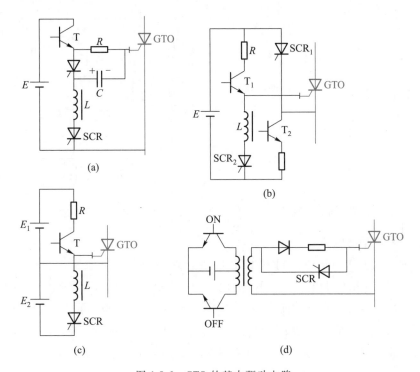

图 1.9.6　GTO 的基本驱动电路

上述三种 GTO 驱动电路的关断能力都不强,只能用于 300 A 以下的 GTO 控制。对于 300 A 以上的 GTO,用图 1.9.6(d)的驱动电路可以满足要求。

3. GTR 的驱动电路

GTR 基极驱动电路的作用是将控制电路输出的控制信号放大到足以保证 GTR 可靠导通和关断的程度。基极驱动电流的各项参数直接影响 GTR 的开关性能,因此根据主电路的需要正确选择或设计 GTR 的驱动电路非常重要。一般希望基极驱动电路有以下功能:

① 提供合适的正反向基流以保证 GTR 可靠导通与关断,理想的基极驱动电流波形如图 1.9.7所示。

② 实现主电路与控制电路的隔离。

③ 具有自动保护功能,以便在故障发生时快速自动切除驱动信号,避免损坏 GTR。

④ 电路尽可能简单、工作稳定可靠、抗干扰能力强。

GTR 驱动电路的形式很多,下面介绍几种,以供参考。

（1）简单的双电源驱动电路

电路如图 1.9.8 所示,驱动电路与 GTR(T_6)直接耦合,控制电路用光耦实现电隔离,正负电源($+U_{C2}$ 和 $-U_{C3}$)供电。当输入端 S 为低电位时,$T_1 \sim T_3$ 导通,T_4、T_5 截止,B 点电压为负,给 GTR 基极提供反向基流,此时 GTR(T_6)关断。当 S 端为高电位时,$T_1 \sim T_3$ 截止,T_4、T_5 导通,T_6 流过正向基流,此时 GTR 导通。

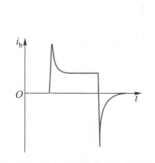

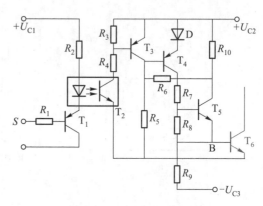

图 1.9.7 理想的基极驱动电流波形   图 1.9.8 双电源驱动电路

（2）集成基极驱动电路

UAA4002 集成基极驱动电路可对 GTR 实现较理想的基极电流优化驱动和自身保护。它采用标准的双列 DIP16 封装,对 GTR 基极正向驱动能力为 0.5 A,反向驱动能力为 -3 A,也可以通过外接晶体管扩大驱动能力,不需要隔离环节。UAA4002 可对被驱动的 GTR 实现过流保护、退饱和保护、最小导通的时间限制($t_{\text{on(min)}} = 1 \sim 2~\mu\text{s}$)、最大导通时间限制、正反向驱动电源电压监控以及自身过热保护。UAA4002 的内部功能框图如图 1.9.9 所示。各管脚的功能如下:

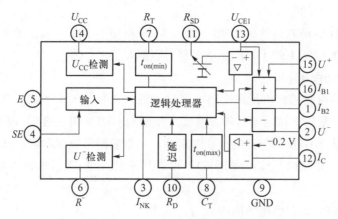

图 1.9.9 UAA4002 内部功能框图

① 反向基极电流输出端 I_{B2}。

② 电源负端（−5 V）。

③ 输出脉冲封锁端。为"1"封锁输出信号；为"0"解除封锁。

④ 输入选择端。为"1"选择电平输入，为"0"选择脉冲输入。

⑤ 驱动信号输入端。

⑥ 由 R^- 接负电源，负电源欠压保护的阈值电压 $|U^-|_{min}$ 由下式决定

$$R^- = R_T/2(1 + |U^-|_{min}/5)$$

式中 R^- 单位为 kΩ。若⑥脚接地，则无此保护功能。

⑦ 脚通过电阻 R_T 接地，R_T 值决定了最小导通时间 $t_{on(min)} = 0.06R_T$（R_T 单位为 kΩ，$t_{on(min)}$ 单位为 μs），在实际中 $t_{on(min)}$ 可在 1~12 μs 之间调节。

⑧ 通过电容 C_T 接地，最大导通时间 $t_{on(max)} = 2R_T C_T$（R_T 单位为 kΩ、C_T 单位为 μF，$t_{on(max)}$ 单位为 μs），若⑧脚接地，则不限制导通时间。

⑨ 接地端。

⑩ 由 R_D 接地，输出相对输入电压前沿延迟量 $t_D = 0.05R_D$，（R_D 单位为 kΩ，t_D 单位为 μs）调节范围为 1~20 μs。

⑪ 由 R_{SD} 接地，完成退饱和保护，R_{SD} 上的电压 $U_{RSD} = 10R_{SD}/R_T$。当从⑬脚引入的管压降 $U_{CE} > U_{RSD}$ 时，退饱和保护动作；若⑪脚接负电源，则无退饱和保护。

⑫ 过电流保护端，接 GTR 射极的电流互感器。若电流值大于设定值时，则过流保护动作，关断 GTR；若⑫脚接地，则无过流保护功能。

⑬ 通过抗饱和二极管接到 GTR 的集电极。

⑭ 电源正端（10~15 V）。

⑮ 通过电阻 R 接正电源，调节 R 大小可改变正向基极驱动电流 I_B。

⑯ 正向基极电流输出端 I_B。

图 1.9.10 是 UAA4002 组成的 GTR 驱动电路，其容量为 8 A/400 V，采用电平控制方式，最小导通时间为 2.8 μs。由于 UAA4002 容易扩展，可通过外接晶体管驱动各种型号和容量的 GTR，也可以驱动功率 MOSFET。

4. MOSFET 和 IGBT 的驱动电路

由于 IGBT 的输入特性几乎和 VDMOS 相同（阻抗高，呈容性），所以要求的驱动功率小，电路简单，用于 IGBT 的驱动电路同样可以用于 VDMOS。

（1）采用脉冲变压器隔离的栅极驱动电路

图 1.9.11 是采用脉冲变压器隔离的栅极驱动电路。其工作原理是：控制脉冲 u_i 经晶体管 T 放大后送到脉冲变压器，由脉冲变压器耦合，并经 D_{Z1}、D_{Z2} 稳压限幅后驱动 IGBT。脉冲变压器的一次侧并接了续流二极管 D_1，以防止 T 中可能出现的过电压。R_1 限制栅极驱动电流的大小，R_1 两端并接了加速二极管来提高开通速度。

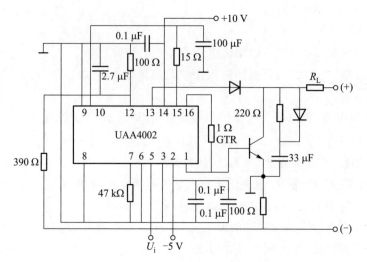

图 1.9.10　UAA4002 的 GTR 驱动电路

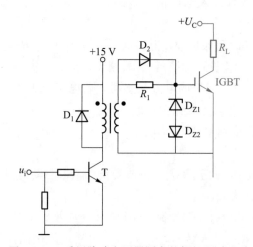

图 1.9.11　采用脉冲变压器隔离的栅极驱动电路

（2）推挽输出栅极驱动电路

图 1.9.12 是一种采用光耦合隔离的由 T_1、T_2 组成的推挽输出栅极驱动电路。当控制脉冲使光耦关断时,光耦输出低电平,使 T_1 截止,T_2 导通,IGBT 在 D_{Z1} 的反偏作用下而关断。当控制脉冲使光耦导通时,光耦输出高电平,T_1 导通,T_2 截止,经 U_{CC}、T_1、R_G 产生的正向驱动电压使 IGBT 开通。

（3）EXB 系列集成驱动电路

EXB 系列 IGBT 专用集成驱动模块,性能好、可靠性高、体积小。EXB850、EXB851 是标准型,EXB840、EXB841 是高速型,它们的内部框图如图 1.9.13 所示。各管脚功能列于表 1.9.1中,表 1.9.2 是它的额定参数。

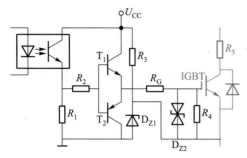

图 1.9.12 推挽输出的门极驱动电路

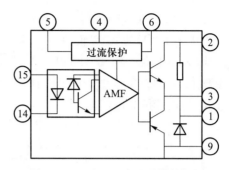

图 1.9.13 EXB8××驱动模块框图

表 1.9.1 EXB 系列驱动器管脚功能

管脚	说明
①	连接用于反向偏置电源的滤波电容器
②	电源(+20 V)
③	驱动输出
④	用于连接外部电容器,以防止过流保护电路误动作(绝大部分场合不需要电容器)
⑤	过流保护输出
⑥	集电极电压监视
⑦⑧	不接
⑨	电源(0 V)
⑩⑪	不接
⑭	驱动信号输入(−)
⑮	驱动信号输入(+)

表 1.9.2 EXB 系列驱动器的额定参数

项目	符号	条件	额定值 EXB850、EXB840(中容量)	EXB851、EXB841(大容量)	单位
电源供电电压	U_{CC}		25		V
光耦合器输入电流	I_{im}		10		mA
正向偏置输出电流	I_{g1}	脉冲宽度为 2 μs	1.5	4.0	A
反向偏置输出电流	I_{g2}	脉冲宽度为 2 μs	1.5	4.0	A
输入输出隔离电压	U_{ISO}	AC50/60 Hz、60 s	2 500		V
工作表面温度	T_C		−10~+85		℃
存储温度	T_{stg}		−25~+125		℃

图 1.9.14 是集成驱动器的应用电路,它能驱动 150 A/600 V、75 A/1 200 V、400 A/600 V 和 3 00 A/1 200 V 的 IGBT 模块。EXB850 和 EXB851 的驱动延迟≤4 μs,因此适用于频率高达 10 kHz 的开关操作。EXB840 和 EXB841 的驱动信号延迟≤1 μs,适用于高达 40 kHz 的开关操作。表 1.9.3 和表 1.9.4 分别列出了 EXB850 和 EXB840 驱动电路中 IGBT 栅极串联电阻 R_G 的推荐值和电流损耗。

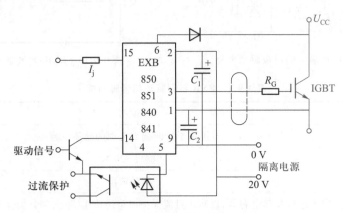

图 1.9.14 集成驱动器的应用电路

表 1.9.3 推荐的门极电阻和电流损耗(EXB850)

IGBT 额定值	600 V	10 A	15 A	30 A	50 A	75 A	100 A	150 A	200 A	300 A	400 A	—
	1 200 V	—	8 A	15 A	25 A	—	50 A	75 A	100 A	150 A	200 A	300 A
R_G		250 Ω	150 Ω	82 Ω	50 Ω	33 Ω	25 Ω	15 Ω	12 Ω	8.2 Ω	5 Ω	3.3 Ω
I_{CC}	5 kHz	24 mA			24 mA			26 mA	27 mA	29 mA	30 mA	34 mA
	10 kHz				25 mA			29 mA	31 mA	34 mA	37 mA	44 mA
	15 kHz	25 mA			27 mA			32 mA	34 mA	39 mA	44 mA	54 mA

表 1.9.4 推荐的门极电阻和电流损耗(EXB840)

IGBT 额定值	600 V	10 A	15 A	30 A	50 A	75 A	100 A	150 A	200 A	300 A	400 A	—
	1 200 V	—	8 A	15 A	25 A	—	50 A	75 A	100 A	150 A	200 A	300 A
R_G		250 Ω	150 Ω	82 Ω	50 Ω	33 Ω	25 Ω	15 Ω	12 Ω	8.2 Ω	5 Ω	3.3 Ω
I_{CC}	5 kHz	17mA			17 mA			19 mA	20 mA	22 mA	23 mA	27 mA
	10 kHz				18 mA			22 mA	24 mA	27 mA	30 mA	37 mA
	15 kHz	18mA			20 mA			25 mA	27 mA	32 mA	37 mA	47 mA

(4) M57962L 组成的 IGBT 驱动电路

M57962L 是专用的 IGBT 驱动模块,该驱动模块为混合集成电路,将 IGBT 的驱动和过流保护集于一体,能驱动电压为 600 V 和 1 200 V 系列电流容量不大于 400 A 的 IGBT。驱动电路的接线图如图 1.9.15 所示。输入信号 U_i 与输出信号 U_g 彼此隔离,当 U_i 为高电平时,输出 U_g 也为高电平,此时 IGBT 导通;当 U_i 为低电平时,输出 U_g 为 -10 V,IGBT 截止。该驱动模块通过实时检测集电极电位来判断 IGBT 是否发生过流故障。当 IGBT 导通时,如果驱动模块的①脚电位高于其内部基准值,则其⑧脚输出为低电平,通过光耦发出过流信号,与此同时使输出信号 U_g 变为 -10 V,关断 IGBT。

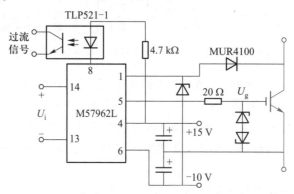

图 1.9.15　M57962L 组成的 IGBT 驱动电路

1.9.3　保护电路

电力电子系统在发生故障时可能会发生过电流、过电压,造成开关器件的永久性损坏。过流、过压保护包括器件保护和系统保护两个方面。检测开关器件的电流、电压,保护主电路中的开关器件,防止过流、过压损坏开关器件。检测系统电源输入、输出以及负载的电流、电压,实时保护系统,防止系统崩溃而造成事故。

1. 过电流保护

由于过电流包括过载和短路两种情况,通常电力电子系统同时采用电子电路、快速熔断器、断路器和过电流继电器等几种过电流保护措施,以提高保护的可靠性和合理性。图 1.9.16 所示是电力电子系统中常用的过流保护方案。图中电子保护电路作为第一保护措施,当电流传感器检测到过电流超过电子保护电路的整定电流值时,电子保护电路发出过流信号,封锁驱动信号,关断电力电子变换器中的开关器件,切断过流故障点。快速熔断器仅作为短路时的部分区段的保护,当发生短路故障时,电子保护电路发出触发信号使 SCR 导通,则电路短路迫使快熔断器快速熔断而切断供电电源。断路器整定在电子电路动作之后实现保护,过电流继电器整定在过载时动作。无论是电子保护电路、快速熔断器还是断路器在系统中实现过电流保护时,应相互协调配合,各尽所能。它们动作电流值和延迟的动作时间则应根据实际应用情况决定。

现在许多全控器件的集成驱动电路中能够自身检测过流状态而封锁驱动信号,实现过流保护。

2. 过电压保护

电力电子装置可能的过电压有外因过电压和内因过电压两种。外因过电压主要来自雷

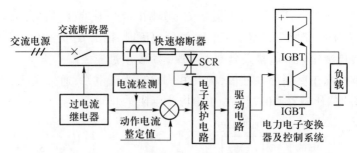

图 1.9.16 电力电子系统中常用的过流保护方案

击和系统中的操作过程(由分闸、合闸等开关操作引起)等。内因过电压主要来自电力电子
装置内部器件的开关过程,它包括:

① 换相过电压:晶闸管或与全控型器件反并联的二极管在换相结束后不能立刻恢复阻
断,因而有较大的反向电流流过,当恢复了阻断能力时,该反向电流急剧减小,由线路电感在
器件两端感应出过电压。

② 关断过电压:全控型器件关断时,正向电流迅速降低而由线路电感在器件两端感应
出过电压。

图 1.9.17 所示是电力电子系统中常用的过电压保护方案。图中交流电源经交流断路器
QF 送入降压变压器 T。当雷电过电压从电网窜入时,避雷器 F 将对地放电,防止雷电进入
变压器。C_0 为静电感应过电压抑制电容,当交流断路器合闸时,过电压经 C_{12} 耦合到变压器
T 的二次侧,C_0 将静电感应过电压对地短路,保护了后面的电力电子开关器件不受操作过电
压的冲击。C_1R_1 是过电压抑制环节,当变压器 T 的二次侧出现过电压时,过电压对 C_1 充
电,由于电容上的电压不能突变,所以 C_1R_1 能抑制过电压。C_2R_2 也是过电压抑制环节,电
路上出现过电压时,二极管导通,对 C_2 充电;过电压消失后,C_2 对 R_2 放电,二极管不导通,放
电电流不会送入电网,实现了系统的过电压保护。

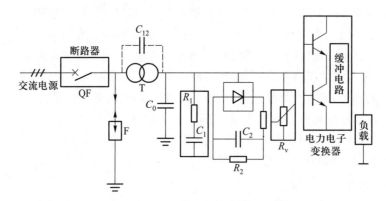

图 1.9.17 电力电子系统中常用的过电压保护方案

3. 开关器件串联、并联使用时的均压、均流

在大容量电力电子系统中,为了满足高电压、大电流的要求,经常将低压器件串联使用

以提高耐压,将小电流器件并联使用以增大电流容量。但是器件因特性差异,串联会使器件电压分配不均匀、并联会使电流分配不均匀。当电压、电流超过器件的极限时会使器件损坏,因此必须采取均压、均流措施。

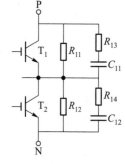

器件串联时,除了尽量选用参数和特性一致的器件外,常采用图 1.9.18 所示的均压电路,R_{11}、R_{12} 是静态均压电阻(阻值应比器件阻断时的正、反向电阻小得多),R_{13}、C_{11} 和 R_{14}、C_{12} 并联支路作动态均压。

器件并联时,除了尽量选用参数和特性一致的器件外,常使每个器件串联均流电抗器后再并联,同时用门极强脉冲触发也有助于动态均流。IGBT 具有电流的自动均衡能力,易于并联。

图 1.9.18 均压电路

1.9.4 缓冲电路

电力电子器件在工作中有开通、通态、关断、断态四种工作状态。断态时承受高电压;通态时承载大电流;而开通和关断过程中开关器件可能同时承受过压、过流、过大的 di/dt、du/dt 以及过大的瞬时功率,如不采用防护措施,高电压和大电流可能使器件工作点超出安全工作区而损坏器件,因此电力电子开关器件常设置开关过程的保护电路,称为缓冲电路。关断缓冲电路吸收器件的关断过电压和换相过电压,抑制 du/dt,减小关断损耗,开通缓冲电路抑制器件开通时的电流过冲和 di/dt,减小器件的开通损耗。

图 1.9.19 是一种中、小功率开关器件 GTR 的缓冲电路。在 GTR 关断过程中,流过负载 R_L 的电流经电感 L_s、二极管 D_s 给电容 C_s 充电,因为 C_s 上电压不能突变,这就使 GTR 在关断过程电压缓慢上升,避免了关断过程初期器件中电流还下降不多时,电压就升到最大值,同时也使电压上升率 du/dt 被限制。在 GTR 开通过程中,一方面 C_s 经 R_s、L_s 和 GTR 回路放电,减小了 GTR 承受较大的电流上升率 di/dt;另一方面负载电流经电感 L_s 后受到了缓冲,也就避免了开通过程中 GTR 同时承受大电流和高电压的情形。

对于大功率开关器件 IGBT,将无感电容器 C、快恢复二极管 D 和无感电阻 R 组成 RCD 缓冲吸收回路,如图 1.9.20 所示。

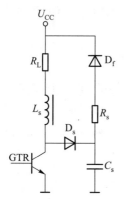

图 1.9.19 GTR 缓冲电路

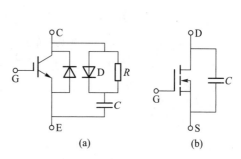

图 1.9.20 两种经常使用的缓冲吸收回路

器件关断时,电流经过集电极 C、D 给无感电容器充电,使器件的 U_{CE} 电压缓慢上升,可以有效地抑制过电压的产生;在开通过程中,C 上的电荷再通过电阻 R 经器件放电,可加速器件的导通。采用缓冲吸收回路后,不仅保护了器件,使之工作在安全工作区,而且由于器件的开关损耗有一部分转移到了缓冲吸收回路的功率电阻 R 上,因此降低了器件的损耗,并且可以降低器件的结面温度,从而可充分利用器件的电压和电流容量。

值得注意的是,缓冲电路之所以能减小器件的开关损耗,是因为它把开关损耗转移到缓冲电路内,消耗在电阻 R 上,这会使装置的效率降低。

1.9.5   散热系统

电力半导体器件通过频繁的"通""断"动作实现电能的变换时,会产生功率损耗,使得器件发热,结面温度上升。电力半导体器件均有其安全工作区所允许的工作温度(结面温度),无论任何情况下都不允许超过其规定值。为此,必须要对电力半导体器件进行散热。一般有三种冷却方式:

① 自然冷却:只适用于小功率应用场合。

② 风扇冷却:适用于中等功率应用场合,如 IGBT 应用电路。

③ 水冷却:适用于大功率应用场合,如大功率 GTO、IGCT 及 SCR 等应用电路。

电力半导体器件的结面温度可以用热阻求出,图 1.9.21表示了热阻的概念。如果功率损耗为 P_T,热阻为 R_{th},可求出两点间的温度差 ΔT 为

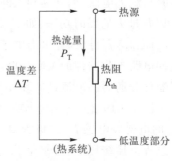

图 1.9.21   热阻的概念

$$\Delta T = P_T R_{th} \tag{1.9.1}$$

图 1.9.22 是电力半导体器件加散热器后热阻的示意图。A 点(硅芯片)产生的功率损耗 P_T 通过热阻回路从 D 点向周围散热。设周围环境温度为 T_0,硅芯片与管壳之间的热阻为 R_{jc},管壳与散热片之间的热阻为 R_{cf},散热片与周围空气之间的热阻为 R_{fa},当 A 与 D 两点间的温度差为 ΔT 时,电力半导体结面温度 T_j 表示为

$$T_j = \Delta T + T_0 = P_T (R_{jc} + R_{cf} + R_{fa}) + T_0 \tag{1.9.2}$$

当结面温度超过电力半导体器件的规定值时,可以更换热阻小的散热片,或者采用冷却效果好的冷却方式,或者选择功率损耗低的电力半导体器件,还可以适当地降低器件的工作频率 f。总之,必须使器件的结面温度保证在其规定值以下(例如,IGBT 器件的结面温度规定值一般不超过 125 ℃)。

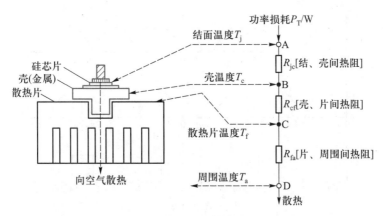

图 1.9.22　电力半导体器件加散热器后热阻的示意图

思考题与习题

1.1　晶闸管的导通条件是什么？导通后流过晶闸管的电流和负载上的电压由什么决定？

1.2　晶闸管的关断条件是什么？如何实现？晶闸管处于阻断状态时,其两端的电压大小由什么决定？

1.3　温度升高时,晶闸管的触发电流、正反向漏电流、维持电流以及正向转折电压和反向击穿电压如何变化？

1.4　晶闸管的非正常导通方式有哪几种？

1.5　简述晶闸管的关断时间定义。

1.6　试说明晶闸管有哪些派生器件。

1.7　简述光控晶闸管的有关特征。

1.8　型号为 KP100-3,维持电流 $I_H = 4$ mA 的晶闸管,使用在图题 1.8 所示电路中是否合理,为什么？（暂不考虑电压、电流裕量）

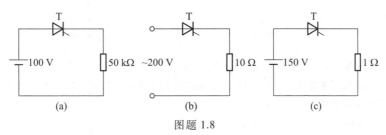

图题 1.8

1.9　图题 1.9 中实线部分表示流过晶闸管的电流波形,其最大值均为 I_m,试计算各图的电流平均值、电流有效值和波形系数。

1.10　题 1.9 中,如不考虑安全裕量,额定电流 100 A 的晶闸管允许流过的平均电流分别是多少？

1.11　某晶闸管型号规格为 KP200-8D,试问型号规格代表什么意义？

1.12　如图题 1.12 所示,试画出负载 R_d 上的电压波形（不考虑管子的导通压降）。

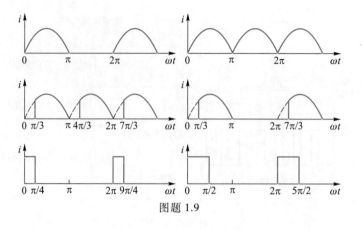

图题 1.9

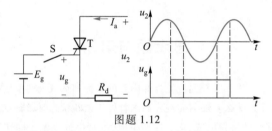

图题 1.12

1.13   在图题 1.13 中,若要使用单次脉冲触发晶闸管 T 导通,门极触发信号(触发电压为脉冲)的宽度最小应为多少微秒(设晶闸管的擎住电流 $I_L = 15$ mA)?

1.14   单相正弦交流电源,晶闸管和负载电阻串联如图题 1.14 所示,交流电源电压有效值为 220 V。

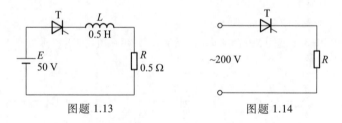

图题 1.13   图题 1.14

(1)考虑安全裕量,应如何选取晶闸管的额定电压?

(2)若当电流的波形系数为 $K_f = 2.22$ 时,通过晶闸管的有效电流为 100 A,考虑晶闸管的安全裕量,应如何选择晶闸管的额定电流?

1.15   什么是 GTR 的一次击穿?什么是 GTR 的二次击穿?

1.16   怎样确定 GTR 的安全工作区 SOA?

1.17   GTR 对基极驱动电路的要求是什么?

1.18   在大功率 GTR 组成的开关电路中,为什么要加缓冲电路?

1.19   与 GTR 相比,功率 MOS 管有何优缺点?

1.20   从结构上讲,功率 MOS 管与 VDMOS 管有何区别?

1.21   试说明 VDMOS 的安全工作区。

1.22   试简述功率场效晶体管在应用中的注意事项。

1.23　与 GTR、VDMOS 相比,IGBT 管有何特点?

1.24　表题 1.24 中给出了 1 200 V 和不同等级电流容量 IGBT 管的栅极电阻推荐值。试说明为什么随着电流容量的增大,栅极电阻值相应减小。

表题 1.24

电流容量/A	25	50	75	100	150	200	300
栅极电阻/Ω	50	25	15	12	8.2	5	3.3

1.25　在 SCR、GTR、IGBT、GTO、MOSFET 及 IGCT 器件中,哪些器件可以承受反向电压? 哪些可以用作静态交流开关?

1.26　试说明有关功率 MOSFET 驱动电路的特点。

1.27　试述静电感应晶体管 SIT 的结构特点。

1.28　试述静电感应晶闸管 SITH 的结构特点。

1.29　缓冲电路的作用是什么? 关断缓冲与开通缓冲在电路形式上有何区别? 各自的功能是什么?

第 1 章部分习题参考答案　　　　第 1 章课件

第 2 章　直流变换电路

　　将幅值固定的直流电压变换成幅值和极性为固定的或可变的直流电压的变换电路称为直流变换电路。

　　随着应用的需要和技术的发展,直流变换电路已拥有多种形式。

　　按电能的变换方式分类有直接直流变换电路和间接直流变换电路两种。直接直流变换电路利用电力开关器件高速周期性的开通与关断,将直流电能变换成高频的脉冲列,然后通过滤波电路变成满足负载要求的直流电能,即将直流电能直接变换成另一参数的直流电能,因此也称为直流斩波电路(DC chopper),这种电路的输入和输出端之间没有隔离;间接直流变换电路的直流输入端和直流输出端之间加入交流变换环节,通常采用变压器实现输入端和输出端之间的隔离。引入变压器还可能设置多个二次绕组输出几个电压大小不同的电压以满足不同负载的要求。

　　按变换器的输入输出电压分类有降压变换电路(Buck)、升压变换电路(Boost)、升降压变换电路(Buck-boost、Cuk)等。

　　按主电路器件可分为半控型变换电路和全控型变换电路。半控型变换电路中的开关器件是没有自关断能力的半控型器件(如晶闸管),当负载为非容性时(如直流电动机)必须附加辅助换流电路实现器件的换流,使主电路变得复杂,其应用受到了限制;后者以全控型电力电子器件(如 GTO、GTR、VDMOS 和 IGBT 等)作为开关器件,它不需要其他辅助电路就构成全控型变换电路,电路简单、控制方便,其开关频率越高(但受开关器件最高工作频率的限制),越容易用滤波器抑制输出电压的纹波。

　　直流变换电路由变换主电路和控制电路两部分组成。控制电路按需求向主电路中的开关器件发出驱动信号,控制开关器件的开通与关断,控制方式分为脉冲宽度调制(pulse width modulation,简称 PWM)和脉冲频率调制(pulse frequence modulation,简称 PFM)两种。

　　近年来,随着功率器件的性能改善以及各种控制技术的涌现极大地促进了直流变换技术的发展。以实现硬开关或软开关(ZCS、ZVS)为目标的各类新型变换电路不断出现,为进一步提高直流变换电路的动态性能,降低开关损耗,减小电磁干扰开辟了有效的新途径。

> 直流变换技术广泛地应用于无轨电车、地铁列车、蓄电池供电的机动车辆(电动汽车)的无级变速控制,从而获得加速平稳、快速响应的性能。特别要提出的是,20世纪 80 年代以来兴起的采用直流变换技术的高频开关电源的发展最为迅猛,它以体积小、质量轻、效率高等优点在工业、军事和民用日常生活中均有着广泛的应用,为各行各业提供性能稳定、可靠的直流电源。

2.1   直流变换电路的工作原理

直流变换电路利用电力开关器件高速周期性的开通与关断,将直流电源提供的直流电能变换成高频的脉冲列,然后通过滤波电路变成满足负载要求的直流电能。为了研究方便,在分析直流变换电路的工作原理时,通常将电路中的元件理想化,称为理想条件,它包括如下内容:

① 理想元件。所有的开关管和二极管都具有理想特性,即无损耗(通态电阻为零、电压降为零,断态电阻为无穷大、漏电流为零)、无惯性(开通和关断瞬间完成,开关损耗为零);电感是纯电感,其直流内阻为零,流过它的电流线性变化;电容的漏电导为零。

② 理想电源。直流电源是恒压源,其内阻为零。

在实际情况中,直流变换电路都不是在理想条件下工作,应当引起足够的注意。

最基本的直流变换电路如图 2.1.1(a)所示,图中 T 表示可控开关管,R 为纯阻性负载。当开关管 T 在 t_{on} 时间内导通时,电流 i_d 流过负载电阻 R,R 两端就有电压 u_0;开关管 T 在 t_{off} 时间内断开时,R 中电流 i_0 为零,电压 u_0 也就变为零。直流变换电路负载上电压、电流的波形如图 2.1.1(b)所示。

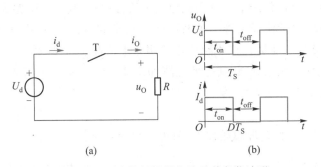

图 2.1.1   基本的斩波器电路及其负载波形

可以定义上述电路中开关的占空比 $$D = \frac{t_{on}}{T_S}$$ (2.1.1)

式中,T_S 为开关管 T 的工作周期,t_{on} 为开关管 T 的导通时间,D 是 0~1 之间变化的系数。

由波形图可得到输出电压平均值为

$$U_0 = \int_0^{T_S} u_d \mathrm{d}t = \frac{t_{on}}{T_S} U_d = D U_d \tag{2.1.2}$$

若认为开关管 T 无损耗,则输入功率为

$$P = \frac{1}{T_S} \int_0^{DT_S} u_0 i_0 \mathrm{d}t = D \frac{U_d^2}{R} \tag{2.1.3}$$

式(2.1.2)中 U_d 为输入直流电压,因为 D 是 $0 \sim 1$ 之间变化的系数,因此在 D 的变化范围内,输出电压 U_0 总是小于输入电压 U_d,改变 D 值就可以改变输出电压平均值的大小。而占空比的改变可以通过改变 t_{on} 或 T_S 来实现。通常直流变换电路的控制方式有两种:

① 脉冲频率调制(PFM)工作方式,即维持 t_{on} 不变,改变 T_S。在这种调压方式中,由于输出电压波形的周期是变化的,因此输出谐波的频率也是变化的,输出谐波干扰较大,这使得滤波器的设计比较困难。

② 脉冲宽度调制(PWM)工作方式,即维持 T_S 不变,改变 t_{on}。在这种调压方式中,输出电压波形的周期是不变的,这使得滤波器的设计变得较为容易。

2.2 降压变换电路

降压变换电路是一种输出直流电压的平均值低于输入直流电压的平均值变换电路,又称为 Buck 型变换器。

降压型变换电路的基本形式如图 2.2.1(a)所示。图中开关管 T 可以是各种全控型电力器件,D 为续流二极管,其开关速度应与开关管 T 同等级,常用快恢复二极管。L、C 分别为滤波电感和电容,组成低通滤波器,R 为负载。

假设图 2.2.1(a)所示的降压型变换电路工作在理想条件下。驱动脉冲在 $t=0$ 时使开关管 T 导通,在 t_{on} 导通期间电感 L 中有电流流过,且二极管 D 反向偏置,导致电感两端呈现正电压 $u_L = U_d - U_0$,在该电压作用下电感中的电流 i_L 线性增长,其等效电路如图 2.2.1(b)所示。当驱动脉冲在 $t=DT_S$ 时刻使开关管 T 关断而处于 t_{off} 期间时,由于电感 L 中的电流不能突变(电感在 t_{on} 期间已储存了能量),产生感应电势阻止电流减小,D 导通,i_L 经 D 续流,此时 $u_L = -U_0$,电感 L 中的电流 i_L 线性衰减,其等效电路如图 2.2.1(c)所示。图 2.2.1(d)是电感电流连续时各电量的波形图。

1. 输出电压 U_0

设 Buck 变换电路工作在理想条件下,且电感电流连续。

在 t_{on} 期间,电感上的电压 u_L 可表示为 $u_L = L \dfrac{\mathrm{d}i_L}{\mathrm{d}t}$,在这期间开关管 T 导通,电感中的电流 i_L 从 I_1 线性增长至 I_2,由于电感 L 和电容 C 无损耗,电感上的电压 $u_L = U_d - U_0$,上式可以写成

$$U_d - U_0 = L \frac{I_2 - I_1}{t_{on}} = L \frac{\Delta I_L}{t_{on}} \tag{2.2.1}$$

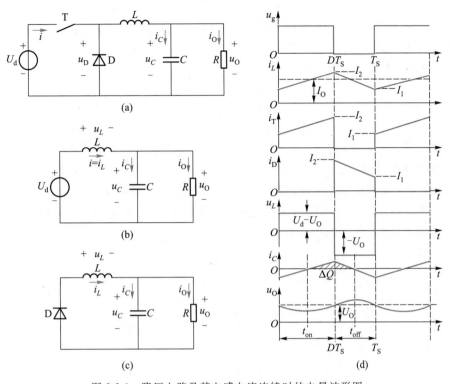

图 2.2.1　降压电路及其电感电流连续时的电量波形图

式中, $\Delta I_L = I_2 - I_1$ 为电感上电流的变化量, U_O 为输出电压的平均值。

在 t_{off} 期间, T 关断, i_L 经 D 导通续流, 电感中的电流 i_L 从 I_2 线性下降到 I_1, $u_L = -U_O$, 因此,

$$u_L = -U_O = -L\frac{\Delta I_L}{t_{off}}$$

上式可以写成

$$U_O = L\frac{\Delta I_L}{t_{off}} \tag{2.2.2}$$

同时考虑式(2.2.1)和式(2.2.2)可得

$$\frac{U_d - U_O}{L}t_{on} = \frac{U_O}{L}t_{off}$$

则

$$U_O = \frac{t_{on}}{t_{on} + t_{off}}U_d = DU_d \tag{2.2.3}$$

上式中 U_d 为输入直流电压, 因为占空比 $D = \dfrac{t_{on}}{t_{on} + t_{off}}$ 是 $0 \sim 1$ 之间变化的系数, 因此在 D 的变化范围内, 输出电压 U_O 总是小于输入电压 U_d, 因此称这种电路为降压变换电路, 改变 D

值就可以改变输出电压平均值的大小。

若忽略所有元器件的损耗,则输入功率等于输出功率,即 $P_O = P_d$

也即

$$U_O I_O = U_d I_d$$

因此,输入电流 I_d 与负载电流 I_O 的关系为

$$I_O = \frac{U_d}{U_O} I_d = \frac{1}{D} I_d \tag{2.2.4}$$

2. 电感电流 i_L

(1) 电感电流连续

在 Buck 变换电路中电感电流连续是指输出滤波电感 L 的电流总是大于零。由波形图 2.2.1(d) 可知,在 t_{on} 期间,电感中的电流 i_L 从 I_1 线性增长至 I_2,由于电感 L 和电容 C 无损耗,电感上的电压 $u_L = U_d - U_O$,由式(2.2.1)可得

$$t_{on} = \frac{(\Delta I_L) L}{U_d - U_O} \tag{2.2.5}$$

在 t_{off} 期间,i_L 经 D 导通续流,电感中的电流 i_L 从 I_2 线性下降到 I_1,$u_L = -U_O$,由式(2.2.2)可得

$$t_{off} = L \frac{\Delta I_L}{U_O} \tag{2.2.6}$$

根据式(2.2.5)、式(2.2.6)可求出开关周期 T_S 为

$$T_S = \frac{1}{f} = t_{on} + t_{off} = \frac{\Delta I_L L U_d}{U_O (U_d - U_O)}$$

由上式可求出

$$\Delta I_L = \frac{U_O (U_d - U_O)}{f L U_d} = \frac{U_d D(1-D)}{fL} \tag{2.2.7}$$

上式中 ΔI_L 为流过电感电流的峰-峰值,最大为 I_2,最小为 I_1。电感电流一周期内的平均值与负载电流 I_O 相等,即

$$I_O = \frac{I_2 + I_1}{2} \tag{2.2.8}$$

将式(2.2.7)、式(2.2.8)同时代入关系式 $\Delta I_L = I_2 - I_1$ 可得

$$I_1 = I_O - \frac{U_d T_S}{2L} D(1-D) \tag{2.2.9}$$

在开关管 T 截止的 t_{off} 时间正好结束时电感 L 中的电流为零,称这种状态为电感电流临界连续模式,此时应有 $I_1 = 0$,将此关系代入式(2.2.9)可求出维持电流临界连续的电感值 L_0 为

$$L_O = \frac{U_d T_S}{2I_{OK}} D(1-D) \tag{2.2.10}$$

电感电流临界连续时的负载电流平均值为

$$I_{OK} = \frac{U_d T_S}{2L_O} D(1-D) \tag{2.2.11}$$

很明显,临界负载电流 I_{OK} 是保证电感电流连续的最小值,它与输入电压 U_d、电感 L、开关频率 f 以及开关管 T 的占空比 D 都有关。开关频率 f 越高、电感 L 越大、I_{OK} 越小,越容易实现电感电流连续工作情况。

当实际负载电流 $I_O > I_{OK}$ 时,电感电流连续;当实际负载电流 $I_O = I_{OK}$ 时,电感电流临界连续;当实际负载电流 $I_O < I_{OK}$ 时,电感电流断续。

（2）电感电流断续

Buck 变换电路中,在其他参数不变的情况下,如果电感 L 不够大,随着负载电阻 R 消耗能量,流过电感的电流就会减小,如果在开关管 T 断开的 t_{off} 期间后期内电感 L 中的电流有一段时间为零,如图 2.2.2 所示,这称为电感电流断续模式。

在开关管 T 导通期间,电感 L 中的电流从零线性增加,其增长量为

$$\Delta i_L = I_2 = \frac{U_d - U_O}{L} t_{on} \tag{2.2.12}$$

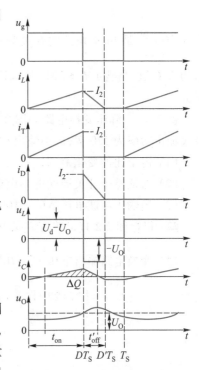

在开关管 T 截止期间,电感 L 中的电流线性下降,到 $t_{on} + t'_{off}$ 时刻下降到零,则

$$\Delta i_L = \frac{U_O}{L} t'_{off} \tag{2.2.13}$$

定义 $D' = \dfrac{t'_{off}}{T_S}$,电感电流断续时,由式（2.2.12）和式（2.2.13）可求得

$$U_O = \frac{D}{D+D'} U_d \tag{2.2.14}$$

值得注意的是,如果电感电流连续,有 $D' = 1-D$,此时 $U_O = D U_d$。

在理想条件下,可以推导出 $\quad I_O = \dfrac{D'}{D+D'} I_d \tag{2.2.15}$

3. 输出纹波电压

在 Buck 电路中,如果滤波电容 C 的容量足够大,则输出电压 U_O 为常数。然而在电容 C 为有限值的情况下,直流输出电压将会有纹波成分。假定 i_L 中所有纹波分量都流过电容器,而其平均分量流过负载电阻。在图 2.2.1（d）电感 i_L 的波形中,当 $i_L < I_O$ 时,C 对负载放电;当 $i_L > I_O$

图 2.2.2　降压电路电感电流
断续时的电量波形图

时，C 被充电。因为流过电容的电流在一周期内的平均值为零，那么在 $T_s/2$ 时间内电容充电或放电的电荷量可用波形图中阴影面积来表示，即

$$\Delta Q = \frac{1}{2}\left(\frac{DT_s}{2}+\frac{T_s-DT_s}{2}\right)\frac{\Delta I_L}{2} = \frac{T_s}{8}\Delta I_L \qquad (2.2.16)$$

纹波电压的峰−峰值 ΔU_0 为
$$\Delta U_0 = \frac{\Delta Q}{C}$$

代入式 (2.2.16) 得

$$\Delta U_0 = \frac{\Delta I_L}{8C}T_s = \frac{\Delta I_L}{8fC}$$

考虑到式 (2.2.7) 有

$$\Delta U_0 = \frac{U_0(U_d-U_0)}{8LCf^2U_d} = \frac{U_dD(1-D)}{8LCf^2} = \frac{U_0(1-D)}{8LCf^2} \qquad (2.2.17)$$

所以电流连续时的输出电压纹波为

$$\frac{\Delta U_0}{U_0} = \frac{(1-D)}{8LCf^2} = \frac{\pi^2}{2}(1-D)\left(\frac{f_c}{f}\right)^2 \qquad (2.2.18)$$

上式中 $f = \dfrac{1}{T_s}$ 是 Buck 电路的开关频率，$f_c = \dfrac{1}{2\pi\sqrt{LC}}$ 是电路的截止频率。它表明通过选择合适的 L、C 值，当满足 $f_c \ll f$ 时，可以限制输出纹波电压的大小，而且纹波电压的大小与负载无关。

例 2.2.1　降压变换电路如图 2.2.1(a) 所示。输入电压为 27 V±10%，输出电压为 15 V，最大输出功率为 120 W，最小输出功率为 10 W，开关管工作频率为 30 kHz。求：

（1）占空比的变化范围；

（2）保证整个开关周期电感电流连续时的电感值；

（3）当输出纹波电压 $\Delta U_0 = 100$ mV 时，滤波电容的大小。

解：根据图 2.2.1(a) 所示的降压变换电路，可得出如下结论：

（1）变换电路输出电压 $U_0 = DU_d$，则 $D = \dfrac{U_0}{U_d}$。

因为　　　　　$U_{\text{Imax}} = (27+27\times10\%)$ V $= 29.7$ V，$U_{\text{Imin}} = (27-27\times10\%)$ V $= 24.3$ V

故

$$D_{\min} = \frac{U_0}{U_{\text{Imax}}} = \frac{15}{29.7} \approx 0.505$$

$$D_{\max} = \frac{U_0}{U_{\text{Imin}}} = \frac{15}{24.3} \approx 0.617$$

（2）依题意可知，只要使输出功率为最小值 10 W、占空比为最小 $D_{\min} \approx 0.505$ 时电流临界连续，就能保证整个开关周期电感电流连续。电流临界连续电感值为

$$L_0 = \frac{U_d T_s}{2I_{0K}} D(1-D) = \frac{U_0^2}{2P_0 f}(1-D) = \frac{15^2}{2 \times 10 \times 30 \times 10^3} \times (1-0.505)\,\mathrm{H} \approx 0.186\ \mathrm{mH}$$

（3）由公式 $\Delta U_0 = \dfrac{U_0(1-D)}{8LCf^2}$，占空比为最小 $D_{\min} \approx 0.505$ 时可得

$$C = \frac{U_0(1-D)}{8L\Delta U_0 f^2} = \frac{15 \times (1-0.505)}{8 \times 0.186 \times 10^{-3} \times 100 \times 10^{-3} \times (30 \times 10^3)^2}\,\mathrm{F} = 55.44\ \mu\mathrm{F}$$

2.3 升压变换电路

直流输出电压的平均值高于输入电压平均值的变换电路称为升压变换电路，又称为 **Boost** 电路。

升压型变换电路的基本形式如图 2.3.1(a) 所示。图中 T 为全控型电力器件组成的开关管，D 是快恢复二极管，电感 L 在输入端，是升压电感，滤波电容 C 与负载 R 并联。

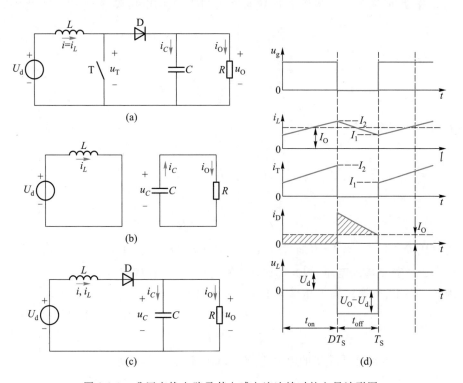

图 2.3.1 升压变换电路及其电感电流连续时的电量波形图

在理想条件下,当开关管 T 在驱动信号作用下导通时,电路处于 t_{on} 工作期间,二极管承受反偏电压而截止。一方面,能量从直流电源输入并储存到电感 L 中,电感电流 i_L 从 I_1 线性增加至 I_2;另一方面,负载 R 由电容 C 提供能量,等效电路如图 2.3.1(b)所示。当开关管 T 被控制信号关断时,电路处在 t_{off} 工作期间,二极管 D 导通,由于电感 L 中的电流不能突变,产生感应电动势阻止电流减小,此时电感中储存的能量经二极管 D 给电容充电,同时也向负载 R 提供能量,在无损耗前提下,电感电流 i_L 从 I_2 线性下降到 I_1,等效电路如图 2.3.1(c)所示。

图 2.3.1(d)是电感电流连续时各电量的波形图。

1. 输出电压 U_O

在 t_{on} 工作期间 L 中的感应电动势与 U_d 相等。

$$U_d = L\frac{I_2 - I_1}{t_{on}} = L\frac{\Delta I_L}{t_{on}} \tag{2.3.1}$$

或

$$t_{on} = \frac{L}{U_d}\Delta I_L \tag{2.3.2}$$

上式中 $\Delta I_L = I_2 - I_1$,为电感 L 中电流的变化量。

在 t_{off} 工作期间,若不计二极管 D 的导通损耗,电感上的电压等于 $U_O - U_d$,因此容易得出

$$U_O - U_d = L\frac{\Delta I_L}{t_{off}} \tag{2.3.3}$$

或

$$t_{off} = \frac{L}{U_O - U_d}\Delta I_L \tag{2.3.4}$$

同时考虑式(2.3.1)和式(2.3.3)可得

$$\frac{U_d t_{on}}{L} = \frac{U_O - U_d}{L}t_{off}$$

即

$$U_O = \frac{t_{on} + t_{off}}{t_{off}}U_d = \frac{U_d}{1 - D} \tag{2.3.5}$$

上式中占空比 $D = t_{on}/T_S$,当 $D = 0$ 时,$U_O = U_d$,但 D 不能为 1。在 $0 \leqslant D < 1$ 的变化范围内,输出电压总是大于或等于输入电压,因此称这种电路为升压变换电路。

在理想状态下,电路的输出功率等于输入功率,即

$$P_O = P_d$$

亦即

$$U_O I_O = U_d I_d$$

将式(2.3.5)代入,可得电源输出的电流 I_d 和负载电流 I_O 的关系为

$$I_d = \frac{I_O}{1 - D} \tag{2.3.6}$$

2. 电感电流 i_L

（1）电感电流连续

电感电流连续时，Boost 变换器的工作分为两个阶段：开关管 T 导通时为电感 L 储能阶段，此时电源不向负载提供能量，负载靠储于电容 C 的能量维持工作；T 关断时，电源和电感共同向负载供电，同时还给电容 C 充电。电源对 Boost 电路的输入电流就是升压电感 L 电流，开关管 T 和二极管 D 轮流工作，开关管 T 导通时，电感电流 i_L 流过开关管 T，开关管 T 关断、二极管 D 导通时电感电流 i_L 流过二极管 D。电感电流 i_L 是开关管 T 导通时的电流和 D 导通时的电流的合成。若在周期 T_S 的任何时刻 i_L 都不为零，即电感电流连续。

变换器的开关周期 $T_S = t_{on} + t_{off}$，由式（2.3.2）和式（2.3.4）可知

$$T_S = t_{on} + t_{off} = \frac{LU_O}{U_d(U_O - U_d)}\Delta I_L \tag{2.3.7}$$

$$\Delta I_L = \frac{U_d(U_O - U_d)}{fLU_O} = \frac{U_d D}{fL} \tag{2.3.8}$$

式中 $\Delta I_L = I_2 - I_1$ 为电感电流的峰–峰值，将其关系代入式（2.3.8）式并考虑输出电流的平均值

$$I_O = \frac{I_2 - I_1}{2}$$

就有

$$I_1 = I_O - \frac{DT_S}{2L}U_d \tag{2.3.9}$$

当电流处于临界连续状态时，$I_1 = 0$，则可求出电流临界连续时的电感值为

$$L_O = \frac{DT_S}{2I_{OK}}U_d \tag{2.3.10}$$

电感电流临界连续时的负载电流平均值为

$$I_{OK} = \frac{DT_S}{2L_O}U_d \tag{2.3.11}$$

上式中 I_{OK} 为电感电流临界连续时的负载电流平均值，它是保证电感电流连续的最小值。很明显，临界负载电流 I_{OK} 与输入电压 U_d、电感 L、开关频率 f 以及开关管 T 的占空比 D 都有关。开关频率 f 越高、电感 L 越大、I_{OK} 越小，越容易实现电感电流连续工作情况。

当实际负载电流 $I_O > I_{OK}$ 时，电感电流连续，当实际负载电流 $I_O = I_{OK}$ 时，电感电流处于临界连续（有断流临界点），当实际负载电流 $I_O < I_{OK}$ 时，电感电流断续。

（2）电感电流断续

首先给开关管施加驱动信号，开关管 T 导通时电感 L 中的电流从零增长到 I_2；再给驱动信号使开关管 T 关断时，二极管 D 导通，电源和电感共同向负载供电，同时还给电容 C 充电，电感电流 i_L 从 I_2 下降到零；在接下的时间内 T 和 D 均截止，电感电流 i_L 保持为零，此时电源

不向负载提供能量,负载靠储存于电容 C 的能量维持工作,直到下一周期 T 导通时电感电流 i_L 又开始增长。电感电流断续时各电量的波形图如图 2.3.2 所示。

在开关管 T 导通期间,电感 L 中的电流从零线性增加,其增长量为

$$\Delta i_L = I_2 = \frac{U_d}{L} t_{on} \qquad (2.3.12)$$

在开关管 T 关断期间,电感 L 中的电流线性下降,到 $t_{on} + t'_{off}$ 时刻下降到零,则

$$\Delta i_L = \frac{U_0 - U_d}{L} t'_{off} \qquad (2.3.13)$$

定义 $D' = \dfrac{t'_{off}}{T_S}$,电感电流断续时 $D' < 1-D$,由式(2.3.12)和式(2.3.13)可求得

$$U_0 = \frac{D + D'}{D'} U_d \qquad (2.3.14)$$

在理想条件下,可以推导出 $\quad I_0 = \dfrac{D'}{D+D'} I_d \quad (2.3.15)$

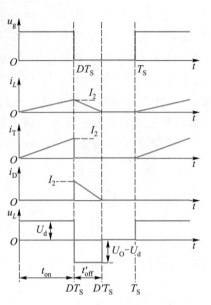

图 2.3.2　升压变换电路在电感
电流断续时的电量波形图

3. 输出纹波电压

假定电路处于电感电流连续模式,流过二极管 D 的电流是流过电容 C 和负载电阻 R 的电流之和。假定二极管电流 i_D 中所有纹波分量流过电容 C,其平均电流流过负载电阻 R,稳态工作时电容 C 充电荷量等于放电荷量,一周期内通过电容的平均电流为零,图 2.3.1(d)中 i_D 波形的阴影面积反映了电容中的电流 i_C 一个周期内充放电荷的变化量 ΔQ,与此对应的纹波电压峰-峰值为

$$\Delta U_0 = \Delta U_C = \frac{\Delta Q}{C} = \frac{1}{C}\int_0^{t_{on}} i_C dt = \frac{1}{C}\int_0^{t_{on}} I_0 dt = \frac{I_0}{C} t_{on} = \frac{I_0}{C} DT_S = \frac{U_0}{R} \cdot \frac{DT_S}{C} \qquad (2.3.16)$$

所以 $\qquad\qquad\qquad\qquad \dfrac{\Delta U_0}{U_0} = \dfrac{DT_S}{RC} = D\dfrac{T_S}{\tau} \qquad\qquad\qquad (2.3.17)$

式中,$\tau = RC$ 为时间常数。

实际中,选择电感电流的增量 ΔI_L 时,应使电感的峰值电流 $I_d + \Delta I_L$ 不大于最大平均直流输入电流 I_d 的 20%,以防止电感 L 饱和失效。

稳态运行时,开关管 T 导通期间($t_{on} = DT_S$)电源输入到电感 L 中的磁能,在 T 截止期间通过二极管 D 转移到输出端,如果负载电流很小,就会出现电流断流情况。如果负载电阻变得很大,负载电流太小,这时如果占空比 D 仍不减小、t_{on} 不变、电源输入到电感的磁能必使输出电压 U_0 不断增加,因此没有电压闭环调节的 Boost 变换器不宜在输出端开路情况下工作。

例 2.3.1 升压变换电路如图 2.3.3 所示。输入电压为 27 V±10%,输出电压为 45 V,输出功率为 750 W,效率为 95%,若电感 L 等效电阻 $r = 0.05\ \Omega$。

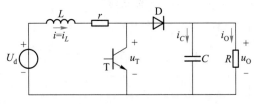

图 2.3.3 例 2.3.1 升压变换电路

(1) 求最大占空比;

(2) 如果要求输出电压为 60 V,是否可能? 为什么?

解:(1) 在题所述电路中如果考虑效率 η,输入功率与输出功率的关系为

$$\eta I_i U_i = P_O$$

而

$$U_O = \frac{U_d}{1-D} = \frac{U_i - r I_i}{1-D}$$

因此

$$D = 1 - \frac{U_i - r I_i}{U_O} = \frac{U_O - U_i + r \dfrac{P_O}{\eta U_i}}{U_O}$$

当 U_i 取最小值时,D 为最大值

$$U_{imin} = (27 - 27 \times 10\%)\ \text{V} = 24.3\ \text{V}$$

$$D_{max} = \frac{45 - 24.3 + 0.05 \times \dfrac{750}{0.95 \times 24.3}}{45} \approx 0.50$$

(2) 如果要求输出电压为 60 V,此时占空比为

$$D_{max} = \frac{U_O - U_i + r \dfrac{P_O}{\eta U_i}}{U_O} = \frac{60 - 24.3 + 0.05 \times \dfrac{750}{0.95 \times 24.3}}{60} \approx 0.62$$

显然 D 值满足 $0 \leqslant D_{max} < 1$ 的变化范围,因此从理论上说该电路可以输出 60 V 的电压。

2.4 升降压变换电路

升降压变换电路(又称 Buck-boost 电路),它的输出电压平均值可以大于或小于输入直流电压,输出电压与输入电压极性相反,其电路原理图如图 2.4.1(a)所示。它主要用于要求输出与输入电压反相,其值可大于或小于输入电压的直流稳压电源。

在升降压变换电路中,随着开关管 T 的通断,能量首先储存在电感 L 中,然后再由电感

向负载释放。在与前面相同的理想条件下,当电感电流 i_L 连续时,电路的工作波形如图 2.4.1 (d)所示。

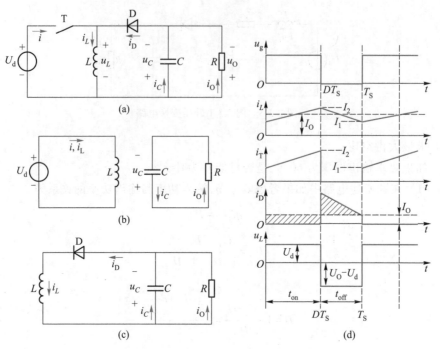

图 2.4.1　升降压变换电路及其在电感电流连续时的电量波形图

1. 输出电压 U_O

在 t_{on} 期间,开关管 T 导通,二极管 D 反偏而关断,直流电源向电感 L 提供能量,滤波电容 C 中的储能向负载提供,其等效电路如图 2.4.1(b)所示。在上述过程中,由于忽略损耗,流入电感的电流 i_L 从 I_1 线性增大至 I_2,则

$$U_d = L \frac{I_2 - I_1}{t_{on}} = L \frac{\Delta I_L}{t_{on}} \tag{2.4.1}$$

或

$$t_{on} = \frac{L}{U_d} \Delta I_L \tag{2.4.2}$$

在 t_{off} 期间,开关管 T 关断。由于电感 L 中的电流不能突变,L 上产生上负下正的感应电动势,当感应电动势大小超过输出电压 U_O 时,二极管 D 导通,电感经 D 向 C 和 R 反向放电,使输出电压的极性与输入电压相反,其等效电路如图 2.4.1(c)所示。若不考虑损耗,电感中的电流 i_L 从 I_2 线性下降至 I_1,则

$$U_O = -L \frac{\Delta I_L}{t_{off}} \tag{2.4.3}$$

或

$$t_{off} = -\frac{L}{U_O} \Delta I_L \tag{2.4.4}$$

根据上述分析可知,在 t_{on} 期间电感电流的增加量应等于 t_{off} 期间的减少量,由式(2.4.1)、式(2.4.3)可得

$$\frac{U_d}{L}t_{on} = -\frac{U_O}{L}t_{off}$$

将 $t_{on} = DT_S$, $t_{off} = (1-D)T_S$ 代入上式,可求出输出电压的平均值为

$$U_O = -\frac{D}{1-D}U_d \tag{2.4.5}$$

式中,负号表示输出与输入电压反相;当 $D = 0.5$ 时,$U_O = U_d$;当 $0.5 < D < 1$ 时,$U_O > U_d$,为升压变换;当 $0 \leqslant D < 0.5$ 时,$U_O < U_d$,为降压变换。

在理想条件下,可以推导出

$$I_O = \frac{1-D}{D}I_d \tag{2.4.6}$$

2. 电感电流 i_L

(1) 电感电流连续

电感电流连续时 Buck-boost 变换器的工作分为两个阶段。开关管 T 导通时,二极管 D 反偏而关断,直流电源向电感 L 提供能量,若忽略损耗,电感的电流 i_L 从 I_1 线性增大至 I_2;开关管 T 关断时,若不考虑损耗,电感中的电流 i_L 从 I_2 线性下降至 I_1,若在周期 T_S 的任何时刻 i_L 都不为零,即电感电流连续。

变换器的开关周期 $T_S = t_{on} + t_{off}$,由式(2.4.2)和式(2.4.4)可得

$$T = t_{on} + t_{off} = \frac{L(U_O - U_d)}{U_O U_d}\Delta I_L \tag{2.4.7}$$

$$\Delta I_L = \frac{U_O U_d}{fL(U_O - U_d)} = \frac{U_d D}{fL} \tag{2.4.8}$$

在电感中的电流临界连续的情况下,$I_1 = 0$,则

$$I_2 = \Delta I_L = \frac{U_d D}{fL_O} = \frac{U_O(1-D)T_S}{L_O} \tag{2.4.9}$$

式中 L_O 为临界电感。根据电路内无损耗的假定,可认为在开关管 T 断开时原先储存在 L 中的磁能全部送给负载,即

$$\frac{1}{2}L_O I_2^2 f = I_{OK}U_O \tag{2.4.10}$$

将式(2.4.9)代入上式得临界电感值为

$$L_O = \frac{D(1-D)}{2fI_{OK}}U_d \tag{2.4.11}$$

式中,I_{OK} 为电感电流临界连续时的负载电流平均值。很明显,临界负载电流 I_{OK} 与输入电压 U_d、开关频率 f 以及开关管 T 的占空比 D 都有关。开关频率 f 越高、I_{OK} 越小,越容易实现电感电流连续工作情况。

当实际负载电流 $I_O > I_{OK}$ 时,电感电流连续;当实际负载电流 $I_O = I_{OK}$ 时,电感电流处于临界连续(有断续临界点);当实际负载电流 $I_O < I_{OK}$ 时,电感电流断续。

(2)电感电流断续

电感电流断续情况下降压变换电路的工作过程如下:在开关管 T 导通的 t_{on} 期间,电感电流 i_L 自零增长到 I_2;开关管 T 关断 t'_{off} 期间,二极管 D 续流,电感电流 i_L 自 I_2 下降到零;此后,T 和 D 均截止,这段时间内 i_L 一直为零,负载靠储存于电容 C 的能量维持工作,直到下一周期 T 导通时电感电流 i_L 又开始增长。电感电流断续时各电量的波形图如图 2.4.2 所示。

在开关管 T 导通期间,电感 L 中的电流从零线性增加,其增长量为

$$\Delta i_L = I_2 = \frac{U_d}{L} t_{on} \tag{2.4.12}$$

在开关管 T 关断期间,电感经二极管 D 向 C 和 R 反向放电,使输出电压的极性与输入电压相反,电感 L 中的电流线性下降,到 $t_{on} + t'_{off}$ 时刻下降到零,则

$$\Delta i_L = -\frac{U_O}{L} t'_{off} \tag{2.4.13}$$

定义 $D' = \dfrac{t'_{off}}{T_S}$,电感电流断续时 $D' < 1-D$,由式(2.4.12)和式(2.4.13)可求得

$$U_O = -\frac{D}{D'} U_d \tag{2.4.14}$$

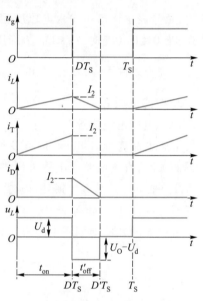

图 2.4.2 升降压变换电路在电感电流断续时的电量波形图

在理想条件下,可以推导出 $\quad I_O = \dfrac{D'}{D} I_d \quad$ (2.4.15)

3. 输出纹波电压

假定电路处于电感电流连续模式,Buck-boost 电路中电容 C 的充、放电情况与 Boost 电路相同,在 $t_{on} = DT_S$ 期间,电容 C 以负载电流 I_O 放电。稳态工作时电容 C 充电量等于放电量,一周期内通过电容的平均电流为零,图 2.4.1(d)中 i_D 波形的阴影部分面积反映了电容中的电流 i_C 一个周期内电容 C 中电荷的变化量 ΔQ。电容 C 上的脉动电压就是输出纹波电压,则

$$\Delta U_O = \Delta U_C = \frac{1}{C} \int_0^{t_{on}} i_C \, dt = \frac{1}{C} \int_0^{t_{on}} I_O \, dt = \frac{I_O}{C} t_{on} = \frac{I_O D}{fC} \tag{2.4.16}$$

考虑到 $I_O = \dfrac{U_O}{R}$,代入上式可得

$$\frac{\Delta U_O}{U_O} = \frac{DT_S}{RC} = D \frac{T_S}{\tau} \tag{2.4.17}$$

上式中 $\tau = RC$ 为时间常数。

Buck-boost 电路的缺点是输入电流总是不连续的,流过二极管 D 的电流也是断续的,这对供电电源和负载都是不利的。为了减少对电源和负载的影响,即减少电磁干扰,要求在输入、输出端加低通滤波器。

2.5 库克变换电路

前面几种变换电路都具有直流电压变换功能,但输出与输入端都含有较大的纹波,尤其是在电流不能连续的情况下,电路输入输出端的电流是脉动的。因此,谐波会使电路的变换效率降低,大电流的高次谐波还会产生辐射而干扰周围的电子设备,影响它们的正常工作。为了克服上述电路的缺点,美国加州理工学院的 Slobodan Cuk 提出了库克变换器(也称 Cuk 变换器)。

库克变换电路属升降压型直流变换电路,如图 2.5.1(a)所示。图中 L_1 和 L_2 为储能电感,D 是快恢复续流二极管,C_1 是传送能量的耦合电容,C_2 为滤波电容。这种电路的特点是,输出电压极性与输入电压极性相反,出入端电流纹波小,输出直流电压平稳,降低了对外部滤波器的要求。

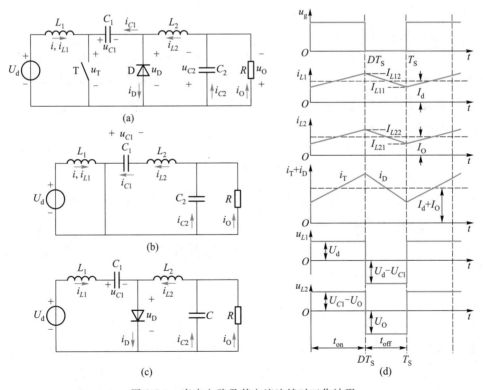

图 2.5.1 库克电路及其电流连续时工作波形

在 t_{on} 期间,开关管 T 导通,由于电容 C_1 上的电压 U_{C1} 使二极管 D 反偏而截止,输入直流电压 U_d 向电感 L_1 输送能量,电感 L_1 中的电流 i_{L1} 线性增长。与此同时,原来储存在 C_1 中的能量通过开关管 T(电流 i_{L2})向负载和 C_2、L_2 释放,负载获得反极性电压。在此期间流过开关管 T 的电流为 $(i_{L1}+i_{L2})$,其等效电路如图 2.5.1(b) 所示。

在随后的在 t_{off} 期间,开关管 T 关断,L_1 中的感应电动势 u_{L1} 改变方向,这使二极管 D 正偏而导通。电感 L_1 中的电流 i_{L1} 经电容 C_1 和二极管 D 续流,电源 U_d 与 L_1 的感应电动势 $u_{L1} = -L\dfrac{di_{L1}}{dt}$ 串联相加,对 C_1 充电储能并经二极管 D 续流。与此同时 i_{L2} 也经二极管 D 续流,L_2 的磁能转为电能向负载释放能量。其等效电路如图 2.5.1(c) 所示。

在 i_{L1}、i_{L2} 经二极管 D 续流期间 $i_{L1}+i_{L2}$ 逐渐减小;如果在开关管 T 关断的 t_{off} 结束前二极管 D 的电流已减为 0,则从此时起到下次开关管 T 导通,这一段时间里开关管 T 和二极管 D 都不导电,二极管 D 电流断流。因此 **Cuk** 变换电路也有电流连续和断流两种工作情况,但这里不是指电感电流的断流,而是指流过二极管 D 的电流连续或断流。在开关管 T 的关断时间内,若二极管电流总是大于零,则称为电流连续;若二极管电流在一段时间内为零,则称为电流断流工作情况;若二极管电流经 t_{off} 后,在下个开关周期 T_S 的开通时刻二极管电流正好降为零,则为临界连续。在忽略所有元器件的损耗前提下,电流连续时电路的工作波形如图 2.5.1(d) 所示。

1. 电流连续时输出电压 U_O

通过上述分析可知,在整个周期 $T_S = t_{on} + t_{off}$ 中,电容 C_1 从输入端向输出端传递能量,只要 L_1、L_2 和 C_1 足够大,则可保证输入、输出电流是平稳的,即在忽略所有元件损耗时,C_1 上电压基本不变,而电感 L_1 和 L_2 上的电压在一个周期内的积分都等于零。

对于电感 L_1 有

$$\int_0^{t_{on}} u_{L1}dt + \int_{t_{on}}^{T} u'_{L1}dt = 0 \tag{2.5.1}$$

根据图 2.5.1(b)、(c) 可知,上式中 $u_{L1} = U_d$(在 t_{on} 期间),$u'_{L1} = U_d - U_{C1}$(在 t_{off} 期间)。注意到 $t_{on} = DT_S$,$t_{off} = (1-D)T_S$。则式(2.5.1)可变成

$$U_d DT_S + (U_d - U_{C1})(1-D)T_S = 0$$

因此

$$U_{C1} = \frac{1}{1-D}U_d \tag{2.5.2}$$

对于电感 L_2,同样有

$$\int_0^{t_{on}} u_{L2}dt + \int_{t_{on}}^{T_S} u'_{L2}dt = 0 \tag{2.5.3}$$

根据图 2.5.1(b)、(c) 可知,在 t_{on} 期间,$u_{L2} = U_{C1} - U_O$,在 t_{off} 期间 $u'_{L2} = -U_O$,则式(2.5.3)变成

$$(U_{C1} - U_O)DT_S + (-U_O)(1-D)T_S = 0$$

所以
$$U_{C1} = \frac{1}{D}U_o \tag{2.5.4}$$

同时考虑式(2.5.2)和式(2.5.4),并注意 U_d 与 U_o 的极性可得

$$U_o = -\frac{D}{1-D}U_d \tag{2.5.5}$$

上式中负号表示输出与输入电压反相;当 $D = 0.5$ 时, $U_o = U_d$;当 $0.5 < D < 1$ 时, $U_o > U_d$,为升压变换;当 $0 \leqslant D < 0.5$ 时, $U_o < U_d$,为降压变换。

在不计器件损耗时,输出功率等于电路输入功率,即

$$P_d = P_o \tag{2.5.6}$$

则
$$I_d U_d = I_o U_o$$

容易得出
$$I_o = -\frac{1-D}{D}I_d \tag{2.5.7}$$

上式中负号表示电流的方向与图 2.5.1 中标记的电压正方向相反。

2. 电流断续时输出电压 U_o

在理想条件下不计电路损耗, $U_o I_o = U_d I_d$,负载电流 I_o 减小,相应的 I_d 也减小,当 I_o 小到一定值时,电感 L_1 的电流最小值 $I_{L11} = 0$,但此时若电感 L_2 的电流最小值 $I_{L21} > 0$,则流过二极管 D 的电流 $I_D > 0$,变换器仍然处于电流连续模式;再进一步减小 I_o,电感 L_1 的电流 i_{L1} 出现负值(L_1 中的电流反向流动),若 i_{L1} 负值最大值刚好能抵消电感 L_2 的电流 i_{L2} 的最小值,则在 T_s 刚好结束时刻流过二极管 D 的电流正好为零,在这种情况下 Cuk 变换器工作在电流临界连续模式;若进一步减小 I_o,Cuk 变换器进入电流断续模式,在 t'_{off} 到 T_s 期间二极管 D 的电流为零。库克电路在电流断续时工作波形如图 2.5.2 所示。

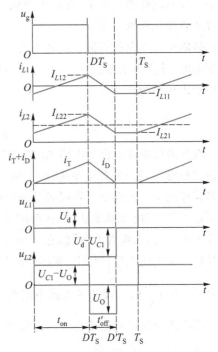

由于电感 L_1 和 L_2 上的电压在一个周期内的积分都等于零,则电流断续时输出电压和输入电压的关系为(并注意 U_d 与 U_o 的极性可得)

$$\frac{U_d}{L_1}t_{on} = -\frac{U_{C1}-U_d}{L_1}t'_{off} \tag{2.5.8}$$

必须注意上式中 $U_{C1} = U_d + U_o$, $D = \dfrac{t_{on}}{T_s}$, $D' = \dfrac{t'_{off}}{T_s} <$ $(1-D)$, t'_{off} 是二极管的续流时间,则

$$U_o = -\frac{D}{D'}U_d \tag{2.5.9}$$

在理想条件下不计电路损耗, $U_o I_o = U_d I_d$,则

图 2.5.2　库克电路在电流断续时工作波形

$$I_O = -\frac{D'}{D}I_d \qquad\qquad (2.5.10)$$

式(2.5.5)、式(2.5.9)与升降压型变换电路输出输入关系式完全相同,但本质上却有区别。升降压变换电路是在开关管 T 关断期间电感 L 给滤波电容 C 补充能量,输出电流脉动很大;而 Cuk 电路中,只要 C_1 足够大,输入输出电流都是连续平滑的,有效地降低了纹波,降低了对滤波电路的要求,使其得到了广泛的应用。

2.6 带隔离变压器的直流变换器

在基本的 Buck、Boost 以及 Cuk 等直流变换器中引入隔离变压器,可以使变换器的供电电源与负载之间实现电气隔离,提高变换器运行的安全可靠性和电磁兼容性。同时,选择变压器的变比还可匹配电源电压 U_d 与负载所需的输出电压 U_0,即使 U_d 与 U_0 相差很大,也能使直流变换器的占空比 D 数值适中而不至于接近于零或接近于 1。此外引入变压器还可能设置多个二次绕组输出几个电压大小不同的电压。如果变换器只需一个开关管,变换器中变压器的磁通只在单方向变化,称为单端变换器,仅用于小功率电源变换电路。如果开关管导通时电源将能量直接传送至负载则称为正激变换器(forward converter),如果开关管导通时电源将电能转为磁能储存在电感中,当开关管关断时再将磁能变为电能传送到负载则称为反激变换器(flyback converter)。采用两个或四个开关管的带隔离变压器的多管变换器中变压器的磁通可在正、反两个方向变化,铁心的利用率高,这使变换器铁心体积减小为等效单管变压器的一半。

带隔离变压器的直流变换器主要应用于电子仪器的电源部分、电力电子系统或装置的控制电源、计算机电源、通信电源与电力操作电源等领域。带隔离变压器的多管直流变换器常用于大功率场合。

2.6.1 反激式变换器

典型的反激式变换器电路如图 2.6.1(a)所示。图中 T 为开关管、Tr 是隔离变压器、D 为高频二极管。当开关管 T 导通,输入电压 U_d 加到变压器 Tr 一次绕组 N_1 上(电感量为 L_1),变压器储存能量。根据变压器同名端的极性,可得二次绕组 N_2(电感量为 L_2)中的感应电动势为下正上负,二极管 D 截止,二次绕组 N_2 中没有电流流过。当 T 截止时,N_2 中的感应电动势极性上正下负,二极管 D 导通,在 T 导通期间储存在变压器中的能量便通过二极管 D 向负载释放。在上述工作过程中,变压器起储能电感的作用,在开关管 T 截止时其两端承受的电压为 $u_T = U_d + \frac{N_1}{N_2}U_0$。反激式变换电路在工作过程中的电流电压波形如图 2.6.1(b)所示。

反激式变换器有电流连续和电流断续两种工作模式。

1. 电流连续模式

T 导通时,Tr 二次绕组 N_2 中电流尚未下降到零,则称工作于电流连续模式。

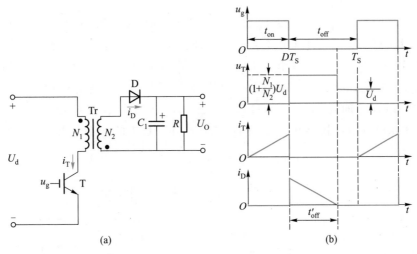

图 2.6.1 反激式变换器电路与工作波形

工作在输出电流 I_O 连续的状态下,反激式变换器的输出电压 U_O 只决定于一次、二次绕组的变比 $\dfrac{N_2}{N_1}$、占空比 $D = \dfrac{t_{on}}{T_S}$ 和输入电压 U_d,而与负载电阻 R 无关,其表达式为

$$U_O = \frac{N_2}{N_1} \cdot \frac{D}{1-D} U_d \tag{2.6.1}$$

一般情况下,反激式变换器的工作占空比 D 要小于 0.5。

2. 电流断续模式

如果 T 导通前,Tr 二次绕组 N_2 中电流已经下降到零,则称工作于电流断续模式。

应当特别注意的是,在电流断续模式情况下,忽略电路的损耗可计算出电路的输出电压

$$U_O = U_d t_{on} \sqrt{\frac{R}{2L_1 T_S}} \tag{2.6.2}$$

式中,T_S 为开关管 T 的工作周期,t_{on} 为开关管 T 的导通时间。从式(2.6.2)可知,输出电压随负载的减小而升高,在负载为零的极限情况下,$U_O \to \infty$,这将损坏电路中的元件,所以应该避免负载开路状态。

由于高频隔离变压器除了隔离一次绕组与二次绕组外,它还有变压器和扼流圈的作用,所以理论上反激式变换器的输出无需电感,但是在实际应用中,往往需要在电容 C 之前加一个电感量小的平波电感来降低开关噪声。

反激式变换器广泛应用于几百瓦以下的计算机电源和控制电源等小功率 DC/DC 变换电路。

2.6.2 正激式变换器

典型的正激式变换器电路如图 2.6.2(a)所示,图中 T 是开关管,D_1 和 D_2 是高频二极管,

D_3 是续流二极管, Tr 是隔离变压器。

在图 2.6.2(b)所示信号 u_g 驱动下,当开关管 T 导通时,变压器 Tr 一次绕组 N_1 中随着电流的增加在其电感 L_1 两端产生上正下负的电压,同时将能量传递到二次绕组,根据变压器对应端的感应电压极性,Tr 二次绕组 N_2 的电感 L_2 两端也产生上正下负的电压,二极管 D_1 导通,此时 D_2 反向截止,电感 L 中的电流逐渐增大,同时提供负载电流 I_o;当开关管 T 截止时,变压器二次绕组 N_2 中的电压极性反转过来,二极管 D_1 反向截止,D_2 续流导通,储存在电感 L 中的能量继续提供电流给负载。正激式变换电路在工作过程中的电流电压波形如图 2.6.2(b)所示。

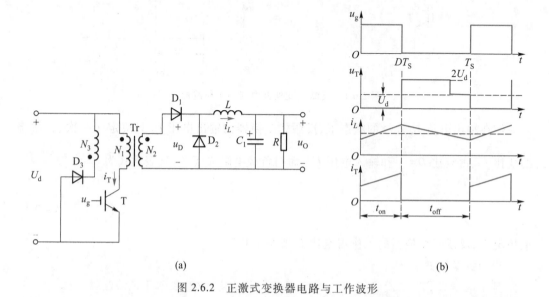

(a)　　　　　　　　　　　　　　　　(b)

图 2.6.2　正激式变换器电路与工作波形

在正激式变换电路中值得注意的是变压器在工作中的磁心复位问题。在开关管 T 导通的 t_{on} 时间内,变压器的励磁电流 i_m 随着时间的增加而线性增长;在 t_{off} 时间内开关管 T 关断,到下次再导通时必须使励磁电流下降到零,不然,在下个开关周期中励磁电流 i_m 将在上周期结束的剩余值的基础上继续增加,在以后的开关周期中不断地累积而越来越变大,最后使变压器磁心饱和,磁心饱和后其中的电流迅速增大而损坏电路中的开关管。

为了在开关管 T 关断后使变压器的励磁电流 i_m 下降到零(磁心复位),在电路中设置变压器的第三绕组 N_3,称为钳位(或回馈)绕组,其匝数与一次绕组 N_1 匝数相同,并与二极管 D_3 串联。当开关管 T 截止时,钳位绕组上的感应电压超过电源电压时,二极管 D_3 导通,储存在变压器中的能量耦合到回授线圈 N_3,由二极管 D_3 反送回电源,这样一方面可以把变压器的励磁电流回流产生的磁能回馈到电源,并下降到零使磁心复位;另一方面,D_3 导通把一次绕组的电压限制在电源电压上,不至于产生过电压击穿开关管。

开关管 T 关断后承受的电压为

$$u_T = \left(1 + \frac{N_1}{N_3}\right)U_d \qquad (2.6.3)$$

开关管 T 关断后绕组 N_3 中电流下降到零所需的时间 $t_r = \dfrac{N_3}{N_1} t_{on}$，为使磁心复位，开关管 T 截止的时间 t_{off} 必须大于 t_r。

在输出滤波电感电流连续的情况下，即开关管 T 导通时，电感 L 中的电流不为零，电路的输出电压为

$$U_0 = \frac{N_2}{N_1} \cdot \frac{t_{on}}{T_S} \cdot U_d = \frac{N_2}{N_1} D U_d \tag{2.6.4}$$

式中，T_S 为开关管 T 的工作周期，t_{on} 为开关管 T 的导通时间，占空比 $D = \dfrac{t_{on}}{T_S}$。显然，输出电压仅决定于输入电源电压，变压器的变比和占空比，而和负载电阻无关。

如果输出滤波电感电流不连续，电路的输出电压将高于式（2.6.4）中的 U_0 值，并随负载的减小而升高，在负载为零的极限情况下，

$$U_0 = \frac{N_2}{N_1} U_d \tag{2.6.5}$$

正激式变换器适用的输出功率范围较大（数瓦至数千瓦），广泛应用在通信电源等电路中。

2.6.3　推挽式变换器

推挽式变换电路实际上就是由两个正激式变换器电路组成的，只是它们工作的相位相反。在每个周期内，两个开关管交替导通和截止，在各自导通的半个周期内，分别将能量传递给负载，所以称为"推挽"电路。基本的推挽式变换器电路如图 2.6.3（a）所示。

当驱动信号 u_{g1} 为高电平，u_{g2} 为低电平时，开关管 T_1 导通，T_2 关断，在变压器 Tr 的一次绕组 N_1 中建立磁化电流，此时二次绕组 N_2 上的感应电压使二极管 D_1 导通，将能量传给负载 R_L。

当 u_{g1} 为低电平，u_{g2} 为高电平时，T_1 关断，T_2 导通，在一次绕组 N_1'（与 N_1 相等）中建立磁化电流，此时二次绕组 N_2'（与 N_2 相等）上的感应电压使 D_2 导通，向负载传递能量。

在开关管 T_1 导通，T_2 关断时，设忽略开关管的饱和压降，加在 N_1 绕组上的电压为 U_d，由于 N_1 绕组和 N_1' 绕组的匝数相等，在 N_1' 上感应出的电压亦是 U_d，其极性为上负下正，所以开关管 T_2 所承受的电压为 $2U_d$；同样的道理，在开关管 T_1 截止时，它所承受的电压也为 $2U_d$。

当两个开关管 T_1、T_2 都截止时，D_1 和 D_2 都处于通态，各分担一半的电流。

当两个开关管 T_1 和 T_2 同时导通时，相当于变压器一次绕组短路，因此应当避免，每个开关占空比不能超过 50%，还要留有死区。

推挽式变换电路在工作过程中的电流电压波形如图 2.6.3（b）所示。

在滤波电感 L 的电流连续时，输出电压为

$$U_0 = \frac{N_2}{N_1} \frac{2t_{on}}{T_S} U_d \tag{2.6.6}$$

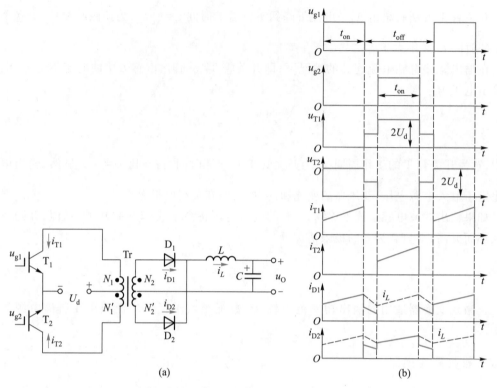

图 2.6.3 推挽式变换器电路与工作波形

上式中, T_S 为开关管 T 的工作周期, t_{on} 为开关管 T 的导通时间, 占空比 $D = \dfrac{t_{on}}{T_S}$ 。

在输出电感 L 的电流不连续时, 输出电压 U_O 将高于电流连续时的计算值, 并随负载减小而升高, 在负载为零的极限情况下,

$$U_O = \frac{N_2}{N_1} U_d \qquad (2.6.7)$$

这种电路的优点是: 输入电源电压直接加在高频变压器 Tr 上, 因而只用两个高压开关管就能获得较大的输出功率; 两个开关管的射极相连, 两组基级驱动电路无需彼此绝缘, 所以驱动电路也比较简单。推挽式变换电路适合应用于数瓦至数千瓦的开关电源。

2.6.4 半桥式变换器

半桥变换电路由开关管 (T_1 和 T_2)、二极管 (D_1、D_2、D_3 和 D_4)、输入电容 (C_1 和 C_2, C_1 和 C_2 的容量相等) 以及高频变压器 Tr 等元件组成, 如图 2.6.4(a) 所示。其工作原理如下:

当开关管 T_1 和 T_2 均关断时, 电容 C_1 和 C_2 的中点 A 的电位 U_A 是输入电压 U_d 的一半, 即: $U_{C1} = U_{C2} = U_d/2$。开关管 T_1 和 T_2 的驱动信号分别为 u_{g1} 和 u_{g2}, 它们为两个互为反相的驱动信号。

当 u_{g1} 为高电平，u_{g2} 为低电平时，T_1 导通，T_2 截止，电容 C_1 将通过 T_1 和高频变压器 Tr 的一次绕组 N_1 放电（同时对电容 C_2 充电），在一次绕组 N_1 中建立磁化电流，此时二次绕组 N_2 上的感应电压使 D_3 导通，向负载传递能量。在 T_1 截止之前，U_A 将上升到 $(U_d/2+\Delta U)$；为了防止两个开关管 T_1、T_2 共同导通形成短路损坏开关管，在 T_1 截止瞬间，不允许 T_2 立即导通，要留有死区。

在开关管 T_1 和 T_2 都关断期间，变压器 Tr 一次绕组 N_1 中电流为零，所以 $U_{C1}=U_{CE1}$，$U_{C2}=U_{CE2}$，且两个电容上的电压 U_{C1} 和 U_{C2} 均接近输入电压的一半。根据变压器的磁动势平衡方程，变压器 Tr 二次侧两个绕组中的电流大小相等、方向相反，所以 D_3 和 D_4 都导通，各分担一半的电流。

当 u_{g1} 为低电平，u_{g2} 为高电平期间，开关管 T_2 导通，T_1 关断，电容 C_1 将被充电，电容 C_2 将放电，A 点的电位 U_A 在 T_2 截止前将下降至 $(U_d/2+\Delta U)$。

根据上面的分析可知：开关管 T_1 或 T_2 导通时 L 电流逐渐上升；两个开关都截止时，L 电流逐渐下降；A 点的电位在开关管 T_1 和 T_2 交替导通过程中将在 $U_d/2$ 的电位上以幅值为 $\pm\Delta U$ 上下波动，改变开关占空比，可改变 Tr 二次侧整流电压平均值，即改变了输出电压 U_O；为了防止两个开关管同时导通形成短路，每个开关占空比不能超过 50%，还要留有死区。开关管 T_1 和 T_2 截止时承受的峰值电压均为 U_d。半桥变换电路在工作过程中的电流电压波形如图 2.6.4(b) 所示。

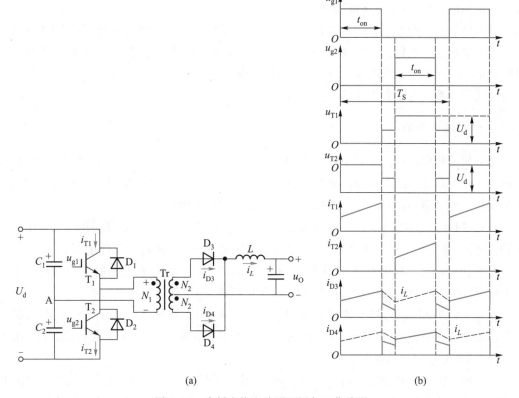

(a)　　　　　　　　　　(b)

图 2.6.4 半桥变换电路原理图与工作波形

在滤波电感 L 中的电流连续情况下,输出电压

$$U_{\mathrm{O}} = \frac{N_2}{N_1} \frac{t_{\mathrm{on}}}{T_{\mathrm{S}}} U_{\mathrm{d}} \tag{2.6.8}$$

式中,T_{S} 为开关管 T 的工作周期,t_{on} 为开关管 T 的导通时间,占空比 $D = \frac{t_{\mathrm{on}}}{T_{\mathrm{S}}}$。

输出电感 L 中的电流不连续时,输出电压 U_{O} 将高于连续时的计算值,并随负载减小而升高,在负载为零的极限情况下,

$$U_{\mathrm{O}} = \frac{N_2}{N_1} \frac{U_{\mathrm{d}}}{2} \tag{2.6.9}$$

半桥变换电路的特点如下:

(1)在前半个周期内流过高频变压器的电流与在后半个周期流过的电流大小相等、方向相反,因此变压器的磁心工作在 B-H 磁滞回线的两端,磁心得到充分利用;

(2)在一个开关管导通时,处于截止状态的另一个开关管所承受的电压与输入电压相等,开关管由导通转为截止的瞬间,二极管 D_1 或 D_2 的导通可以抑制漏感引起的尖峰电压,对防止开关管的过电压击穿起到一定的作用;

(3)由于 C_1、C_2 电容的充放电作用,会抑制由于开关管 T_1 和 T_2 导通时间长短不同而造成磁心的偏磁现象,抗不平衡能力强;

(4)施加在高频变压器上的电压只是输入电压的一半,欲得到与推挽式电路或与下面将介绍的全桥变换电路相同的输出功率,开关管必须流过两倍的电流,因此半桥式电路是通过降低电压和增大电流来实现大功率输出,驱动信号 u_{g1} 和 u_{g2} 需要彼此绝缘的信号。半桥变换电路适用于数百瓦至数千瓦的开关电源。

2.6.5　全桥变换电路

将半桥电路中的两个电解电容 C_1 和 C_2 换成两只开关管,并配上适当的驱动电路,即可组成图 2.6.5(a)所示的全桥变换电路。驱动信号 u_{g1} 与 u_{g4} 同相,u_{g2} 和 u_{g3} 同相,而且两组信号互为反相。四个驱动信号需要三组隔离的电源,其工作原理如下:

当 u_{g1} 和 u_{g4} 为高电平,u_{g2} 和 u_{g3} 为低电平,开关管 T_1 和 T_4 导通,T_2 和 T_3 关断时,变压器建立磁化电流,此时变压器二次绕组 N_2 上的感应电压使 D_5 导通,向负载传递能量;当 u_{g1} 和 u_{g4} 为低电平,u_{g2} 和 u_{g3} 为高电平时,开关管 T_2 和 T_3 导通,T_1 和 T_4 关断,在此期间变压器建立反向磁化电流,变压器二次绕组 N_2 上的感应电压使 D_6 导通,向负载传递能量。

当开关管 T_1 和 T_4、T_2 和 T_3 都截止时,4 个二极管都导通,流过 L 的电流逐渐下降,根据变压器的磁动势平衡方程,变压器 Tr 二次侧两个绕组中的电流大小相等、方向相反,所以 D_5 和 D_6 都导通,各分担一半的电流。

互为对角的两个开关管同时导通,同一侧半桥上下两开关管交替导通,变压器一次侧两端的电压是交流电压,改变占空比就可以改变输出电压;当一对开关管导通时,处于截止状

态的另一对开关管上承受的电压为电源电压 U_d;在 T_1、T_4 导通期间(或 T_2 和 T_3 导通期间),施加在变压器一次绕组 N_1 上的电压约等于输入电压 U_d。与半桥电路相比,一次绕组上的电压增加了一倍,而每个开关管的耐压仍为输入电压。

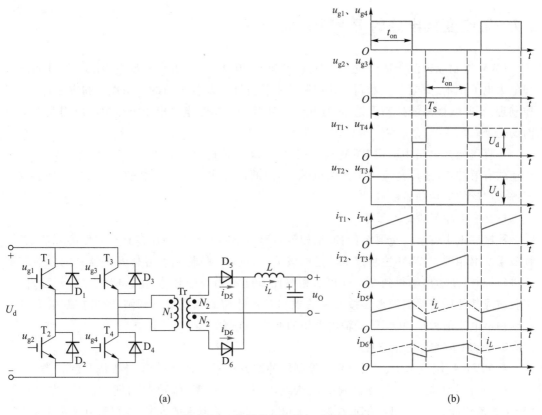

(a) (b)

图 2.6.5 全桥变换电路与工作波形

当滤波电感电流连续时输出电压

$$U_O = \frac{N_2}{N_1} \frac{2t_{on}}{T_S} U_d \qquad (2.6.10)$$

式中,T_S 为开关管 T 的工作周期,t_{on} 为开关管 T 的导通时间,占空比 $D = \dfrac{t_{on}}{T_S}$。

当输出电感电流不连续,输出电压 U_O 将高于电流连续时的计算值,并随负载减小而升高,在负载为零的极限情况下,

$$U_O = \frac{N_2}{N_1} U_i \qquad (2.6.11)$$

应当注意的是:如果开关管 T_1、T_4 与 T_2、T_3 的导通时间不对称,则变压器一次交流电压中含有直流分量,在变压器一次侧产生很大的直流分量,造成磁路饱和,因此全桥电路应注意

避免电压直流分量的产生,可在一次回路串一电容,阻断直流电流;为避免同一侧半桥中上下两开关同时导通,每个开关占空比不过 50%,还要留有死区;全桥变换电路适用于数百瓦至数千瓦的开关电源。

2.7　直流变换电路的 PWM 控制技术

PWM 控制原理源于通信技术。直到 20 世纪 80 年代,随着全控型电力电子器件的问世和电力电子技术、微电子技术和自动控制技术的发展以及各种新的控制理论和方法(如现代控制理论、非线性系统控制理论)的应用,PWM 控制技术在电力电子电路中的应用获得了空前的发展。

在直流变换电路中应用 PWM 控制技术,实现了对直流电力机车、电动汽车直流电动机调速的有效控制,还广泛应用于开关电源、不间断电源等电力电子装置中,为电力电子技术开辟了广泛的应用前景。

1. PWM 控制的基本原理

控制理论中有一个重要结论:冲量相等而形状不同的窄脉冲加在具有惯性的环节上时,其效果基本相同。PWM 控制技术就是以该结论为理论基础,对半导体开关器件的导通和截止进行控制,使输出端得到一系列幅值相等而宽度不相等的脉冲,用这些脉冲来代替直流、正弦波或其他所需要的波形。按一定的规则对各脉冲的宽度进行调制,既可控制电力电子电路输出电压的大小,也可改变输出电压的波形和频率。

2. PWM 控制脉冲的产生

在 PWM 控制技术中,产生 PWM 控制脉冲的方法很多,常用的有计算法和调制法。

(1)计算法是根据需要得到的电压或电流波形频率、幅值和周期脉冲数,准确计算PWM 波各脉冲宽度和间隔,据此控制电力电子电路开关器件的通断,就得到所需 PWM 波形。但这种方式的计算工作量很大,且繁琐,在实际中很少采用。

(2)调制法是采用等腰三角波作为载波(其任一点水平宽度与高度呈线性关系且左右对称),将输出波形作调制信号,等腰三角波与任一平缓变化的调制信号波相交,与各交点对应就得到宽度正比于信号波幅值的脉冲,这一系列的脉冲就是控制开关器件通断的 PWM 驱动信号。在实际应用中,变换器的实际输出电压与期望输出电压之差经误差放大器放大的信号作为调制电压信号 u_r,幅度不变、频率恒定的三角波 u_c 作为载波信号,u_r 对 u_c 调制(通常是比较大小),比较器的输出信号是一系列的幅度相同、宽度随调制电压变化的脉冲信号。PWM 调制电路如图 2.7.1(a)所示。

等腰三角波与直流信号波调制,所得到的便是与直流调制信号等效的直流 PWM 波形。例如变换电路希望输出的直流信号为调制信号 u_r,接受调制的载波是三角波 u_c,当 $u_r > u_c$,比较器输出 u_g = "1"(高);当 $u_r < u_c$,u_g = "0"(低),所得到的便是与直流调制信号等效的直流PWM 波形 u_g,如图 2.7.1(b)所示。从图可知,调节三角波 u_c 的频率就可以调节 PWM 波脉冲的频率,改变直流调制信号 u_r 的大小,就可以改变 PWM 波脉冲的宽度。

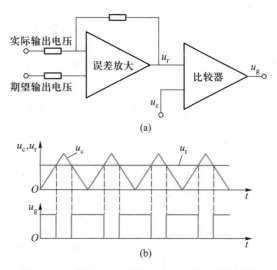

图 2.7.1 直流 PWM 调制电路与调制信号波形

直流 PWM 控制方式就是用 u_g 对直流变换电路开关器件的通断进行控制,使输出端得到一系列幅值相等的脉冲,如果这些脉冲的频率不变而宽度变化,经过滤波器后就能得到大小可调的直流电压。三角载波 u_c 的频率越高,开关器件的通断频率也越高,就越容易得到纹波小的直流电压。

当然,等腰三角波与正弦波调制时,得到的就是 SPWM 波;调制信号不是正弦波,而是其他所需波形时,也能得到与其等效的 PWM 波,这些调制方式将在第 3 章"无源逆变电路"中介绍。在逆变电路、PWM 整流电路中,PWM 控制技术的应用更为广泛,确定了它在电力电子技术中的重要地位。

思考题与习题

2.1 开关器件的开关损耗大小与哪些因素有关?

2.2 试比较 Buck 电路和 Boost 电路的异同。

2.3 试简述 Buck-Boost 电路同 Cuk 电路的异同。

2.4 试说明直流斩波器主要有哪几种电路结构。试分析它们各有什么特点。

2.5 试分析反激式和正激式变换器的工作原理。

2.6 试分析全桥式变换器的工作原理。

2.7 如果保持直流变换电路的频率不变,只改变开关器件的导通时间 t_{on},试画出当占空比 D 分别为 25%、75% 时,变换电路输出的理想电压波形。

2.8 开关器件的开关损耗大小与哪些因素有关?试比较 Buck 电路和 Boost 电路的开关损耗的大小。

2.9 有一开关频率为 50 kHz 的 Buck 变换电路工作在电感电流连续的情况下,$L = 0.05$ mH,输入电压 $U_d = 15$ V,输出电压 $U_0 = 10$ V。

(1) 求占空比 D 的大小;

（2）求电感中电流的峰–峰值 ΔI；

（3）若允许输出电压的纹波 $\Delta U_{\mathrm{o}} / U_{\mathrm{o}} = 5\%$，求滤波电容 C 的最小值。

2.10　图题 2.10 表示 Buck 直流斩波器控制直流电动机的方案，它采用 PWM 控制，斩波器的开关频率 $f_C = 1\ \mathrm{kHz}$，输入直流电源电压 $U_{\mathrm{d}} = 100\ \mathrm{V}$，电动机的内部感应电动势 $E = 40\ \mathrm{V}$，电枢电感 $L_{\mathrm{a}} = 10\ \mathrm{mH}$，电枢电流 $I_{\mathrm{a}} = 50\ \mathrm{A}$，忽略电动机的电枢电阻。

（1）电枢电流控制在一定值时，求斩波器的开关周期 T 对导通时间 t_{on} 的比例；

（2）求流过开关管 T 的电流平均值；

（3）电枢电流的脉动峰–峰值是多少？

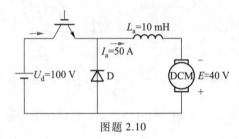

图题 2.10

2.11　有一 Buck 变换电路，$U = 120\ \mathrm{V}$，负载电阻 $R = 6\ \Omega$，开关周期性通断，通 30 μs，断 20 μs，忽略开关导通压降，电感 L 足够大。

（1）试求负载电流及负载上的功率；

（2）若要求负载电流在 4 A 时仍能维持，则电感 L 最小应取多大？

2.12　在电源电压 100 V，输出电压 1 000 V 的 Boost 升压斩波器中，供给负载 10 kW 的功率时，试求施加给开关器件电压的最大值与流过开关器件内电压最大值（忽略斩波器的损耗，并认为脉动电流经直流电抗器后电流的脉动极小）。

2.13　图题 2.13 所示的电路工作在电感电流连续的情况下，器件 T 的开关频率为 100 kHz，电路输入电压为直流 310 V，当 R_{L} 两端的电压为 400 V 时：

（1）求占空比的大小；

（2）当 $R_{\mathrm{L}} = 40\ \Omega$ 时，求维持电感电流连续时的临界电感值；

（3）若允许输出电压纹波系数为 0.01，求滤波电容 C 的最小值。

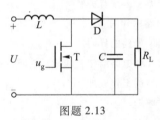

图题 2.13

2.14　在 Boost 变换电路中，已知 $U_{\mathrm{d}} = 50\ \mathrm{V}$，$L$ 值和 C 值较大，$R = 20\ \Omega$，若采用脉宽调制方式，当 $T_{\mathrm{S}} = 40\ \mathrm{μs}$，$t_{\mathrm{on}} = 20\ \mathrm{μs}$ 时，计算输出电压平均值 U_{o} 和输出电流平均值 I_{o}。

2.15　有一开关频率为 50 kHz 的库克变换电路，假设输出端电容足够大，使输出电压保持恒定，并且元件的功率损耗可忽略，若输入电压 $U_{\mathrm{d}} = 10\ \mathrm{V}$，输出电压 U_{o} 调节为 5 V 不变。试求：

（1）占空比；

（2）电容器 C_1 两端的电压 U_{C1}；

（3）开关管的导通时间和关断时间。

第 2 章部分习题参考答案　　　　第 2 章课件

第 3 章　无源逆变电路

在实际应用中,需要将直流电能变成交流电能,这种电能的变换过程称为逆变。把直流电能逆变成交流电能的电路称为逆变电路。

如果将逆变电路的交流侧接到交流电网上,把直流电逆变成同频率的交流电反送到电网去,称为有源逆变(整流电路的有源逆变在第 4 章中讲述),它用于直流电动机的可逆调速、绕线转子异步电动机的串级调速、高压直流输电和太阳能发电等方面。

在许多场合只有直流电能供电(如蓄电池或太阳能电池等,他们都是直流电能),但如果负载需要交流供电,就要将直流电能变成交流电能。比如在感应加热时,电磁感应加热炉需要频率可变(中频到高频)的交流电能;电动机的变频调速也需要频率可变的交流电能。能实现直流电能变换成交流电能的逆变器的交流侧不与电网连接,而是直接接到负载,即将直流电逆变成某一频率或可变频率的交流电供给负载,称为无源逆变,它在交流电动机变频调速、感应加热、不停电电源等方面应用十分广泛,是构成电力电子技术的重要内容。本章主要讨论无源逆变电路(为了叙述方便以下简称逆变电路)的工作原理、性能指标和实际应用。

3.1　逆变器的分类与性能指标

3.1.1　逆变电路的分类

逆变器应用广泛,类型很多,概括起来可分为如下类型:

1. 根据输入直流电源特点分类

① 电压型:电压型逆变器的输入端并接有大电容,输入直流电源为恒压源,逆变器将直流电压变换成交流电压。

② 电流型:电流型逆变器的输入端串接有大电感,输入直流电源为恒流源,逆变器将输入的直流电流变换为交流电流输出。

2. 根据电路的结构特点分类

① 半桥式逆变电路;

② 全桥式逆变电路；

③ 推挽式逆变电路；

④ 其他形式：如单管晶体管逆变电路。

3. 根据换流方式分类

① 负载换流型逆变电路；

② 脉冲换流型逆变电路；

③ 自换流型逆变电路。

4. 根据负载特点分类

① 非谐振式逆变电路；

② 谐振式逆变电路。

逆变器的用途十分广泛，可以做成变频变压电源（VVVF），主要用于交流电动机调速。也可以做成恒频恒压电源（CVCF），其典型代表为不间断电源（UPS）、航空机载电源、机车照明，通信等辅助电源也要用 CVCF 电源。还可以做成感应加热电源，例如中频电源、高频电源等。

逆变器的输出可以做成多相，实际应用中可以做成单相或三相。在一些要求严格的场合，为提高运行可靠性而提出制造多于三相的电动机，这类电动机就需要合适的多相逆变器供电。以往，中高功率逆变器采用晶闸管开关器件，晶闸管是半控型器件，关断晶闸管要设置强迫关断（换流）电路，强迫关断电路增加了逆变器的质量体积和成本，降低了可靠性，也限制了开关频率。现今，绝大多数逆变器都采用全控型的电力电子器件。中功率逆变器多用 IGBT，大功率多用 IGBT 或 GTO，小功率则广泛应用 MOSFET。

3.1.2 逆变器的性能指标

无源逆变电路通常简称为逆变电路或逆变器。在逆变器中要求输出基波功率大、谐波含量小、逆变效率高、性能稳定可靠。除此之外，还要求逆变器具有抗电磁干扰（EMI）能力强和电磁兼容性（EMC）好。为此，在实际应用中，必须精心设计逆变器和选择适当的控制方式，使之满足上述要求。一般地说，衡量逆变器的性能指标如下：

1. 谐波系数 *HF*（harmonic factor）

谐波系数 *HF* 定义为谐波分量有效值同基波分量有效值之比，即

$$HF = \frac{U_n}{U_1} \tag{3.1.1}$$

式中，$n = 1, 2, 3, \cdots$，表示谐波次数，$n = 1$ 时为基波。

2. 总谐波系数 *THD*（total harmonic distortion）

总谐波系数表征了一个实际波形同其基波的接近程度。*THD* 定义为

$$THD = \frac{1}{U_1} \sqrt{\sum_{n=2,3,4,\cdots}^{\infty} U_n^2} \tag{3.1.2}$$

根据上述定义，若逆变器输出为理想正弦波时，*THD* 为零。

3. 逆变效率

逆变器的效率即是逆变器输入功率与输出功率之比。如一台逆变器输入了 100 W 的直流电能,输出了 90 W 的交流电能,那么,它的效率就是 90%。

4. 单位重量的输出功率

它是衡量逆变器输出功率密度的指标。

5. 电磁干扰(EMI)和电磁兼容性(EMC)

3.2 逆变电路的工作原理

逆变电路的主要功能是将直流电逆变成某一频率或可变频率的交流电供给负载。最基本的逆变电路是单相桥式逆变电路,它可以很好地说明逆变电路的工作原理,其电路结构如图 3.2.1(a)所示。

U_d 为输入直流电压,R 为逆变器的输出负载。当开关管 T_1、T_4 导通,T_2、T_3 截止时,逆变器输出电压 $u_o = U_d$;当开关管 T_1、T_4 截止,T_2、T_3 导通时,输出电压 $u_o = -U_d$。当以频率 f_s 交替切换 T_1、T_4 和 T_2、T_3 时,则在电阻 R 上获得如图 3.2.1(b)所示的交变电压波形,其周期 $T_s = 1/f_s$,这样,就将直流电压 U_d 变成了交流电压 u_o。u_o 含有各次谐波,如果想得到正弦波电压,则可通过滤波器滤波获得。

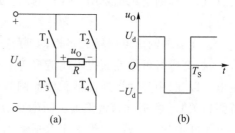

图 3.2.1　单相桥式逆变电路工作原理

图 3.2.1(a)中主电路开关管 $T_1 \sim T_4$,它实际是各种电力电子开关器件的一种理想模型。逆变电路中常用的开关器件有快速晶闸管、可关断晶闸管(GTO)、功率晶体管(GTR)、功率场效晶体管(MOSFET)和绝缘栅晶体管(IGBT)。

3.3 电压型逆变电路

3.3.1 电压型单相半桥逆变电路

半桥逆变电路结构如图 3.3.1(a)所示。它由两个导电臂构成,每个导电臂由一个全控器件和一个反并联二极管组成。在直流侧接有两个相互串联的足够大的电容 C_1 和 C_2,且满足 $C_1 = C_2$。全控型器件 T_1 和 T_2 的驱动信号各有半周正偏,半周反偏,且互补,即 T_1 有驱动信号时,T_2 无驱动信号;反之亦然。两个导电臂各交替导通 $180°$,下面分析其工作原理。

(1)如果负载为纯电阻,在 $0 \leqslant \omega t < \pi$ 期间,T_1 有驱动信号导通时,T_2 无驱动信号截止,$u_o = +U_d$。在 $\pi \leqslant \omega t < 2\pi$ 期间,T_2 有驱动信号导通,T_1 无驱动信号截止,$u_o = -U_d$。因此,输出电

压是 180°宽的方波电压,幅值为 $U_d/2$。其输出电压、电流波形如图 3.3.1(b)、(c)所示。

(2)如果负载是纯电感,在 $0 \leqslant \omega t < \pi/2$ 期间,T_2 无驱动信号截止,尽管 T_1 有驱动信号,但电流 i_0 为负值不能立即改变方向,D_1 导通起负载电流续流作用,$u_0 = L\dfrac{di_0}{dt} = +\dfrac{U_d}{2}$,负载电流 i_0 线性上升;在 $\pi/2 \leqslant \omega t < \pi$ 期间,i_0 大于零,T_1 仍有驱动信号而导通,$u_0 = L\dfrac{di_0}{dt} = +\dfrac{U_d}{2}$,负载电流 i_0 线性上升。同理,在 $\pi \leqslant \omega t < 3\pi/2$ 期间,D_2 导通,T_2 仅在 $3\pi/2 \leqslant \omega t < 2\pi$ 期间导通。在整个 $\pi \leqslant \omega t \leqslant 2\pi$ 期间,负载电流 i_0 线性下降。$u_0 = -\dfrac{U_d}{2}$。图 3.3.1(d)所示是纯电感负载时电流 i_0 的波形。

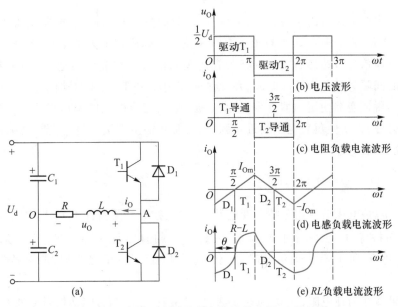

图 3.3.1 电压型半桥逆变电路及其电压、电流波形

(3)如果是阻感负载 RL,负载的电流 i_0 滞后于负载电压 u_0 的相位角为 $\theta = \arctan\dfrac{\omega L}{R}$,$0 \leqslant \omega t < \theta$ 期间,T_2 无驱动信号而截止,尽管 T_1 有驱动信号,由于电流 i_0 为负值,所以 T_1 不导通,D_1 导通起负载电流续流作用,$u_0 = +U_d$;在 $\theta \leqslant \omega t < \pi$ 期间,i_0 为正值,T_1 才导通。在 $\pi \leqslant \omega t < \pi + \theta$ 期间,T_2 有驱动信号,由于电流 i_0 为负值,T_2 不导通,D_2 导通起负载电流续流作用,$u_0 = -U_d$。直到 $\pi + \theta \leqslant \omega t \leqslant 2\pi$ 期间,T_2 才导通。图 3.3.1(e)所示是 RL 负载时电流 i_0 的波形。

由上面分析可知,输出电压 u_0 是周期为 T_S 的矩形波,其幅值为 $U_d/2$。输出电流 i_0 波形因负载阻抗角不同而不同。当开关管 T_1 或 T_2 导通时,负载电流与电压同方向,直流侧向负载提供能量;而当二极管 D_1 或 D_2 导通时,负载电流和电压反方向,负载中电感的能量向直流侧反馈,即负载将其吸收的无功能量反馈回直流侧,返回的能量暂时储存在直流侧的电容中,该电容起缓冲这种无功能量的作用。

从波形图可知,输出电压的有效值为

$$U_O = \sqrt{\frac{2}{T_S} \int_0^{T_S/2} \left(\frac{U_d}{2}\right)^2 dt} = \frac{U_d}{2} \tag{3.3.1}$$

由傅里叶分析,输出电压的瞬时值为

$$u_O = \sum_{n=1,3,5,\cdots}^{\infty} \frac{2U_d}{n\pi} \sin n\omega t \tag{3.3.2}$$

其中,$\omega = 2\pi f_S$ 为输出电压角频率。当 $n=1$ 时,其基波分量的有效值为

$$U_{o1} = \frac{2U_d}{\sqrt{2}\pi} = 0.45U_d \tag{3.3.3}$$

改变开关管驱动信号的频率,输出电压的频率随之改变。为保证电路正常工作,两个开关管 T_1 和 T_2 不能同时导通,否则将出现直流短路。实际应用中为避免上、下开关管直通,每个开关管的开通信号应略滞后于另一开关管的关断信号,即"先断后通"。该关断信号与开通信号之间的间隔时间称为死区时间,在死区时间中 T_1 和 T_2 均无驱动信号。

电压型半桥逆变器使用的器件少,其缺点是:输出交流电压的幅值仅为 $U_d/2$,且需要分压电容器。另外,为了使负载电压接近正弦波,通常在输出端接 LC 滤波器,滤除逆变器输出电压中的高次谐波。

3.3.2 电压型单相全桥逆变电路

图 3.3.2(a)是电压型单相全桥逆变电路,其中全控型开关器件 T_1 和 T_4 构成一对桥臂,T_2 和 T_3 构成一对桥臂,T_1 和 T_4 同时导通、截止,T_2 和 T_3 同时导通、截止。$T_1(T_4)$ 与 $T_2(T_3)$ 的驱动信号互补,即 T_1 和 T_4 有驱动信号时,T_2 和 T_3 无驱动信号;反之亦然,两对桥臂各交替导通 180°。

(1)如果负载为纯电阻,在 $0 \leqslant \omega t < \pi$ 期间,开关管 T_1 和 T_4 有驱动信号导通时,T_2 和 T_3 无驱动信号截止,$u_O = +U_d$。在 $\pi \leqslant \omega t < 2\pi$ 期间,T_2 和 T_3 有驱动信号导通,T_1 和 T_4 无驱动信号截止,$u_O = -U_d$。因此输出电压是 180°宽的方波电压,幅值为 U_d。其输出电压、电流波形如图 3.3.2(b)、(c)所示。

输出方波电压瞬时值为
$$u_O = \sum_{n=1,3,5,\cdots}^{\infty} \frac{4U_d}{n\pi} \sin n\omega t \tag{3.3.4}$$

输出方波电压有效值为
$$U_O = \sqrt{\frac{2}{T_S} \int_0^{T_S/2} U_d^2 dt} = U_d \tag{3.3.5}$$

基波分量的有效值为
$$U_{o1} = \frac{4U_d}{\sqrt{2}\pi} = 0.9U_d \tag{3.3.6}$$

同单相半桥逆变电路相比,它们的幅值不相同。在相同负载的情况下,其输出电压和输出电流的幅值为单相半桥逆变电路的两倍。

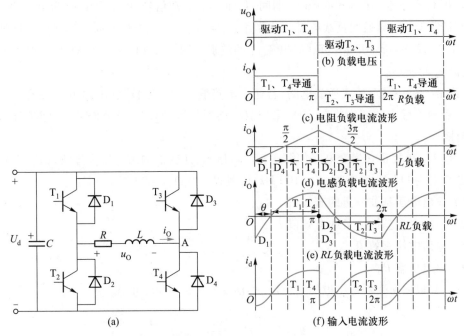

图 3.3.2　电压型单相全桥逆变电路和电压、电流波形图

（2）如果负载是纯电感，在 $0 \leqslant \omega t < \pi/2$ 期间，开关管 T_2 和 T_3 无驱动信号截止，尽管 T_1 和 T_4 有驱动信号，但电流 i_0 为负值不能立即改变方向，二极管 D_1、D_4 导通起负载电流续流作用，$u_0 = L \dfrac{di_0}{dt} = +U_d$，负载电流 i_0 线性上升；在 $\pi/2 \leqslant \omega t < \pi$ 期间，i_0 大于零，T_1 和 T_4 仍有驱动信号而导通，$u_0 = L \dfrac{di_0}{dt} = +U_d$，负载电流 i_0 线性上升。同理，在 $\pi \leqslant \omega t < 3\pi/2$ 期间，D_2、D_3 导通，T_2 和 T_3 仅在 $3\pi/2 \leqslant \omega t < 2\pi$ 期间导通。在整个 $\pi \leqslant \omega t \leqslant 2\pi$ 期间，负载电流 i_0 线性下降。$u_0 = -U_d$。

由上面的分析可知流过负载的电流 i_0 滞后于负载电压 u_0，负载的电流 i_0 是三角波，i_0 的波形如图 3.3.2（d）所示。

因为
$$U_d = L \frac{di_0}{dt} = L \frac{2I_{0m}}{\dfrac{T_s}{2}}$$

所以负载电流峰值为
$$I_{0m} = \frac{T_s}{4L} U_d \tag{3.3.7}$$

（3）如果是阻感负载 RL，负载的电流 i_0 滞后于负载电压 u_0 的相位角为 $\theta = \arctan \dfrac{\omega L}{R}$，在 $0 \leqslant \omega t < \theta$ 期间，开关管 T_2 和 T_3 无驱动信号而截止，尽管 T_1 和 T_4 有驱动信号，由于电流 i_0 为负值，所以 T_1 和 T_4 不导通，D_1、D_4 导通起负载电流续流作用，$u_0 = +U_d$；在 $\theta \leqslant \omega t < \pi$ 期间，i_0 为

正值,T_1 和 T_4 才导通。在 $\pi \leqslant \omega t < \pi+\theta$ 期间,T_2 和 T_3 有驱动信号,由于电流 i_o 为负值,T_2、T_3 不导通,二极管 D_2、D_3 导通起负载电流续流作用,$u_o = -U_d$。直到 $\pi+\theta \leqslant \omega t \leqslant 2\pi$ 期间,T_2 和 T_3 才导通。图 3.3.2(e)所示是 RL 负载时电流 i_o 的波形。图 3.3.2(f)所示是 RL 负载时直流电源输入电流 i_d 的波形。

　　无论是半桥还是全桥式逆变电路,若逆变电路输出频率比较低,电路中开关器件可以采用 GTO,若逆变输出频率比较高,则应采用双极结型晶体管 GTR、MOSFET 或 IGBT 等高频自关断器件。

　　例 3.3.1　单相桥式逆变电路如图 3.3.2(a)所示,逆变器输出电压为方波,如图 3.3.2(b)所示,已知 $U_d = 110$ V,逆变频率 $f = 100$ Hz,负载 $R = 10$ Ω,$L = 0.02$ H。求:

　　(1)输出电压基波分量的有效值 U_{o1};

　　(2)输出电流基波分量的有效值 I_{o1};

　　(3)输出电流有效值;

　　(4)输出功率 P_o。

　　解:(1)根据逆变器输出电压为方波,如图 3.3.2(b)所示,可得

$$u_o = \sum_{n=1,3,5,\cdots}^{\infty} \frac{4U_d}{n\pi}\sin n\omega t$$

其中输出电压基波分量为
$$u_{o1} = \frac{4U_d}{\pi}\sin \omega t$$

输出电压基波分量的有效值为
$$U_{o1} = \frac{4U_d}{\sqrt{2}\,\pi} = 0.9U_d = 0.9 \times 110 \text{ V} = 99 \text{ V}$$

　　(2)基波阻抗为
$$Z_1 = \sqrt{R^2+(\omega L)^2} = \sqrt{10^2+(2\pi \times 100 \times 0.02)^2}\ \Omega \approx 16.06\ \Omega$$

输出电流基波分量的有效值为
$$I_{o1} = \frac{U_{o1}}{Z_1} = \frac{99}{16.06}\text{A} \approx 6.16 \text{ A}$$

　　(3)因为
$$Z_3 = \sqrt{R^2+(3\omega L)^2} = \sqrt{10^2+(3 \times 2\pi \times 100 \times 0.02)^2}\ \Omega \approx 39\ \Omega$$
$$Z_5 = \sqrt{R^2+(5\omega L)^2} = \sqrt{10^2+(5 \times 2\pi \times 100 \times 0.02)^2}\ \Omega \approx 63.6\ \Omega$$
$$Z_7 = \sqrt{R^2+(7\omega L)^2} = \sqrt{10^2+(7 \times 2\pi \times 100 \times 0.02)^2}\ \Omega \approx 88.53\ \Omega$$
$$Z_9 = \sqrt{R^2+(9\omega L)^2} = \sqrt{10^2+(9 \times 2\pi \times 100 \times 0.02)^2}\ \Omega \approx 113.54\ \Omega$$

而
$$U_{o3} = \frac{U_{o1}}{3},\ U_{o5} = \frac{U_{o1}}{5},\ U_{o7} = \frac{U_{o1}}{7},\ U_{o9} = \frac{U_{o1}}{9}$$

9 次以上的谐波电压很小,可以忽略。

所以
$$I_{o3} = \frac{U_{o3}}{Z_3} = \frac{99}{3 \times 39}\text{A} \approx 0.85 \text{ A}$$

$$I_{o5} = \frac{U_{o5}}{Z_5} = \frac{99}{5 \times 63.6} \text{A} \approx 0.31 \text{ A}$$

$$I_{o7} = \frac{U_{o7}}{Z_7} = \frac{99}{7 \times 88.53} \text{A} \approx 0.16 \text{ A}$$

$$I_{o9} = \frac{U_{o9}}{Z_9} = \frac{99}{9 \times 113.54} \text{A} \approx 0.097 \text{ A}$$

输出电流有效值为 $I_O = \sqrt{I_{o1}^2 + I_{o3}^2 + I_{o5}^2 + I_{o7}^2 + I_{o9}^2} \text{A} \approx 6.23 \text{ A}$

（4）输出功率 $P_O = I_O^2 R = 6.23^2 \times 10 \text{ W} \approx 388.1 \text{ W}$

3.3.3 电压型三相桥式逆变电路

电压型三相桥式逆变电路如图 3.3.3 所示。电路由三个半桥电路组成，开关管可以采用全控型电力电子器件（图中以 GTR 为例），二极管 $D_1 \sim D_6$ 为续流二极管。

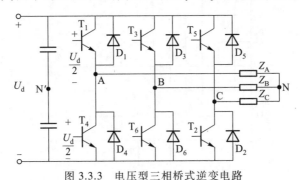

图 3.3.3　电压型三相桥式逆变电路

电压型三相桥式逆变电路的基本工作方式为 180°导电型，即每个桥臂的导电角为 180°，同一相上、下桥臂交替导电，各相开始导电的时间依次相差 120°。因为每次换流都在同一相上、下桥臂之间进行，因此称为纵向换流。在一个周期内，六个开关管触发导通的次序为 $T_1 \rightarrow T_2 \rightarrow T_3 \rightarrow T_4 \rightarrow T_5 \rightarrow T_6$，依次相隔 60°，任一时刻均有三个管子同时导通，导通的组合顺序为 $T_1 T_2 T_3$、$T_2 T_3 T_4$、$T_3 T_4 T_5$、$T_4 T_5 T_6$、$T_5 T_6 T_1$、$T_6 T_1 T_2$。

下面分析各相负载相电压和线电压波形。设负载为星形联结，三相负载对称，中性点为 N。图 3.3.4 是电压型三相桥式逆变电路的工作波形。为了分析方便，将一个工作周期分成六个区域。

在 $0 < \omega t \leqslant \dfrac{\pi}{3}$ 区域，设 $u_{g1} > 0$，$u_{g2} > 0$，$u_{g3} > 0$，则有开关管 T_1、T_2、T_3 导通，该时域逆变桥的等效电路如图 3.3.5 所示。

线电压为
$$\begin{cases} u_{AB} = 0 \\ u_{BC} = U_d \\ u_{CA} = -U_d \end{cases}$$

式中，U_d 为逆变器输入直流电压。输出相电压为

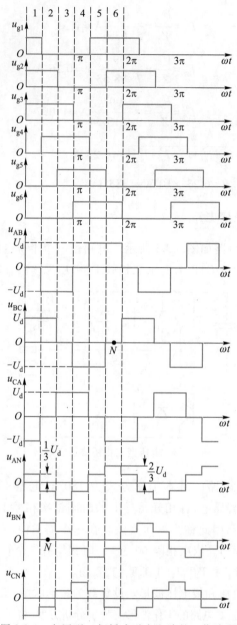

图 3.3.4   电压型三相桥式逆变电路的工作波形

$$
\begin{cases}
u_{AN} = \dfrac{1}{3}U_d \\[2ex]
u_{BN} = \dfrac{1}{3}U_d \\[2ex]
u_{CN} = -\dfrac{2}{3}U_d
\end{cases}
$$

根据同样的思路可得其余五个时域相电压和线电压的值，如表 3.3.1 所示。

从图 3.3.4 波形图中可以看出，星形联结的负载电阻上相电压 u_{AN}、u_{BN}、u_{CN} 波形是 180° 正负对称的阶梯波，三相负载电压相位相差 120°。根据 B 相负载相电压的波形图（注意坐标系中纵坐标为 yO），利用傅里叶分析，则其相电压的瞬时值为

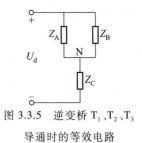

图 3.3.5　逆变桥 T_1、T_2、T_3 导通时的等效电路

表 3.3.1　三相桥式逆变电路的工作状态表

wt	$0 \sim \frac{1}{3}\pi$	$\frac{1}{3}\pi \sim \frac{2}{3}\pi$	$\frac{2}{3}\pi \sim \pi$	$\pi \sim \frac{4}{3}\pi$	$\frac{4}{3}\pi \sim \frac{5}{3}\pi$	$\frac{5}{3}\pi \sim 2\pi$
导通开关管	T_1、T_2、T_3	T_2、T_3、T_4	T_3、T_4、T_5	T_4、T_5、T_6	T_5、T_6、T_1	T_6、T_1、T_2
负载等效电路						
输出相电压 u_{AN}	$\frac{1}{3}U_d$	$-\frac{1}{3}U_d$	$-\frac{2}{3}U_d$	$-\frac{1}{3}U_d$	$\frac{1}{3}U_d$	$\frac{2}{3}U_d$
u_{BN}	$\frac{1}{3}U_d$	$\frac{2}{3}U_d$	$\frac{1}{3}U_d$	$-\frac{1}{3}U_d$	$-\frac{2}{3}U_d$	$-\frac{1}{3}U_d$
u_{CN}	$-\frac{2}{3}U_d$	$-\frac{1}{3}U_d$	$\frac{1}{3}U_d$	$\frac{2}{3}U_d$	$\frac{1}{3}U_d$	$-\frac{1}{3}U_d$
输出线电压 u_{AB}	0	$-U_d$	$-U_d$	0	U_d	U_d
u_{BC}	U_d	U_d	0	$-U_d$	$-U_d$	0
u_{CA}	$-U_d$	0	U_d	U_d	0	$-U_d$

$$u_{BN} = \frac{2U_d}{\pi}\left(\sin \omega t + \frac{1}{5}\sin 5\omega t + \frac{1}{7}\sin 7\omega t + \frac{1}{11}\sin 11\omega t + \frac{1}{13}\sin 13\omega t + \cdots\right) \tag{3.3.8}$$

基波幅值

$$U_{BN1m} = \frac{2U_d}{\pi} \tag{3.3.9}$$

由上式可知，负载相电压中无 3、9 次谐波，只含更高阶奇次谐波，n 次谐波幅值为基波幅值的 $1/n$。

同理，从图 3.3.4 波形图可以看出，负载线电压为 120° 正负对称的矩形波，对于图中线电压 u_{BC} 波形，如果时间坐标的零点取在 N 点，纵坐标为 yN，利用傅里叶分析，则其线电压 u_{BC}

的瞬时值为

$$u_{BC} = \frac{2\sqrt{3}\,U_d}{\pi}\left(\sin\,\omega t - \frac{1}{5}\sin\,5\omega t - \frac{1}{7}\sin\,7\omega t + \frac{1}{11}\sin\,11\omega t + \frac{1}{13}\sin\,13\omega t + \cdots\right) \quad (3.3.10)$$

线电压基波幅值

$$U_{BC1m} = \frac{2\sqrt{3}\,U_d}{\pi} \quad (3.3.11)$$

由上式可知,负载线电压中无 3、9 次谐波,只含更高阶奇次谐波,n 次谐波幅值为基波幅值的 $1/n$。

对于 180°导电型逆变电路,为了防止同一相上、下桥臂同时导通而引起直流电源的短路,必须采取“先断后通”的方法,即上、下桥臂的驱动信号之间必须存在死区。

除 180°导电型外,三相桥式逆变电路还有 120°导电型的控制方式,即每个桥臂导通 120°,同一相上、下两臂的导通有 60°间隔,各相导通依次相位差 120°。120°导通型不存在上、下直通的问题,但当直流电压一定时,其输出交流线电压有效值比 180°导电型低得多,直流电源电压利用率低。因此,一般电压型三相逆变电路都采用 180°导电型控制方式。

改变逆变桥开关管的触发频率或者触发顺序($T_6 \sim T_1$),就能改变输出电压的频率及相序,从而可实现电动机的变频调速与正反转。

3.3.4　电压型逆变电路的特点

电压型逆变电路主要有以下特点:

① 直流侧接有大电容,相当于电压源,直流电压基本无脉动,直流回路呈现低阻抗。

② 由于直流电压源的钳位作用,交流侧电压波形为矩形波,与负载阻抗角无关,而交流侧电流波形和相位因负载阻抗角的不同而异,其波形接近三角波或正弦波。

③ 当交流侧为电感性负载时需提供无功功率,直流侧电容起缓冲无功能量的作用。为了给交流侧向直流侧反馈能量提供通道,各臂都并联了反馈二极管。

④ 逆变电路从直流侧向交流侧传送的功率是脉动的,因直流电压无脉动,故传输功率的脉动是由直流电流的脉动来体现的。

⑤ 当用于交-直-交变频器中且负载为电动机时,如果电动机工作在再生制动状态,就必须向交流电源反馈能量。因直流侧电压方向不能改变,所以只能靠改变直流电流的方向来实现,这就需要给交-直整流桥再反并联一套逆变桥。

3.4　电流型逆变电路

直流侧为电流源的逆变电路称为电流型逆变电路,本节主要介绍电流型逆变电路的工作原理及特点。

3.4.1　电流型单相桥式逆变电路

电流型单相桥式逆变电路如图 3.4.1(a)所示。其特点是在直流电源侧接有大电感 L_d,

以维持电流的恒定。

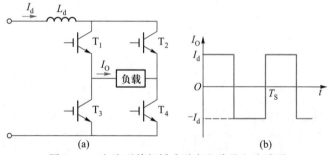

图 3.4.1 电流型单相桥式逆变电路及电流波形

当开关管 T_1、T_4 导通,开关管 T_2、T_3 截止时,$I_O = I_d$;反之,$I_O = -I_d$。当以频率 f 交替切换开关管 T_1、T_4 和 T_2、T_3 导通时,则在负载上获得如图 3.4.1(b)所示的电流波形。不论电路负载性质如何,其输出电流波形不变,为矩形波,而输出电压波形由负载性质决定。值得注意的是,由于电流型逆变电路输出电流是方波,其变化率 $\mathrm{d}i/\mathrm{d}t$ 大,会在感性负载时产生很高的感应电压,主电路开关管如果其反向不能承受高电压,则需在各开关器件支路串入二极管。

下面对其电流波形做定量分析,将图 3.4.1(b)所示的电流波形 i_o 展开成傅里叶级数,有

$$i_O = \frac{4I_d}{\pi}\left(\sin \omega t + \frac{1}{3}\sin 3\omega t + \frac{1}{5}\sin 5\omega t + \cdots\right) \tag{3.4.1}$$

其中基波幅值 I_{o1m} 和基波有效值 I_{o1} 分别为

$$I_{o1m} = \frac{4I_d}{\pi} = 1.27I_d \tag{3.4.2}$$

$$I_{o1} = \frac{4I_d}{\pi\sqrt{2}} = 0.9I_d \tag{3.4.3}$$

3.4.2 电流型三相桥式逆变电路

电流型三相桥式逆变电路原理图如图 3.4.2 所示。在直流电源侧接大电感 L_d,以维持电流的恒定。逆变桥采用 IGBT 作为可控元件。值得注意的是,如果主电路中的开关管不能承受反向高电压,则需在各开关器件支路串联二极管。

电流型三相桥式逆变电路的基本工作方式是 120°导通方式,任意瞬间只有两个桥臂导通。导通顺序为开关管 $T_1 \to T_2 \to T_3 \to T_4 \to T_5 \to T_6$,依次间隔 60°,每个桥臂导通 120°。这样,每个时刻上桥臂组和下桥臂组中都各有一个臂导通,换流时,是在上桥臂组或下桥臂组内依次换流,属横向换流。

电流型三相桥式逆变电路的输出电流波形如图 3.4.3 所示,它与负载性质无关。输出电压波形由负载的性质决定。

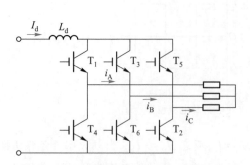

图 3.4.2   电流型三相桥式逆变电路原理图

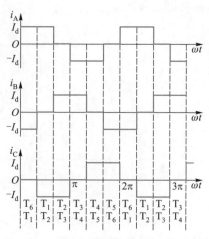

图 3.4.3   电流型三相桥式逆变
电路的输出电流波形

输出电流的基波有效值 I_{o1} 和直流电流 I_d 的关系式为

$$I_{o1} = \frac{\sqrt{6}}{\pi} I_d = 0.78 I_d \qquad (3.4.4)$$

3.4.3   电流型逆变电路的特点

电流型逆变电路主要有以下特点：

① 直流侧接大电感,相当于电流源,直流电流基本无脉动,直流回路呈现高阻抗。

② 因为各开关器件主要起改变直流电流流通路径的作用,故交流侧电流为矩形波,与负载性质无关,而交流侧电压波形和相位因负载阻抗角的不同而不同。

③ 直流侧电感起缓冲无功能量的作用,因电流不能反向,故可控器件不必反并联二极管。

④ 当用于交-直-交变频器且负载为电动机时,若交-直变换为相控整流,则可很方便地实现再生制动。

3.5   多重逆变电路和多电平逆变电路

3.5.1   多重逆变电路

电压型单相全桥逆变电路的输出电压是方波交流电压,含有丰富的奇次谐波。为了消除某些低次谐波,使输出电压波形接近正弦波,1962 年 A.Kernick 等人提出了逆变电路的多重化概念。多重移相叠加技术是指把两个或两个以上输出频率相同、输出波形也相同(幅值可以不同)的逆变电路[或整流电路(将在第 4 章介绍)],按一定的相位差叠加起来,使它们的交流输入或交流输出波形的低次谐波相位相差 180°而相互抵消,以得到谐波含量较少的准正弦阶梯波的一种技术。电压型逆变电路和电流型逆变电路都可多重化,下面以电压型为例分析多重逆变电路的工作原理。

1. 单相电压型二重逆变电路

单相电压型二重逆变电路由两个单相全桥逆变电路组成,如图 3.5.1(a)所示,输出通过变压器 Tr1 和 Tr2 串联起来,其输出电压的波形如图 3.5.1(b)所示。两个单相的输出 u_1 和 u_2 是 180° 矩形波,它含有所有的奇次谐波。如果将 u_1 和 u_2 相位错开 $\varphi=60°$,其中 3 次谐波就错开了 $3\times60°=180°$,变压器 Tr1 和 Tr2 串联合成的输出电压 u_0 波形 3 次谐波互相抵消,总输出电压中不含 3 次谐波。u_0 波形是 120° 矩形波,含 $6k\pm1(k=1,2,3,\cdots)$ 次谐波,$3k(k=1,2,3,\cdots)$ 次谐波都被抵消,是谐波含量较少的准正弦阶梯波输出电压。

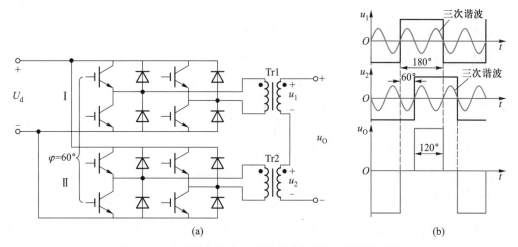

图 3.5.1 二重单相逆变电路原理图和输出电压的波形图

多重叠加可以是等幅波形的叠加,也可以是变幅波形的叠加。从改善叠加后波形的角度来看,变幅叠加效果要优于等幅叠加。多重叠加还可以是串联叠加(把几个逆变电路的输出串联起来,多用于电压型)或并联叠加(把几个逆变电路的输出并联起来,多用于电流型),串联叠加可以实现大功率变频器输出高电压;并联叠加可以实现大功率变频器输出大电流。

2. 三相电压型二重逆变电路

三相电压型二重逆变电路由两个三相桥式逆变电路构成,输出电压通过变压器 Tr1 和 Tr2 的输出电压串联合成,其电路原理图如图 3.5.2(a)所示,输出电压的波形如图 3.5.2(b)所示。两个逆变电路均为 180° 导通方式,逆变桥Ⅱ的相位比逆变桥Ⅰ滞后 30°,变压器 Tr1 为 Δ/Y 联结,线电压变比为 $\dfrac{1}{\sqrt{3}}$(一次和二次绕组匝数相等),变压器 Tr2 的一次绕组为三角形联结,两个二次绕组为曲折星形联结,其二次电压相对于一次电压而言,比 Tr1 的接法超前 30°,以抵消逆变桥Ⅱ比逆变桥Ⅰ滞后的 30°。这样,u_{A2} 和 u_{A1} 的基波相位就相同。如果变压器 Tr2 和 Tr1 的一次绕组匝数相同,为了使 u_{A2} 和 u_{A1} 的基波幅值相同,Tr2 和 Tr1 的二次绕组匝数比应为 $\dfrac{1}{\sqrt{3}}$。

从图 3.5.2(b)所示的波形图可知,输出电压 u_{AN} 比 u_{A1} 更接近于正弦波。把 u_{A1} 展成傅里叶级数可得

$$u_{A1} = \frac{2\sqrt{3}\,U_d}{\pi}\left[\sin\omega t + \frac{1}{n}\sum_n (-1)^k \sin n\omega t\right] \tag{3.5.1}$$

式中,$n = 6k \pm 1(k = 1,2,3,\cdots)$。

u_{A1} 的基波分量有效值为

$$U_{A11} = \frac{\sqrt{6}\,U_d}{\pi} = 0.78 U_d \tag{3.5.2}$$

u_{A1} 的 n 次谐波分量有效值为

$$U_{A1n} = \frac{\sqrt{6}\,U_d}{n\pi} \tag{3.5.3}$$

把输出电压 u_{AN} 展成傅里叶级数,其基波有效值为

$$U_{AN1} = \frac{2\sqrt{6}\,U_d}{\pi} = 1.56 U_d \tag{3.5.4}$$

u_{AN} 的 n 次谐波分量有效值为

$$U_{ANn} = \frac{2\sqrt{6}\,U_d}{n\pi} = \frac{1}{n}U_{AN1} \tag{3.5.5}$$

式中 $n = 12k \pm 1(k = 1,2,3,\cdots)$。很明显,$u_{AN}$ 中已不含 5 次、7 次等谐波,且直流侧电流每周期脉动 12 次,称为 12 脉波逆变电路。一般情况下,按照与上述相同的电路结构拓展电路,使 m 个三相桥逆变电路的相位依次错开 $\dfrac{\pi}{3m}$,就可构成 $6m$ 脉波逆变电路。

目前,从大功率逆变器输出端来看,逆变器的多重连接有两种主流结构:一种是直接叠加输出,即单元串联多重化;另一种是变压器耦合叠加输出。

单元串联多重化逆变器的特点是:

(1)可以通过串联单元个数的选择满足不同要求的输出电压;

(2)具有接近于正弦波的输入输出波形,以满足负载的要求;

(3)由于各功率单元具有相同的结构及参数,便于将功率单元模块化,实现冗余设计;

(4)使用的功率单元及功率器件数量多,装置的体积和质量较大;

(5)无法实现能量回馈及四象限运行。

变压器耦合式单元串联多重逆变电路是构成高压变频器主电路的一种拓扑结构。其主要思想是用变压器将多个常规二电平三相逆变器单元的输出叠加起来,实现更高电压输出,并且常规逆变器可采用普通低压变频器的控制方法,使得变频器的电路结构及控制方法都大大简化。这种高压变频器具有如下突出的优点:

(1)以多个常规的变频器为核心可构成高压变频器;

(2)多个常规变频器平衡对称运行,各自平均分担总输出功率;

(3)整个变频器的等效输出波形优于普通三电平变频器输出波形,总谐波畸变率

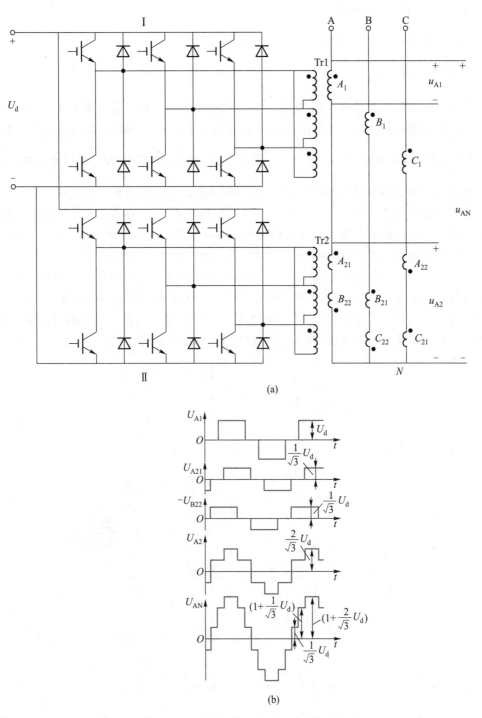

(a)

(b)

图 3.5.2 三相电压型二重逆变电路原理图和输出电压的波形图

<0.3%,电力电子开关器件承受的$\dfrac{\mathrm{d}u}{\mathrm{d}t}$也较低;

（4）网侧谐波小,其输入功率因数可达 0.95。

3.5.2　多电平逆变电路

多电平逆变器的思想最早是 20 世纪 80 年代初由日本长冈科技大学的 A.Nabae 等人提出的。与传统的两电平逆变器相比,多电平逆变器由于输出电平数增加,使得输出波形接近于正弦波,开关器件承受的电压应力和$\dfrac{\mathrm{d}u}{\mathrm{d}t}$都减小,特别适合于高压大功率场合,如电力系统静止无功发生器、电力有源滤波器、新型直流输电及高压交流调速等。

多电平逆变器主要有三种基本结构:二极管钳位式、飞跨电容式和单元串联式。其中二极管钳位式多电平逆变器由于不要求相互独立的直流电源来维持每个电平电压,不需要变压器就可以与电网直接相连,因而比其他结构具有更广泛的应用领域。

图 3.5.3 为中点钳位型三相三电平逆变器电路原理图［也称中点钳位型（neutral point clamped）逆变电路］。它的直流侧两个电容串联,每个桥臂用 2 个 IGBT 串联,每个 IGBT 上都反向并联了二极管。每桥臂的两个全控器件串联中点通过钳位二极管和直流侧中点（直流侧两个电容串联的中点连接）相连,实现钳位,构成中点钳位逆变器。

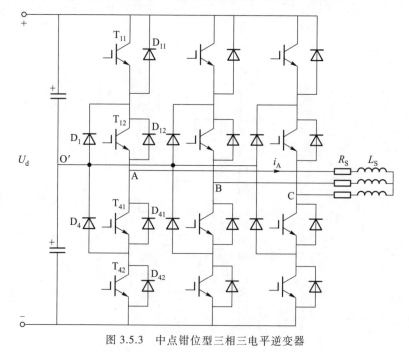

图 3.5.3　中点钳位型三相三电平逆变器

由图 3.5.3 可知,每一相都需要 4 个 IGBT 器件、4 个续流二极管、两个钳位二极管,当

IGBT 开关管 T_{11} 和 T_{12}（或 D_{11} 和 D_{12}）导通，T_{41} 和 T_{42} 断开，AO′间电位差为 $\dfrac{U_d}{2}$；当 T_{41} 和 T_{42}（或 D_{41} 和 D_{42}）导通，T_{11} 和 T_{12} 断开，AO′间电位差为 $-\dfrac{U_d}{2}$；T_{12} 和 T_{41} 导通，T_{11} 和 T_{42} 截止时，AO′间电位差为 0；所以每相桥臂能输出 $\pm U_d$ 和 0 三个电平。通过相电压之间的相减可以得到线电压，分析可得，三电平逆变电路的输出线电压有 $\pm U_d$、$\pm \dfrac{U_d}{2}$ 和 0 五种电平。

实际上在最后一种情况下开关管 T_{42} 和 T_{41} 不可能同时导通，哪一个先导通取决于负载电流 i_A 的方向，$i_A>0$ 时（从左至右），T_{12} 和 D_1 导通；$i_A<0$ 时（从右至左），T_{41} 和 D_4 导通。即通过钳位二极管把 A 点的电位钳位在 O′点电位上。需要注意的是，根据上面分析的工作原理，主开关管 T_{11} 和 T_{41} 不能同时导通，且 T_{11} 和 T_{41}、T_{12} 和 T_{42} 的工作状态恰好相反，即工作在互补状态，平均每个主开关管所承受的正向电压为 $\dfrac{U_d}{2}$，这是三电平逆变器的基本控制规律之一。另外，每相桥臂中间的两个 IGBT 导通时间最长，导致发热量也多一些，因此实际系统散热设计应以这两个 IGBT 为准。

通过上面的分析可知，多电平逆变器输出电压阶梯多，从而可以使输出的电压波形具有较小的谐波和较低的 $\dfrac{\mathrm{d}u}{\mathrm{d}t}$；随着输出电平数的增加，输出电压的谐波将进一步减少；另外，多电平逆变技术在减小系统的开关损耗与导通损耗，降低管子的耐压与系统的 EMI 方面性能都非常优良。应当指出：二极管钳位型逆变器随着电平数的增多，其开关器件和钳位二极管的数量会大量增加，因此通常只适合于五电平以下的多电平拓扑。对单元串联式多电平逆变器来说，当需要得到多个电平时，会需要较多的直流电源，整流侧会需要一组变压器，其体积庞大，另外也不易实现四象限运行。

3.6 逆变器的 SPWM 控制技术

前面所介绍的电压型逆变电路的输出电压都是 180°宽的方波交流电压，输出电压中除基波外含有大量的高次谐波，若采用 LC 滤波器消除谐波，在电路开关频率较低时，要求 L、C 的数值大，则它的体积也大，这会降低装置的功率密度。

实际应用中，很多负载都希望输出电压和输出频率能得到控制。输出频率的控制相对较容易，逆变器电压和波形的控制就比较复杂。本节所要介绍的逆变电路脉冲宽度调制（PWM）技术能方便地控制输出电压的大小和改变输出频率，是一种优秀的控制方案。

3.6.1 SPWM 控制的基本原理

逆变电路理想的输出电压是图 3.6.1（a）所示的正弦波 $u_o=U_{o1m}\sin \omega t$。而电压型逆变电路的输出电压是方波，如果将一个正弦波半波电压分成 N 等份，并把正弦曲线每一等份所包围的面积都用一个与其面积相等的等幅矩形脉冲来代替,且矩形脉冲的中点与相应正弦等份的中点重合,得到如图 3.6.1(b)所示的脉冲列,这就是 PWM 波形。正弦波的另外一个半波可以用相同的办法来等效。可以看出,该 PWM 波形的脉冲宽度按正弦规律变化,称为 **SPWM**(sinusoidal pulse width modulation)波形。

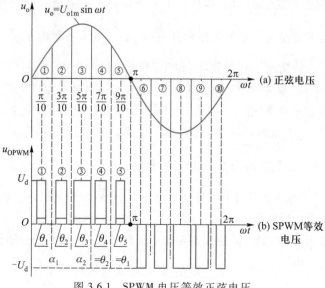

图 3.6.1　SPWM 电压等效正弦电压

根据控制理论,冲量相等而形状不同的窄脉冲加在具有惯性的环节上时,其效果基本相同。脉冲频率越高,SPWM 波形便越接近正弦波。逆变器的输出电压为 SPWM 波形时,其低次谐波将得到很好的抑制和消除,高次谐波又很容易滤去,从而可获得畸变率较低的正弦波输出电压。

SPWM 控制方式就是对逆变电路开关器件的导通、截止进行控制,使输出端得到一系列幅值相等而宽度不相等的脉冲,用这些脉冲来代替正弦波或者其他所需要的波形。

从理论上讲,在 SPWM 控制方式中给出了正弦波频率、幅值和半个周期内的脉冲数后,脉冲波形的宽度和间隔便可以准确计算出来,然后按照计算的结果控制电路中各开关器件的导通、截止,就可以得到所需要的波形,这种方法称为计算法。计算法很繁琐,当输出正弦波的频率、幅值或相位变化时,结果都要变化,实际中很少应用。

在大多数情况下,常采用正弦波与等腰三角波相交的办法来确定各矩形脉冲的宽度。等腰三角波上下宽度与高度呈线性关系且左右对称,当它与任何一个光滑曲线相交时,即得到一组等幅而脉冲宽度正比于该曲线函数值的矩形脉冲,这种方法称为调制方法。希望输出的信号为调制信号,接受调制的三角波称为载波。当调制信号是正弦波时,所得到的便是 SPWM 波形;当调制信号不是正弦波时,也能得到与调制信号等效的 PWM 波形。

3.6.2　单极性 SPWM 控制方式

电压型单相桥式 SPWM 控制逆变电路原理图如图 3.6.2 所示。

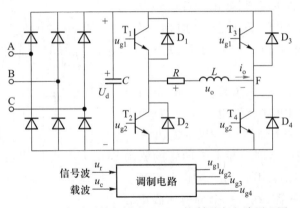

图 3.6.2 电压型单相桥式 SPWM 控制逆变电路原理图

在上述电路图中,实施图 3.6.3 所示的控制方式。载波信号 u_c 在信号波正半周为正极性的三角波,在负半周为负极性的三角波,调制信号 u_r 和载波 u_c 的交点时刻控制逆变器开关管 T_3、T_4 的通、断。各开关管的控制规律如下:

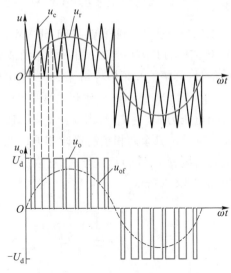

在 u_r 的正半周,保持 T_1 导通,使 T_4 交替导通、截止。当 $u_r > u_c$ 时,使 T_4 导通,负载电压 $u_o = U_d$;当 $u_r \leq u_c$ 时,使 T_4 截止,由于电感负载中电流不能突变,负载电流将通过 D_3 续流,负载电压 $u_o = 0$。

在 u_r 的负半周,保持 T_2 导通,使 T_3 交替导通、截止。当 $u_r < u_c$ 时,使 T_3 导通,$u_o = -U_d$;当 $u_r \geq u_c$ 时,使 T_3 截止,负载电流将通过 D_4 续流,负载电压 $u_o = 0$。

这样,便得到 u_o 的 SPWM 波形,虚线 u_{of} 表示 u_o 的基波分量,如图 3.6.3 所示。像这种在 u_r 的半个周期内三角波只在一个方向变化,所得到的 SPWM 波形也只在一个方向变化的控制方式称为单极性 SPWM 控制方式。

图 3.6.3 单极性 SPWM 控制方式

调节调制信号 u_r 的幅值可以使输出调制脉冲宽度作相应的变化,这能改变逆变器输出电压的基波幅值,从而可实现对输出电压的平滑调节;改变调制信号 u_r 的频率,则可以改变输出电压的频率。所以,从调节的角度来看,SPWM 逆变器非常适用于交流变频调速系统。

3.6.3 双极性 SPWM 控制方式

与单极性 SPWM 控制方式对应,另外一种 SPWM 控制方式称为双极性SPWM控制方式。单相桥式逆变电路采用双极性控制方式时的 SPWM 波形如图 3.6.4 所示。各开关管控制规律如下:

在 u_r 的正负半周内,对各开关管控制规律相同,同样在调制信号 u_r 和载波信号 u_c 的交点时刻控制各开关器件的导通、截止。当 $u_r > u_c$ 时，使晶体管 T_1、T_4 导通，使 T_2、T_3 截止，此时，$u_o = U_d$；当 $u_r < u_c$ 时，使晶体管 T_2、T_3 导通，使 T_1、T_4 截止，此时，$u_o = -U_d$。

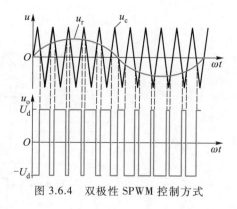

图 3.6.4　双极性 SPWM 控制方式

在双极性控制方式中，三角载波是正、负两个方向变化，所得到的 SPWM 波形也是在正、负两个方向变化。在 u_r 的一个周期内，PWM 输出只有 $\pm U_d$ 两种电平。逆变电路同一相上下两臂的驱动信号是互补的。在实际应用时，为了防止上下两个桥臂同时导通而造成短路，在给一个臂施加截止信号后，再延迟 Δt 时间，然后给另一个臂施加导通信号。延迟时间的长短取决于功率开关器件的关断时间。需要指出的是，这个延迟时间将会给输出的 SPWM 波形带来不利影响，使其偏离正弦波。

3.6.4　三相桥式逆变电路的 SPWM 控制

电压型三相桥式逆变电路的 SPWM 控制如图 3.6.5 所示，其控制方式为双极性方式。A、B、C 三相的 PWM 控制公用一个三角波载波信号 u_c，三相调制信号 u_{rA}、u_{rB}、u_{rC} 分别为三相正弦信号，其幅值和频率均相等，相位依次相差 120°。A、B、C 三相 PWM 控制规律相同。现以 A 相为例，当 $u_{rA} > u_c$ 时，使开关管 T_1 导通，T_4 截止，则 A 相相对于直流电源假想中性点 N′ 的输出电压为 $u_{AN'} = U_d/2$；当 $u_{rA} < u_c$ 时，使 T_1 截止，T_4 导通，则 $u_{AN'} = -U_d/2$，T_1、T_4 的驱动信号始终互补。其余两相控制规律相同。当给 $T_1(T_4)$ 加导通信号时，可能是 $T_1(T_4)$ 导通，也可能是二极管 $D_1(D_4)$ 续流导通，这取决于阻感负载中电流的方向。输出相电压和线电压的波形如图 3.6.6 所示。

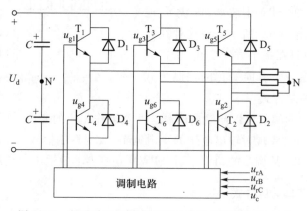

图 3.6.5　电压型三相桥式逆变电路的 SPWM 控制方式

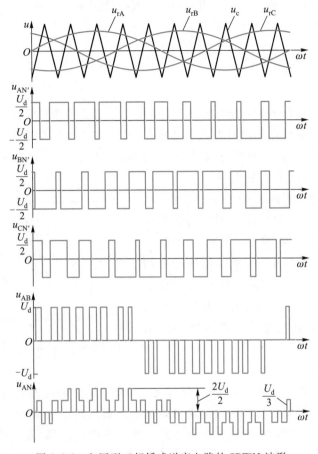

图 3.6.6　电压型三相桥式逆变电路的 SPWM 波形

3.6.5　SPWM 控制的逆变电路的优点

根据前面的分析,SPWM 逆变电路的优点可以归纳如下:

① 可以得到接近正弦波的输出电压,满足负载需要。

② 整流电路采用二极管整流,可获得较高的功率因数。

③ 只用一级可控的功率调节环节,电路结构简单。

④ 通过对输出脉冲宽度控制就可改变输出电压的大小,大大加快了逆变器的动态响应速度。

3.7　负载换流式逆变电路

在晶闸管逆变电路中,负载换流方式是利用负载电流相位超前电压的特点来实现换流,不用附加专门的换流电路,因此应用较多。

本节主要介绍感应加热电源中常用的两种负载换流式逆变电路——并联谐振逆变电路和串联谐振逆变电路。

3.7.1　并联谐振式逆变电路

1. 电路结构

并联谐振式逆变电路的原理图如图 3.7.1 所示。其直流电源通常由工频交流电源经三相相控整流后得到。在直流侧串有大滤波电感 L_d，从而构成电流型逆变电路。逆变桥由四个晶闸管桥臂构成，因工作频率较高，通常采用快速晶闸管，$L_1 \sim L_4$ 为四只电感量很小的电感，用于限制晶闸管电流上升率 di/dt。

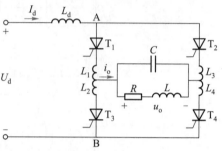

负载为中频电炉，实际上是一个感应线圈，图中 L 和 R 串联为其等效电路。因为负载功率因数很低，故并联补偿电容 C。电容 C 和电感 L、电阻 R 构成并联谐振电路，所以称这种电路为并联谐振式逆变电路。本电路采用负载换流，即要求负载电流超前电压，因此补偿电容应使负载过补偿，使负载电路工作在容性小失谐情况下。

图 3.7.1　并联谐振式逆变电路的原理图

2. 工作原理

因为并联谐振式逆变电路属电流型，故其交流输出电流波形接近矩形波，其中包含基波和各次谐波。工作时晶闸管交替触发的频率应接近负载电路谐振频率，故负载对基波呈现高阻抗，而对谐波呈现低阻抗，谐波在负载电路上几乎不产生压降，因此负载电压波形为正弦波。又因基波频率稍大于负载谐振频率，负载电路呈容性，i_o 超前电压 u_o 一定角度，达到自动换流关断晶闸管的目的。

逆变电路换流的工作过程如图 3.7.2 所示，工作波形如图 3.7.3 所示，其中 i_o、u_o 的参考方向同图 3.7.1 中相同。当开关管 T_1、T_4 稳定导通时，电流流动方向如图 3.7.2(a) 所示。电容 C 上的电压为左正右负。当在图 3.7.3 所示的 t_2 时刻触发 T_2、T_3，电路开始换流。由于 T_2、T_3 导通时，负载两端电压施加到 T_1、T_4 的两端，使 T_1、T_4 承受负向电压而截止。由于每个晶闸管都串有换相电抗器 L_T，故 T_1 和 T_4 在 t_2 时刻不能立刻截止，T_2、T_3 中的电流也不能立刻增大到稳定值。在换流期间，四个晶闸管都导通，由于时间短和大电感 L_d 的恒流作用，电源不会短路。当 $t=t_4$ 时刻，T_1、T_4 电流减至零而截止，直流侧电流 I_d 全部从 T_1、T_4 转移到 T_2、T_3，换流过程结束。$t_4-t_2=t_r$ 称为换流时间。T_1、T_4 中的电流下降到零以后，还需一段时间后才能恢复正向阻断能力，因此换流结束以后，还要使 T_1、T_4 承受一段反压时间 t_β 才能保证可靠截止。$t_\beta=t_5-t_4$ 应大于晶闸管截止时间 t_q。

从上面的分析可知，为了保证电路可靠换流，必须在输出电压 u_o 过零前 t_f 时刻触发 T_2、T_3，称 t_f 为触发引前时间。为了安全起见，必须使

$$t_f = t_r + kt_q \qquad (3.7.1)$$

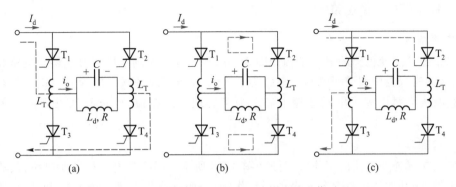

图 3.7.2 并联谐振式逆变电路换流的工作过程

式中,k 为大于 1 的安全系数,一般取 2~3。

负载的功率因数角 φ 由负载电流与电压的相位差决定,从图3.7.3可知

$$\varphi = \omega \left(\frac{t_r}{2} + t_\beta \right) \tag{3.7.2}$$

式中,ω 为电路的工作频率。

3. 电路参数计算

① 负载电流 i_o 和直流侧电流 I_d 的关系。如果忽略换流过程,i_o 为矩形波。展开成傅里叶级数,得

$$i_o = \frac{4I_d}{\pi} \left(\sin \omega t + \frac{1}{3} \sin 3\omega t + \frac{1}{5} \sin 5\omega t + \cdots \right) \tag{3.7.3}$$

其基波电流有效值

$$I_{o1} = \frac{4I_d}{\sqrt{2}\,\pi} = 0.9 I_d \tag{3.7.4}$$

② 负载电压有效值 U_o 和直流电压 U_d 的关系。逆变电路的输入功率 P_i 为

$$P_i = U_d I_d \tag{3.7.5}$$

逆变电路的输出功率 P_o 为

$$P_o = U_o I_{o1} \cos \varphi \tag{3.7.6}$$

因为 $P_o = P_i$,于是可求得

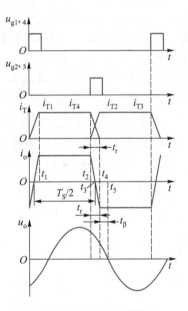

图 3.7.3 并联谐振式逆变
电路的工作波形

$$U_o = \frac{\pi U_d}{2\sqrt{2} \cos \varphi} = 1.11 \frac{U_d}{\cos \varphi} \tag{3.7.7}$$

3.7.2 串联谐振式逆变电路

1. 电路结构

串联谐振式逆变电路的电路结构如图 3.7.4 所示,其直流侧采用不可控整流电路和大电容滤波,从而构成电压型逆变电路。电路为了续流,设置了反并联二极管 $D_1 \sim D_4$。补偿电容 C 和负载电感线圈构成了串联谐振电路。为了实现负载换流,要求补偿以后的总负载呈容性。

2. 工作原理

串联谐振式逆变电路的工作波形图如图 3.7.5 所示。因为是电压型逆变电路,其输出电压为矩形波,除基波外还包含各次谐波。工作时,逆变电路频率接近谐振频率,故负载对基波电压呈现低阻抗,基波电流很大,而对谐波分量呈现高阻抗,谐波电流很小,所以负载电流基本为正弦波。另外,还要求电路工作频率略低于电路的谐振频率,以使负载电路呈容性,负载电流超前电压,实现负载换流。

设晶闸管 T_1、T_4 导通,电流从 A 流向 B,u_o 左正右负。由于电流超前电压,当 $t=t_1$ 时,电流为零。当 $t>t_1$ 时,电流反向。由于 T_2、T_3 截止,反向电流通过二极管 D_1、D_4 续流,T_1、T_4 承受反向电压而截止。当 $t=t_2$ 时,触发 T_2、T_3,负载两端电压极性反向,即左负右正,D_1、D_4 截止,电流从 T_2、T_3 中流过。当 $t>t_3$ 时,电流再次反向,电流通过 D_2、D_3 续流,T_2、T_3 承受反向电压而截止。当 $t=t_4$ 时,再触发 T_2、T_3。二极管导通时间 t_f 即为晶闸管反压时间,要使晶闸管可靠关断,t_f 应大于晶闸管关断时间 t_q。

串联谐振式逆变电路开通和关断容易,但对负载的适应性较差。当负载参数变化较大且配合不当时,会影响功率输出,因此串联谐振式逆变电路适用于淬火热加工等需要频繁启动、负载参数变化较小和工作频率较高的场合。

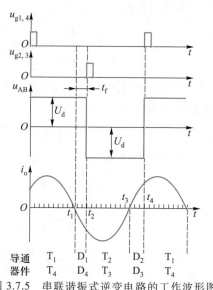

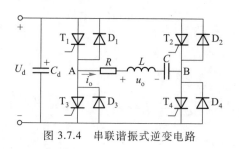

图 3.7.4　串联谐振式逆变电路　　　图 3.7.5　串联谐振式逆变电路的工作波形图

思考题与习题

3.1　什么是电压型和电流型逆变电路？各有何特点？

3.2　电压型逆变电路中反馈二极管的作用是什么？

3.3　为什么在电流型逆变电路的可控器件上要串联二极管？

3.4　三相桥式电压型逆变电路采用 180°导电方式，当其直流侧电压 $U_d = 100$ V 时，

（1）求输出相电压基波幅值和有效值；

（2）求输出线电压基波幅值和有效值；

（3）输出线电压中 5 次谐波的有效值。

3.5　全控型器件组成的电压型三相桥式逆变电路能否构成 120°导电型？为什么？

3.6　并联谐振型逆变电路利用负载电压进行换流，为了保证换流成功，应满足什么条件？

3.7　试说明 PWM 控制的工作原理。

3.8　单极性和双极性 PWM 调制有什么区别？

3.9　试说明 PWM 控制的逆变电路有何优点。

3.10　图题 3.10 所示的全桥逆变电路，如负载为 RLC 串联，$R = 10\ \Omega$，$L = 31.8$ mH，$C = 159\ \mu$F，逆变器频率 $f = 100$ Hz，$U_d = 110$ V，求：

（1）基波电流的有效值；

（2）负载电流的谐波系数。

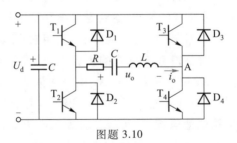

图题 3.10

3.11　在图题 3.10 所示的单相全桥逆变电路中，直流电源 $U_d = 300$ V，向 $R = 5\ \Omega$，$L = 0.02$ H 的阻感负载供电。若输出电压波形为近似方波，占空比 $D = 0.8$，工作频率为 60 Hz，试确定负载电流波形，并分析谐波含量。计算时可略去换相的影响和逆变电路的损耗，试求对应于每种谐波的负载功率。

第 3 章部分习题参考答案　　　　第 3 章课件

第4章 整流电路

实现交流电能转换为直流电能的电路称为整流电路。

整流电路的电路类型很多,按照输入交流电源的相数不同可分为单相、三相和多相整流电路;按电路中组成的电力电子器件控制特性不同可分为不可控、半控和全控整流电路;根据整流电路的结构形式不同,又可分为半波、全波和桥式整流电路等类型。另外,整流输出端所接负载的性质也对整流电路的输出电压和电流有很大的影响,常见的负载有电阻性负载、电感性负载和反电动势负载等几种。

在实际应用中需要电压不变的直流电源,利用电力二极管的单向导电特性可将交流电能变成电压固定的直流电能,这种电路称为二极管整流电路。

在直流电动机调速,同步电机励磁、电焊等场合往往需要电压大小可调的直流电源。利用晶闸管的单向可控导电性,控制其控制角能把交流电能变成电压大小可调的直流电能,以满足各种直流负载的要求,这种整流电路称为相控整流电路。

相控整流电路结构简单、控制方便、性能稳定,利用它可以方便地得到大、中、小各种容量的直流电能,是目前获得直流电能的重要方法,得到了广泛应用。但是,晶闸管相控整流电路中随着触发控制角 α 的增大,电流中谐波分量相应增大,因此功率因数很低。把逆变电路中的 SPWM 控制技术用于整流电路,就构成了 PWM 整流电路。通过对 PWM 整流电路的适当控制,可以使其输入电流非常接近正弦波,且和输入电压同相位,功率因数近似为 1。这种整流电路也可以称为高功率因数整流器,它具有广泛的应用前景。

本章主要研究单相、三相相控整流电路的工作原理、基本数量关系、各种负载对整流电路工作情况的影响以及移相控制整流电路的方法,还介绍大功率场合的整流电路的工作原理。由于电力二极管构成的不可控整流电路与晶闸管组成的相控整流电路在移相角为零时的工作情况相同,故本章不作专门介绍,对于 PWM 整流电路只作一般性的介绍。

4.1 整流器的性能指标

利用电力电子器件的可控开关特性把交流电能变为直流电能的整流电路构成的系统称

为整流器。整流器的电路种类很多,电路性能和控制方式各异,但是它们必须满足如下要求:

① 输出的直流电压大小可以控制。

② 输出直流侧电压中的纹波和交流侧电流的纹波都必须限制在允许范围以内。

③ 整流器的效率要高。

在实际应用中,必须精心设计整流器和选择适当的控制方式,使之满足上述要求。一般地说,衡量整流器的性能指标如下。

1. 电压纹波系数 γ_u

整流器的输出电压是脉动的,其中除了有主要的直流成分外,还有一定的交流谐波成分。称整流器输出电压的交流纹波有效值 U_H 与直流平均值 U_D 之比为电压纹波系数 γ_u。即

$$\gamma_u = \frac{U_H}{U_D} \tag{4.1.1}$$

如果直流输出电压有效值用 U 表示,则 $U_H = \sqrt{U^2 - U_D^2}$,因此有

$$\gamma_u = \sqrt{\left(\frac{U}{U_D}\right)^2 - 1} \tag{4.1.2}$$

2. 电压脉动系数 S_n

若第 n 次谐波峰值为 U_{nm},则定义 U_{nm} 与 U_D 之比称为电压脉动系数 S_n,即

$$S_n = \frac{U_{nm}}{U_D} \tag{4.1.3}$$

3. 输入电流总畸变率 *THD*

通常,整流器输入电压都是正弦波,但输出电流中交流谐波非常丰富,为各次谐波电流之和。输入电流总畸变率 *THD*(total harmonic distortion)又称谐波因数 *HF*(harmonic factor),是指除基波电流以外的所有谐波电流有效值与基波电流有效值之比,即

$$THD = \sqrt{\frac{I_s^2 - I_{s1}^2}{I_{s1}}} = \left[\left(\frac{I_s}{I_{s1}}\right)^2 - 1\right]^{\frac{1}{2}} = \sqrt{\sum_{n=2}^{\infty} I_{sn}^2 / I_{s1}} \tag{4.1.4}$$

式中,I_{sn} 为 n 次谐波电流有效值,I_{s1} 为基波电流有效值。

4. 输入功率因数 *PF*

交流电源输入有功功率平均值 P 与其视在功率 S 之比称为输入功率因数 *PF*(power factor),即

$$PF = \frac{P}{S} \tag{4.1.5}$$

$$S = U_s I_s$$

对于无畸变的正弦波,谐波电流在一个周期内的平均功率为零,只有基波电流 I_{s1} 形成有功功率

$$P = U_s I_{s1} \cos \varphi_1$$

式中,φ_1 是输入电压与输入电流基波分量之间的相位角,则 $\cos \varphi_1$ 称为基波位移因数(或基波功率因数),于是输入功率因数为

$$PF = \frac{P}{S} = \frac{U_s I_{s1} \cos \varphi_1}{U_s I_s} = \frac{I_{s1}}{I_s} \cos \varphi_1 \qquad (4.1.6)$$

式中,$\dfrac{I_{s1}}{I_s}$ 称为基波因数,且有

$$\frac{I_{s1}}{I_s} = \frac{I_{s1}}{\sqrt{I_{s1}^2 + \sum_{n=2}^{\infty} I_{sn}^2}} = \frac{1}{\sqrt{1 + \sum_{n=2}^{\infty} I_{sn}^2 / I_{s1}}} = \frac{1}{\sqrt{1 + THD^2}}$$

所以

$$PF = \frac{\cos \varphi_1}{\sqrt{1 + THD^2}} \qquad (4.1.7)$$

式(4.1.7)表明:功率因数由基波电流相移和电流波形畸变这两个因素共同决定。φ_1 越小,基波功率因数 $\cos \varphi_1$ 越大,相应的 PF 也越大。另一方面,输入电流总畸变率 THD 越小,PF 越大,当 $THD = 0$ 时,$PF = \cos \varphi_1$。

4.2 单相相控整流电路

单相相控整流电路可分为单相半波、单相全波和单相桥式相控整流电路,它们所连接的负载性质不同就会有不同的特点。下面分析各种单相相控整流电路在带电阻性负载、电感性负载和反电动势负载时的工作情况。

4.2.1 单相半波相控整流电路

1. 电阻性负载

图 4.2.1(a)是单相半波相控整流带电阻性负载的电路。图中 Tr 称为整流变压器,其二次输出电压为

$$u_2 = \sqrt{2} U_2 \sin \omega t \qquad (4.2.1)$$

在电源正半周,晶闸管 T 承受正向电压,电角度 α 期间由于未加触发脉冲 u_g,T 处于正向截止状态而承受全部电压 u_2,负载 R_d 中无电流流过,负载上电压 u_d 为零。在 $\omega t = \alpha$ 时,T 被 u_g 触发导通,电源电压 u_2 全部加在 R_d 上(忽略管压降),到 $\omega t = \pi$ 时,电压 u_2 过零,在上述电压变化过程中,$u_d = u_2$。随着电压的下降,电流也下降,当电流下降到小于晶闸管的维持电流时,晶闸管 T 截止,此时 i_d、u_d 均为零。在 u_2 的负半周,T 承受反向电压,一直处于反向

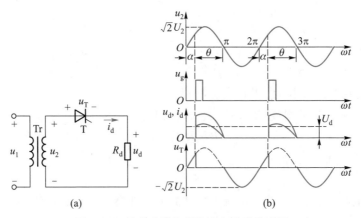

图 4.2.1 单相半波相控整流电路及其波形

状态,u_2 全部加在 T 两端,直到下一个周期的触发脉冲 u_g 到来后,T 又被触发,电路工作情况又重复上述过程,其波形图如图 4.2.1(b)所示。

在单相相控整流电路中,晶闸管从承受正向电压起到触发导通之间的电角度 α 称为控制角(或移相角)。晶闸管在一个周期内导通的电角度称为导通角,用 θ 表示。对于图 4.2.1(a)所示的电路,若控制角为 α,则晶闸管的导通角为

$$\theta = \pi - \alpha \tag{4.2.2}$$

根据波形图 4.2.1(b),可求出整流输出电压平均值为

$$U_d = \frac{1}{2\pi}\int_\alpha^\pi \sqrt{2}\,U_2\sin\omega t\,\mathrm{d}(\omega t) = \frac{\sqrt{2}}{\pi}U_2\frac{1+\cos\alpha}{2} = 0.45U_2\frac{1+\cos\alpha}{2} \tag{4.2.3}$$

式(4.2.3)表明:只要改变控制角 α(即改变触发时刻),就可以改变整流输出电压的平均值,达到相控整流的目的。这种通过控制触发脉冲的相位来控制直流输出电压大小的方式称为相位控制方式,简称相控方式。

当 $\alpha = \pi$ 时,$U_d = 0$;当 $\alpha = 0$ 时,$U_d = 0.45U_2$ 为最大值。整流输出电压 U_d 的平均值从最大值变化到零时,控制角 α 的变化范围称为移相范围。显然,单相半波相控整流电路带电阻性负载时的移相范围为 π。

根据有效值的定义,整流输出电压的有效值为

$$U = \sqrt{\frac{1}{2\pi}\int_\alpha^\pi (\sqrt{2}\,U_2\sin\omega t)^2 \cdot \mathrm{d}(\omega t)} = U_2\sqrt{\frac{\sin 2\alpha}{4\pi} + \frac{\pi - \alpha}{2\pi}} \tag{4.2.4}$$

整流输出电流的平均值 I_d 和有效值 I 分别为

$$I = \frac{U}{R_d} \tag{4.2.5}$$

$$I_d = \frac{U_d}{R_d} \tag{4.2.6}$$

电流的波形系数 K_f 为

$$K_f = \frac{I}{I_d} = \frac{\sqrt{\dfrac{\sin 2\alpha}{4\pi} + \dfrac{\pi - \alpha}{2\pi}}}{\dfrac{\sqrt{2}}{\pi} \cdot \dfrac{1 + \cos\alpha}{2}} = \frac{\sqrt{\pi \sin 2\alpha + 2\pi(\pi - \alpha)}}{\sqrt{2}(1 + \cos\alpha)} \qquad (4.2.7)$$

式(4.2.7)表明:控制角 α 越大,波形系数 K_f 越大。

如果忽略晶闸管 T 的损耗,则变压器二次输出有功功率为

$$P = R_d I^2 = UI \qquad (4.2.8)$$

电源输入的视在功率为

$$S = U_2 I \qquad (4.2.9)$$

对于整流电路,交流电源输入电流中除基波电流外还含有谐波电流,基波电流与基波电压(即电源输入正弦电压)一般不同相,因此交流电源视在功率 S 要大于有功功率 P。计算出图 4.2.1(a)所示电路的功率因数

$$PF = \frac{P}{S} = \frac{UI}{U_2 I} = \frac{U}{U_2} = \sqrt{\frac{\sin 2\alpha}{4\pi} + \frac{\pi - \alpha}{2\pi}} \qquad (4.2.10)$$

从式(4.2.10)可知,功率因数是控制角 α 的函数,且 α 越大,相控整流输出电压越低,功率因数 PF 越小。当 $\alpha = 0$ 时,$PF = 0.707$ 为最大值。这是因为电路的输出电流中不仅存在谐波,而且基波电流与基波电压(即电源输入正弦电压)也不同相,即使是电阻性负载,PF 也不会等于 1。

必须注意:晶闸管 T 可能承受的峰-峰值电压为 $\sqrt{2}\,U_2$,管子两端电压 u_T 的波形如图 4.2.1(b)所示。

例 4.2.1 有一单相半波相控整流电路,负载电阻 $R_d = 10\ \Omega$,直接接到交流 220 V 电源上,如图 4.2.2 所示。在控制角 $\alpha = 60°$ 时,求输出电压平均值 U_d、输出电流平均值 I_d 和有效值 I,并选择晶闸管元件(考虑两倍裕量)。

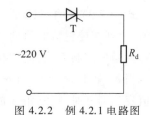

图 4.2.2 例 4.2.1 电路图

解:根据单相半波相控整流电路的计算公式可得输出平均电压

$$\begin{aligned}
U_d &= 0.45 U_2 (1 + \cos\alpha)/2 \\
&= 0.45 \times 220 \times (1 + \cos 60°)/2\ \text{V} \\
&= 74.25\ \text{V}
\end{aligned}$$

输出电压有效值为

$$U = U_2 \sqrt{\frac{\sin 2\alpha}{4\pi} + \frac{\pi - \alpha}{2\pi}} = 220 \times \sqrt{\frac{\sin 2 \times 60°}{4\pi} + \frac{\pi - 60°}{2\pi}}\ \text{V} \approx 139.5\ \text{V}$$

输出平均电流

$$I_d = U_d / R_d = 74.25/10\ \text{A} = 7.425\ \text{A}$$

输出电流有效值为

$$I = U/R_\mathrm{d} = 139.5/10 \text{ A} = 13.95 \text{ A}$$

晶闸管承受的最大峰-峰值电压

$$U_\mathrm{TM} = \sqrt{2}\,U_2 = \sqrt{2} \times 220 \text{ V} = 311 \text{ V}$$

考虑取 2 倍裕量,则晶闸管峰-峰值电压 $U_\mathrm{DRM} \geqslant 2 \times 311 \text{ V} = 622 \text{ V}$,故选 700 V 的晶闸管。

晶闸管的额定电流为 $I_\mathrm{T(AV)}$(正弦半波电流平均值),额定电流有效值为 $I_\mathrm{T} = 1.57 I_\mathrm{T(AV)}$。选择晶闸管电流的原则是,它的额定电流有效值必须大于或等于实际流过晶闸管的最大电流有效值(还要考虑 2 倍裕量),即

$$1.57 I_\mathrm{T(AV)} \geqslant 2I$$

$$I_\mathrm{T(AV)} \geqslant \frac{2I}{1.57} \text{ A} = \frac{2 \times 13.95}{1.57} \text{ A} = 17.8 \text{ A}$$

取 20 A,故晶闸管的型号选为 KP20-7。

2. 电感性负载

整流电路的负载常常是电感性负载。感性负载可以等效为电感 L 和电阻 R_d 串联。图 4.2.3(a)是带感性负载的单相半波相控整流电路,图(b)为各电量波形图。

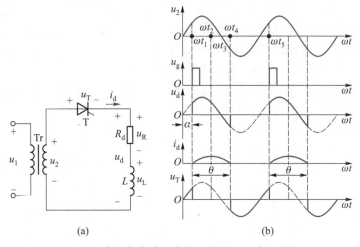

图 4.2.3 感性负载单相半波相控整流电路及其波形

当正半周 $\omega t = \omega t_1 = \alpha$ 时,触发晶闸管 T,u_2 加到感性负载上。由于电感中感应电动势的作用,电流 i_d 只能从零开始上升,到 $\omega t = \omega t_2$ 时达最大值,随后 i_d 开始减小。由于电感中感应电动势要阻碍电流的减小,到 $\omega t = \omega t_3$ 时,u_2 过零变负,i_d 并未下降到零,而在继续减小,此时负载上的电压 u_d 为负值。直到 $\omega t = \omega t_4$ 时,电感上的感应电动势与电源电压相等,i_d 下降到零,晶闸管 T 截止。此后晶闸管承受反压,到下一周期的 ωt_5 时刻,触发脉冲又使晶闸管导通,并重复上述过程。

从图 4.2.3(b)可知,在电角度 α 到 π 期间,负载上电压为正;在 π 到 $(\theta + \alpha)$ 期间,负载上电压为负,因此与电阻性负载相比,感性负载上所得到的输出电压平均值变小了,其值可由

下式计算

$$U_d = U_{dR} + U_{dL} = \frac{1}{2\pi}\int_{\alpha}^{\alpha+\theta} u_R \mathrm{d}(\omega t) + \frac{1}{2\pi}\int_{\alpha}^{\alpha+\theta} u_L \mathrm{d}(\omega t) \qquad (4.2.11)$$

$$U_{dL} = \frac{1}{2\pi}\int_{\alpha}^{\alpha+\theta} u_L \mathrm{d}(\omega t) = \frac{1}{2\pi}\int_{\alpha}^{\alpha+\theta} L\frac{\mathrm{d}i_d}{\mathrm{d}t}\mathrm{d}(\omega t) = \frac{\omega L}{2\pi}\int_0^0 \mathrm{d}i_d = 0 \qquad (4.2.12)$$

故

$$U_d = \frac{1}{2\pi}\int_{\alpha}^{\alpha+\theta} u_R \mathrm{d}(\omega t) \qquad (4.2.13)$$

式(4.2.13)表明,感性负载上的电压平均值等于负载电阻上的电压平均值。

　　由于负载中存在电感,使负载电压波形出现负值部分,晶闸管的导通角 θ 变大,且负载中 L 越大,θ 越大,输出电压波形图上负向的面积越大,从而使输出电压平均值减小。在大电感负载 $\omega L \gg R_d$ 的情况下,负载电压波形图中正、负面积相近,即不论 α 为何值,$\theta \approx 2\pi - 2\alpha$,都有 $U_d = 0$,其波形如图 4.2.4 所示。

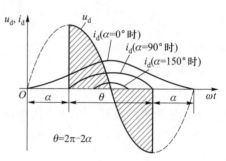

图 4.2.4　$\omega L \gg R$ 时,不同 α 的
电压、电流波形

　　由以上分析可知,在单相半波相控整流电路中,由于电感的存在,整流输出电压的平均值将减小,特别在大电感负载($\omega L \gg R_d$)时,输出电压平均值接近于零,负载上得不到应有的电压。解决的方法是在负载两端并联续流二极管 D,如图 4.2.5(a)所示。

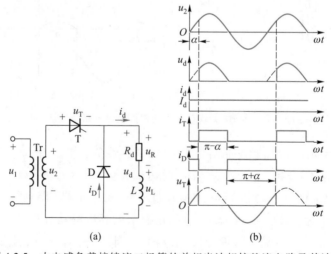

图 4.2.5　大电感负载接续流二极管的单相半波相控整流电路及其波形

　　如图 4.2.5(a)所示电路,在电源电压正半周 $\omega t = \alpha$ 时,触发晶闸管导通,二极管 D 承受

反向电压截止,负载上电压波形和不接二极管时相同。当电源电压过零变负时,二极管因正向电压而导通,负载上电感维持的电流经二极管继续流通,故二极管 D 称为续流二极管。二极管导通时,晶闸管被加上反向电压而截止,此时负载上电压为零(忽略二极管压降),不会出现负电压。

综上所述,在电源电压正半周,负载电流由晶闸管导通提供;电源电压负半周时,续流二极管 D 维持负载电流,因此负载电流是一个连续且较平稳的直流电流。大电感负载时,负载电流波形是一条平行于横轴的直线,其值为 I_d,波形图如图 4.2.5(b) 所示。

若设 θ_T 和 θ_D 分别为晶闸管和续流二极管在一个周期内的导通角,则容易得出流过晶闸管的电流平均值为

$$I_{dT} = \frac{\theta_T}{2\pi}I_d = \frac{\pi - \alpha}{2\pi}I_d \tag{4.2.14}$$

流过续流二极管的电流平均值为

$$I_{dD} = \frac{\theta_D}{2\pi}I_d = \frac{\pi + \alpha}{2\pi}I_d \tag{4.2.15}$$

流过晶闸管和续流管的电流有效值分别为

$$I_T = \sqrt{\frac{\theta_T}{2\pi}}I_d = \sqrt{\frac{\pi - \alpha}{2\pi}}I_d \tag{4.2.16}$$

$$I_D = \sqrt{\frac{\theta_D}{2\pi}}I_d = \sqrt{\frac{\pi + \alpha}{2\pi}}I_d \tag{4.2.17}$$

晶闸管与续流二极管承受的最大电压均为 $\sqrt{2}U_2$。

单相半波相控整流电路的优点是:线路简单、调整方便。缺点是:输出电压脉动大,负载电流脉动大(电阻性负载时),且整流变压器二次绕组中存在直流电流分量,使铁心直流磁化偏磁,变压器容量不能充分利用。若不用变压器,则交流回路有直流电流,使电网波形畸变引起额外损耗,因此单相半波相控整流电路只适用于小容量、波形要求不高的场合。

4.2.2 单相桥式相控整流电路

单相半波相控整流电路因其性能较差,实际中很少采用,在中小功率场合采用更多的是单相全控桥式整流电路。

1. 电阻性负载

单相全控桥式整流电路带电阻性负载的电路如图 4.2.6(a) 所示。其中 Tr 为整流变压器,晶闸管 T_1、T_4、T_3、T_2 组成 a、b 两个桥臂,变压器二次电压 u_2 接在 a、b 两点,$u_2 = U_{2m}\sin\omega t$ $= \sqrt{2}U_2\sin\omega t$,四只晶闸管组成整流桥。负载电阻是纯电阻 R_d。

当交流电源电压 u_2 进入正半周时,a 端电位高于 b 端电位,两个晶闸管 T_1、T_2 同时承受正向电压,如果此时门极无触发信号 u_g,则两个晶闸管仍处于正向截止状态,其等效电阻远大于负载电阻 R_d,电源电压 u_2 将全部加在 T_1 和 T_2 上,$u_{T1} \approx u_{T2} = \frac{1}{2}u_2$,负载上电压 $u_d = 0$。

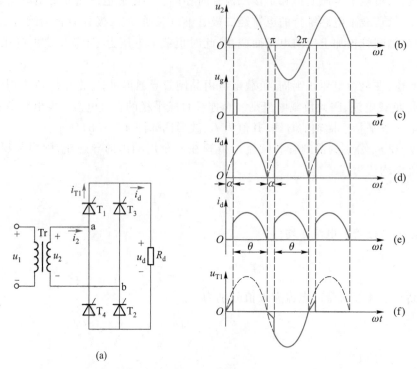

图 4.2.6　单相全控桥式整流电路带电阻性负载的电路与工作波形

在 $\omega t = \alpha$ 时,给晶闸管 T_1 和 T_2 同时加触发脉冲,则两晶闸管立即触发导通,电源电压 u_2 将通过 T_1 和 T_2 加在负载电阻 R_d 上。在 u_2 正半周,T_3 和 T_4 均承受反向电压而处于截止状态。由于晶闸管导通时管压降可视为零,则负载 R_d 两端的整流电压 $u_d = u_2$。当电源电压 u_2 降到零时,电流 i_d 也降为零,T_1 和 T_2 截止。

电源电压 u_2 进入负半周时,b 端电位高于 a 端电位,两个晶闸管 T_3、T_4 同时承受正向电压,在 $\omega t = \pi + \alpha$ 时,同时给 T_3、T_4 加触发脉冲使其导通,电流经 T_3、R_d、T_4、Tr 二次侧形成回路。在负载 R_d 两端获得与 u_2 正半周相同波形的整流电压和电流,这期间 T_1 和 T_2 均承受反向电压而处于截止状态。

当 u_2 由负半周电压过零变正时,晶闸管 T_3、T_4 因电流过零而截止。在此期间 T_1、T_2 因承受反向电压而截止,u_d、i_d 又降为零。一个周期过后,T_1、T_2 在 $\omega t = 2\pi + \alpha$ 时刻又被触发导通,依此循环。很明显,上述两组触发脉冲在相位上相差 180°,这就形成了如图 4.2.6(b) ~ (f) 所示的波形图。

分析电路工作原理可知,在交流电源 u_2 的正、负半周里,两组晶闸管 T_1、T_2 和 T_3、T_4 轮流触发导通,将交流电变成脉动的直流电。改变触发脉冲出现的时刻,即改变 α 的大小,u_d、i_d 的波形和平均值大小随之改变。

整流输出电压的平均值可按下式计算

$$U_d = \frac{1}{\pi} \int_\alpha^\pi \sqrt{2}\, U_2 \sin \omega t\, \mathrm{d}(\omega t) = \frac{\sqrt{2}}{\pi} U_2 (1 + \cos \alpha) = 0.9 U_2 \frac{1 + \cos \alpha}{2} \qquad (4.2.18)$$

由式(4.2.18)可知, U_{d} 为最小值时, $\alpha = 180°$; U_{d} 为最大值时, $\alpha = 0°$, 所以单相全控桥式整流电路带电阻性负载时, α 的移相范围是 $0° \sim 180°$。

整流输出电压的有效值为

$$U = \sqrt{\frac{1}{\pi}\int_{\alpha}^{\pi}(\sqrt{2}\,U_2\sin\,\omega t)^2\mathrm{d}(\omega t)} = U_2\sqrt{\frac{\sin 2\alpha}{2\pi} + \frac{\pi - \alpha}{\pi}} \tag{4.2.19}$$

输出电流的平均值和有效值分别为

$$I_{\mathrm{d}} = \frac{U_{\mathrm{d}}}{R_{\mathrm{d}}} = 0.9\,\frac{U_2}{R_{\mathrm{d}}}\,\frac{1 + \cos\,\alpha}{2} \tag{4.2.20}$$

$$I = \frac{U}{R_{\mathrm{d}}} = \frac{U_2}{R_{\mathrm{d}}}\sqrt{\frac{\sin 2\alpha}{2\pi} + \frac{\pi - \alpha}{\pi}} \tag{4.2.21}$$

流过每个晶闸管的平均电流为输出电流平均值的一半, 即

$$I_{\mathrm{dT}} = \frac{1}{2}I_{\mathrm{d}} = 0.45\,\frac{U_2}{R_{\mathrm{d}}} \cdot \frac{1 + \cos\,\alpha}{2} \tag{4.2.22}$$

流过每个晶闸管的电流有效值为

$$I_{\mathrm{T}} = \sqrt{\frac{1}{2\pi}\int_{\alpha}^{\pi}\left(\frac{\sqrt{2}\,U_2}{R_{\mathrm{d}}}\sin\,\omega t\right)^2\mathrm{d}(\omega t)} = \frac{U_2}{\sqrt{2}\,R_{\mathrm{d}}}\sqrt{\frac{\sin 2\alpha}{2\pi} + \frac{\pi - \alpha}{\pi}} = \frac{I}{\sqrt{2}} \tag{4.2.23}$$

晶闸管在导通时管压降 $u_{\mathrm{d}} = 0$, 故其波形为与横轴重合的直线段; T_1 和 T_2 加正向电压但触发脉冲没到时, 4 个晶闸管都不导通, 假定 T_1 和 T_2 两晶闸管漏电阻相等, 则每个元件承受的最大可能的正向电压等于 $\frac{\sqrt{2}}{2}U_2$; T_1 和 T_2 反向截止时漏电流为零, 只要另一组晶闸管导通, 就把整个电压 u_2 加到 T_1 或 T_2 上, 故两个晶闸管承受的最大反向电压为 $\sqrt{2}\,U_2$。

在一个周期内每个晶闸管只导通一次, 流过晶闸管的电流波形系数为

$$K_{\mathrm{fT}} = \frac{I_{\mathrm{T}}}{I_{\mathrm{dT}}} = \frac{\dfrac{U_2}{\sqrt{2}\,R_{\mathrm{d}}}\sqrt{\dfrac{\sin 2\alpha}{2\pi} + \dfrac{\pi - \alpha}{\pi}}}{\dfrac{\sqrt{2}\,U_2}{\pi R_{\mathrm{d}}}\dfrac{1 + \cos\,\alpha}{2}} = \frac{\sqrt{\pi\sin 2\alpha + 2\pi(\pi - \alpha)}}{\sqrt{2}(1 + \cos\,\alpha)} \tag{4.2.24}$$

与半波整流时相同。但是负载电流的波形系数为

$$K_{\mathrm{f}} = \frac{I}{I_{\mathrm{d}}} = \frac{\sqrt{\pi\sin 2\alpha + 2\pi(\pi - \alpha)}}{2(1 + \cos\,\alpha)} \tag{4.2.25}$$

在一个周期内电源通过变压器 Tr 两次向负载提供能量, 因此负载电流有效值 I 与变压器二次电流有效值 I_2 相同, 那么电路的功率因数可以按下式计算

$$PF = \frac{P}{S} = \frac{UI}{U_2I_2}\,\frac{U}{U_2} = \sqrt{\frac{\sin 2\alpha}{2\pi} + \frac{\pi - \alpha}{\pi}} \tag{4.2.26}$$

通过上述分析, 对单相全控桥式整流电路与半波整流电路可作如下比较:

① α 的移相范围相等, 均为 $0° \sim 180°$。

② 输出电压平均值 U_d 是半波整流电路的 2 倍。

③ 在相同的负载功率下,流过晶闸管的平均电流减小一半。

④ 功率因数提高了 $\sqrt{2}$ 倍。

例 4.2.2 如图 4.2.7 所示的单相全控桥式整流电路,$R_d = 4\ \Omega$,要求 I_d 在 $0 \sim 25$ A之间变化,求:

(1) 整流变压器 Tr 的变比(不考虑裕量);

(2) 连接导线的截面积(取允许电流密度 $j = 6\ \text{A/mm}^2$);

(3) 选择晶闸管的型号(考虑 2 倍裕量);

(4) 在不考虑损耗的情况下,选择整流变压器的容量;

(5) 计算负载电阻的功率;

(6) 计算电路的最大功率因数。

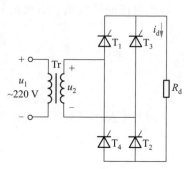

图 4.2.7 例 4.2.2 图

解:(1) 负载上的最大平均电压为

$$U_{dmax} = R_d I_{dmax} = 4 \times 25\ \text{V} = 100\ \text{V}$$

又因为

$$U_d = 0.9 U_2 \frac{1 + \cos\alpha}{2}$$

当 $\alpha = 0$ 时,U_d 最大,即 $U_{dmax} = 0.9 U_2$,则

$$U_2 = \frac{U_{dmax}}{0.9} = \frac{100}{0.9}\ \text{V} = 111\ \text{V}$$

所以变压器的变比为

$$k = \frac{U_1}{U_2} = \frac{220}{111} \approx 2$$

(2) 因为 $\alpha = 0$ 时 i_d 的波形系数为

$$K_f = \frac{\sqrt{\pi \sin 2\alpha + 2\pi(\pi - \alpha)}}{2(1 + \cos\alpha)} = \frac{\sqrt{2\pi^2}}{4} \approx 1.11$$

所以负载电流有效值为

$$I = K_f I_d = 1.11 \times 25\ \text{A} = 27.75\ \text{A}$$

所选导线截面积为(设每平方毫米截面积铜线的安全电流为 6 A)

$$A \geqslant I/J = 27.75/6\ \text{mm}^2 = 4.625\ \text{mm}^2$$

选 BU-70 铜线。

(3) 因 $I_T = \dfrac{I}{\sqrt{2}}$,则晶闸管的额定电流为

$$I_{TN(AV)} \geqslant \frac{I_T}{1.57} = \frac{27.75}{\sqrt{2} \times 1.57}\ \text{A} \approx 12.5\ \text{A}$$

考虑 2 倍裕量, 取 30 A。

晶闸管承受最大电压

$$U_{TM} = \sqrt{2}\, U_2 = \sqrt{2} \times 111\ V = 157\ V$$

考虑到 2 倍裕量, 取 400 V, 选择 KP30-4 的晶闸管。

(4) $S = U_2 I_2 = U_2 I = 111 \times 27.75\ V \cdot A = 3.08\ kV \cdot A$

(5) $P_R = \dfrac{U_{Rd}^2}{R_d} = \dfrac{U_2^2}{R_d} = U_2 I = 111 \times 27.75\ W = 3.08\ kW$

(6) $PF = \sqrt{\dfrac{\sin 2\alpha}{2\pi} + \dfrac{\pi - \alpha}{\pi}}$

$\alpha = 0°$ 时, $PF = 1$。

2. 电感性负载

当负载由电感与电阻组成时称为阻感性负载。例如各种电机的励磁绕组, 整流输出端接有平波电抗器的负载等。单相全控桥式整流电路带阻感性负载的电路如图 4.2.8(a)所示。由于电感中的电流不能突变, 即电感具有阻碍电流变化的作用。当流过电感中的电流变化时, 在电感两端将产生感应电动势 u_L。负载中电感量的大小不同, 整流电路的工作情况及输出 u_d、i_d 的波形具有不同的特点。当负载电感量 L 较小(即负载阻抗角 φ), 控制角 α 较大, 且 $\alpha > \varphi$ 时, 负载上的电流不连续; 当电感 L 增大时, 负载上的电流不连续的可能性就会减小; 当电感 L 很大, 且 $\omega L_d \gg R_d$ 时, 这种负载称为大电感负载。此时大电感阻止负载中电流的变化, 负载电流连续, 可看作一条水平直线。各电量的波形如图 4.2.8(b)所示。

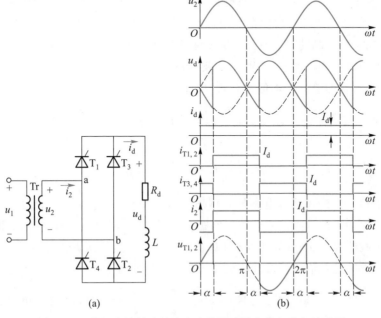

图 4.2.8　单相全控桥式整流电路带阻感性负载电路与波形图

在电源电压 u_2 正半周期间,晶闸管 T_1、T_2 承受正向电压,若在 $\omega t = \alpha$ 时触发,T_1、T_2 导通,电流经 T_1、负载、T_2 和 Tr 二次侧形成回路,但由于大电感的存在,u_2 过零变负时,电感上的感应电动势使 T_1、T_2 继续导通,直到 T_3、T_4 被触发导通时,T_1、T_2 承受反向电压而截止。输出电压的波形出现了负值部分。

在电源电压 u_2 负半周期间,晶闸管 T_3、T_4 承受正向电压,在 $\omega t = \pi + \alpha$ 时触发,T_3、T_4 导通,T_1、T_2 受反向电压截止,负载电流从 T_1、T_2 中换流至 T_3、T_4 中。在 $\omega t = 2\pi$ 时,电压 u_2 过零,T_3、T_4 因电感中的感应电动势一直导通,直到下个周期 T_1、T_2 导通时,T_3、T_4 因加反向电压才截止。

值得注意的是,只有当 $\alpha \leqslant \pi/2$ 时,负载电流 i_d 才连续;当 $\alpha > \pi/2$ 时,负载电流不连续,而且输出电压的平均值均接近于零,因此这种电路控制角的移相范围是 $0 \sim \pi/2$。

在电流连续的情况下,整流输出电压的平均值为

$$U_d = \frac{1}{\pi}\int_\alpha^{\pi+\alpha} \sqrt{2}\,U_2 \sin \omega t\, \mathrm{d}(\omega t) = \frac{2\sqrt{2}}{\pi}U_2 \cos \alpha = 0.9U_2 \cos \alpha$$
$$(0° \leqslant \alpha \leqslant 90°) \qquad (4.2.27)$$

整流输出电压有效值为

$$U = \sqrt{\frac{1}{\pi}\int_\alpha^{\pi+\alpha}(\sqrt{2}\,U_2 \sin \omega t)^2 \mathrm{d}(\omega t)} = U_2 \qquad (4.2.28)$$

晶闸管在导通时管压降 $u_T = 0$,故其波形为与横轴重合的直线段;T_1 和 T_2 加正向电压但触发脉冲没到时,T_3 和 T_4 已导通,把整个电压 u_2 加到 T_1 或 T_2 上,则每个元件承受的最大可能的正向电压等于 $\sqrt{2}\,U_2$;T_1 和 T_2 反向截止时漏电流为零,只要另一组晶闸管导通,也就把整个电压 u_2 加到 T_1 或 T_2 上,故两个晶闸管承受的最大反向电压也为 $\sqrt{2}\,U_2$。

在一个周期内每组晶闸管各导通 $180°$,两组轮流导通,变压器二次电流是正、负对称的方波,电流的平均值 I_d 和有效值 I 相等,其波形系数为 1。

流过每个晶闸管的电流平均值和有效值分别为

$$I_{dT} = \frac{\theta_T}{2\pi}I_d = \frac{\pi}{2\pi}I_d = \frac{1}{2}I_d \qquad (4.2.29)$$

$$I_T = \sqrt{\frac{\theta_T}{2\pi}}I_d = \sqrt{\frac{\pi}{2\pi}}I_d = \frac{1}{\sqrt{2}}I_d \qquad (4.2.30)$$

很明显,单相全控桥式整流电路具有输出电流脉动小,功率因数高,变压器二次电流为两个等大反向的半波,没有直流磁化偏磁问题,变压器的利用率高的优点。然而值得注意的是,在大电感负载情况下,当 α 接近 $\pi/2$ 时,输出电压的平均值接近于零,负载上得不到应有的电压,解决的方法是在负载两端并联续流二极管。由于理想的大电感负载是不存在的,故实际电流波形不可能是一条直线,而且只要 $\alpha \geqslant \dfrac{\pi}{2}$(在 $\dfrac{\pi}{2} \sim \pi$ 的区间内),电流就出现断流。电感量越小,电流开始断流的 α 值就越小。

3. 反电动势负载

由晶闸管等组成的相控整流主电路,其输出端的负载,除了电阻性负载、电感性负载之外,还可能是反电动势负载,例如直流电动机(直流电动机的电枢旋转时产生反电动势)、充电状态下的蓄电池等负载本身是一个直流电源,其等效负载用电动势 E 和内阻 R 表示,负载电动势的极性如图 4.2.9(a)所示。

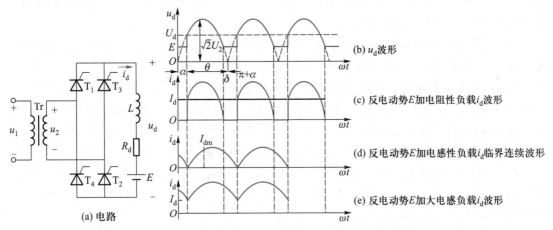

图 4.2.9 单相全控桥式整流电路带反电势负载电路与波形图

整流电路接有反电动势负载时,如果整流电路中电感 L 为零,则图 4.2.9(a)中只有当电源电压 u_2 的瞬时值大于反电动势 E 时,晶闸管才会有正向电压,才能触发导通。$u_2 < E$ 时,晶闸管截止。在晶闸管导通期间,输出整流电压 $u_d = E + R_d i_d$,整流电流 $i_d = \dfrac{u_d - E}{R_d}$,直至 $|u_2| = E$,i_d 降至零时,晶闸管截止。此后负载端电压保持为原有电动势 E,故整流输出电压(即负载端直流平均电压)较电阻、电感性负载时(电感负载时有负电压)要高一些。导通角 $\theta < \pi$ 时,整流电流波形出现断流,其波形如图 4.2.9(c)所示,图中的 δ 为停止导通角。也就是说与电阻性负载时相比,晶闸管提前了 δ 电角度停止导电。δ 可由下式计算

$$\delta = \arcsin \frac{E}{\sqrt{2}\,U_2} \tag{4.2.31}$$

整流器输出端直流电压平均值

$$U_d = E + \frac{1}{\pi} \int_{\alpha}^{\pi-\delta} (\sqrt{2}\,U_2 \sin \omega t - E)\,\mathrm{d}(\omega t)$$

$$= E + \frac{1}{\pi}\big[\sqrt{2}\,U_2(\cos \delta + \cos \alpha) - E(\pi - \delta - \alpha)\big]$$

$$= \frac{1}{\pi}\big[\sqrt{2}\,U_2(\cos \delta + \cos \alpha)\big] + \frac{\delta + \alpha}{\pi}E \tag{4.2.32}$$

整流电流平均值

$$I_d = \frac{1}{\pi}\int_{\alpha}^{\pi-\delta} i_d d(\omega t) = \frac{1}{\pi}\int_{\alpha}^{\pi-\delta} \frac{\sqrt{2}\,U_2 \sin \omega t - E}{R_d}$$

$$= \frac{1}{\pi R_d}\left[\sqrt{2}\,U_2(\cos \delta + \cos \alpha) - \theta E\right] \quad\quad (4.2.33)$$

由图 4.2.9 可知,$\alpha<\delta$ 时,若触发脉冲到来,晶闸管因承受负向电压不可能导通。为了使晶闸管可靠导通,要求触发脉冲有足够的宽度,保证当 $\omega t=\delta$ 晶闸管开始承受正向电压时,触发脉冲仍然存在,这样就要求触发角 $\alpha \geq \delta$。

整流输出直接接反电动势负载时,由于晶闸管导通角小,电流不连续,而负载回路中的电阻又很小,在输出同样的平均电流时,峰值电流大,因而电流有效值将比平均值大许多,这对于直流电动机负载来说,将使其换向器换向电流加大,易产生火花。对于交流电源则因电流有效值大,要求电源的容量大,功率因数低,因此一般反电动势负载回路中常串联平波电抗器,增大时间常数以延长晶闸管的导电时间使电流连续。只要电感足够大,就能使 θ = 180°,而输出电流波形变得连续、平直,从而改善了整流装置及电动机的工作条件。

在上述条件下,整流电压 u_d 的波形和负载电流 i_d 的波形与电感负载电流连续时的波形相同,u_d 的计算公式也一样。针对电动机在低速轻载运行时电流连续的临界情况,可计算出所需的电感量 L,由下式决定

$$L \cdot = \frac{2\sqrt{2}\,U_2}{\pi \omega I_{dmin}} \quad\quad (4.2.34)$$

式中,L 为主电路总电感量,其单位为 H。

4.2.3 单相桥式半控整流电路

在单相全控桥式整流电路中,需要四只晶闸管,且触发电路要分时触发一对晶闸管,电路复杂。在实际应用中,如果对控制特性的陡度没有特殊要求,可采用如图 4.2.10(a) 所示的单相半控桥式整流电路。图中 Tr 是整流变压器,T_1、T_2 是晶闸管,D_1、D_2 是整流二极管。

半控桥式整流电路在电阻性负载时的工作情况与全控整流式电路完全相同,各参数的计算也相同,下面仅讨论大电感负载时的工作情况。值得注意的是,由于负载中电感足够大,负载电流连续并近似为直线。

在 u_2 正半周,控制角为 α 时,触发晶闸管 T_1,则 T_1 和 D_2 导电,负载电流 i_d 从 a 点经 T_1、D_2 流回到 b 点,此时整流桥输出电压 $u_d = u_2$。当 u_2 下降到零并开始变负时,由于电感的作用,T_1 将继续导通,但此时 b 点电位高于 a 点电位使 D_1 正偏导通,而 D_2 反偏截止,电流从 D_2 转换到 D_1,负载电流 i_d 从 a 点经 D_1、T_1 继续流回到 a 点,形成不经过变压器的自然续流,此时整流桥输出电压为 T_1 和 D_1 的正向电压降,接近于零,所以 u_d 没有负半波,类似于接有续流二极管的情况,在这一点上,半控桥和全控桥是不同的。

在 u_2 负半周,具有与正半周相似的情况。在 $\omega t=\pi+\alpha$ 时,触发晶闸管 T_2,T_2、D_1 导通,T_1 受反向电压而截止,负载电流 i_d 从 b 点经 T_2、D_1 流回到 a 点,此时整流桥输出电压 $u_d = u_2$。同理,当电源电压 u_2 在 $\omega t=2\pi$ 过零变正时,D_2 正偏导通,而 D_1 反偏截止,电流从 D_1 自然转

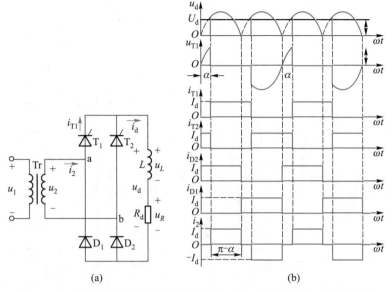

图 4.2.10   单相半控桥式整流电路带大电感负载时的电压、电流波形图

换到 D_2，负载电流 i_d 从 b 点经 D_2、T_2 继续流回到 b 点，形成不经过变压器的自然续流，此时整流桥输出电压为 T_2 和 D_2 的正向压降，接近于零。如此循环工作，电路中就有如图 4.2.10（b）所示的电压、电流波形。

综上所述，单相半控桥式整流电路带大电感负载时的工作特点是：

（1）晶闸管在触发时刻被迫换流，二极管则在电源电压过零时自然换流。

（2）由于自然续流的作用，整流输出电压 u_d 的波形没有负半波的部分，与全控桥电路带电阻性负载相同，α 的移相范围为 $0° \sim 180°$，U_d、I_d 的计算公式和全控桥带电阻性负载时相同。

（3）流过晶闸管和二极管的电流都是宽度为 180° 的方波且与 α 无关，交流侧电流为正负对称的交变方波。

单相半控桥式整流电路带大电感性负载时虽然自身有自然续流能力，似乎不需要另接续流二极管，但在实际运行中，当突然把控制角增大到 180° 以上或突然切断触发电路时，会发生正在导通的晶闸管一直导通而两个二极管轮流导通的现象，此时触发信号对输出电压失去了控制作用，所以把这种现象称为失控。失控在使用中是不允许的，为了消除失控，带电感性负载的半控桥式整流电路还需并联续流二极管 D，如图 4.2.11（a）所示，电流波形如图 4.2.11（b）所示。并联续流二极管之后，当 u_2 电压降到零时，负载电流经续流二极管续流，整流桥输出端只有不到 1V 的压降，迫使晶闸管与二极管串联电路中的电流降到晶闸管的维持电流以下，使晶闸管截止，这样就不会出现"失控"现象了。

根据上述分析，可求出输出电压平均值为

$$U_d = \frac{1}{\pi}\int_{\alpha}^{\pi}\sqrt{2}\,U_2\sin\,\omega t\mathrm{d}(\omega t) = \frac{\sqrt{2}}{\pi}U_2(1 + \cos\,\alpha) = 0.9U_2\frac{1 + \cos\,\alpha}{2} \qquad (4.2.35)$$

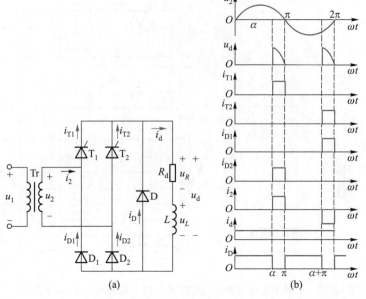

图 4.2.11　单相半控桥式整流带大电感负载并联续流二极管电路及其波形图

其输出电压有效值为

$$U = \sqrt{\frac{1}{\pi}\int_{\alpha}^{\pi}(\sqrt{2}\,U_2\sin\omega t)^2\mathrm{d}(\omega t)} = U_2\sqrt{\frac{\sin 2\alpha}{2\pi} + \frac{\pi - \alpha}{\pi}} \tag{4.2.36}$$

在控制角为 α 时,每个晶闸管一周期内的导通角为 $\theta_T = \pi - \alpha$,续流二极管的导通角为 $\theta_D = 2\alpha$,则流过晶闸管的电流平均值和有效值分别为

$$I_{\mathrm{dT}} = \frac{\theta_T}{2\pi}I_\mathrm{d} = \frac{\pi - \alpha}{2\pi}I_\mathrm{d} \tag{4.2.37}$$

$$I_T = \sqrt{\frac{\theta_T}{2\pi}}I_\mathrm{d} = \sqrt{\frac{\pi - \alpha}{2\pi}}I_\mathrm{d} \tag{4.2.38}$$

流经续流二极管的电流平均值和电流有效值分别为

$$I_{\mathrm{dD}} = \frac{\theta_D}{2\pi}I_\mathrm{d} = \frac{\alpha}{\pi}I_\mathrm{d} \tag{4.2.39}$$

$$I_D = \sqrt{\frac{\theta_D}{2\pi}}I_\mathrm{d} = \sqrt{\frac{\alpha}{\pi}}I_\mathrm{d} \tag{4.2.40}$$

4.3　三相相控整流电路

当负载容量较大时,若采用单相相控整流电路,将造成电网三相电压的不平衡,影响其他用电设备的正常运行,因此必须采用三相相控整流电路。三相整流电路分为三相半波、三

相桥式整流电路两大类。实际中,由于三相相控桥式整流电路输出电压脉动小、脉动频率高、网侧功率因数高以及动态响应快,在中、大功率领域中获得了广泛应用,但是三相半波相控整流电路是基础,其分析方法对研究其他整流电路(包括双反星形相控整流和十二脉波相控整流电路)非常有益。

4.3.1　三相半波相控整流电路

1. 电阻性负载

带电阻性负载的三相半波相控整流电路如图 4.3.1(a)所示。图中将三个晶闸管的阴极连在一起接到负载端,这种接法称为共阴接法(若将三个晶闸管的阳极连在一起,则称为共阳接法),三个阳极分别接到变压器二次侧,变压器为 Δ/Y 联结。共阴接法时,触发电路有公共点,接线比较方便,应用更为广泛。下面介绍共阴接法电路。

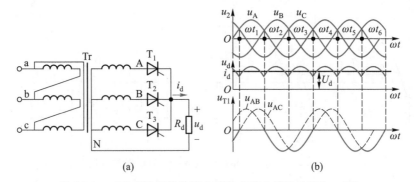

图 4.3.1　三相半波相控整流电阻性负载电路及波形($\alpha = 0°$)

在 $\omega t_1 \sim \omega t_2$ 期间,A 相电压比 B、C 相都高,如果在 ωt_1 时刻触发晶闸管 T_1 导通,负载上得到 A 相电压 u_A。在 $\omega t_2 \sim \omega t_3$ 期间,B 相电压最高,若在 ωt_2 时刻触发 T_2 导通,负载上得到 B 相电压 u_B,与此同时 T_1 因承受反向电压而截止。若在 ωt_3 时刻触发 T_3 导通,负载上得到 C 相电压 u_C,T_2 截止。如此循环下去,输出的整流电压 u_d 是一个脉动的直流电压,它是三相交流相电压正半周的包络线,在三相电源的一个周期内有三次脉动。输出电流 i_d、晶闸管 T_1 两端电压 u_{T1} 的波形如图 4.3.1(b)所示。

从图 4.3.1(b)可知 ωt_1、ωt_2 和 ωt_3 时刻,距相电压波形过零点 30°电角度,它是各相晶闸管能被正常触发导通的最早时刻,在该点以前,对应的晶闸管因承受反向电压而不能触发导通,所以把它称为自然换流点。在三相相控整流电路中,把自然换流点作为计算控制角 α 的起点,即该处 $\alpha = 0°$(注意:这与单相相控整流电路不同),因此图 4.3.1(b)所示为三相半波相控整流电路在 $\alpha = 0°$ 时的输出电压波形。

若增大控制角,输出电压的波形发生变化。当 $\alpha = 18°$ 时,输出电压 u_d 波形对应的触发脉冲 u_g 如图 4.3.2(a)所示,各相触发脉冲的间隔为 120°。假设在 $\omega t = 0$ 时电路已在工作,C 相 T_3 导通,当经过自然换流点 ωt_0 时由于 A 相 T_1 没有触发,不能导通,T_3 仍承受正向电压继续导通。直到 $\omega t_1(\alpha = 18°)$ 时,T_1 被触发导通,才使 T_3 截止,负载电流从 C 相换到 A 相。以后各相如此依次轮流导通,任何时候总有一个晶闸管处于导通状态,所以输出电流 i_d 保持连续。

逐步增大控制角 α,整流输出电压将逐渐减小。当 $\alpha = 30°$ 时,u_d、i_d 波形临界连续。继续增大 α,当 $\alpha > 30°$ 时,输出电压和电流波形将不再连续。图 4.3.2(b)是 $\alpha = 60°$ 时的输出电压波形。若控制角 α 继续增大,整流输出电压将继续减小,当 $\alpha = 150°$ 时,整流输出电压将减小到零。

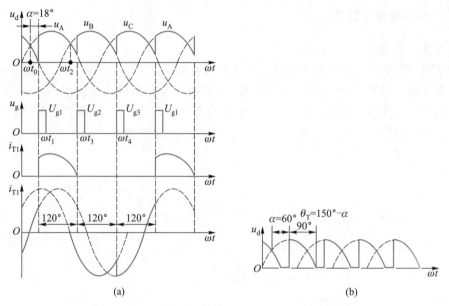

图 4.3.2　三相半波相控整流 $\alpha = 18°$、$60°$ 时的波形图

综上所述,可以得出如下结论:

① 当 $\alpha \leqslant 30°$ 时,负载电流连续,每个晶闸管的导电角均为 $120°$;当 $\alpha > 30°$ 时,输出电压和电流波形将不再连续。

② 在电源交流电路中不存在电感的情况下,晶闸管之间的电流转移是在瞬间完成的。

③ 负载上的电压波形是相电压的一部分。

④ 晶闸管处于截止状态时所承受的电压是线电压而不是相电压。

⑤ 整流输出电压的脉动频率为 $3 \times 50 \text{ Hz} = 150 \text{ Hz}$(脉波数 $m = 3$)。

若 A 相电源输入相电压 $u_{2A} = \sqrt{2} U_2 \sin \omega t$,B、C 相相应滞后 $120°$,则有如下数量关系:

(1)当 $\alpha = 0°$ 时,整流输出电压平均值 U_d 最大,增大 α,U_d 减小;当 $\alpha = 150°$ 时,$U_d = 0$,所以带电阻性负载的三相半波相控整流电路的 α 移相范围为 $0° \sim 150°$。

(2)当 $\alpha \leqslant 30°$ 时,负载电流连续,各相晶闸管每周期轮流导电 $120°$,即导通角 $\theta_T = 120°$。输出电压平均值为

$$U_d = \frac{1}{2\pi/3} \int_{\alpha + \frac{\pi}{6}}^{\frac{5}{6}\pi + \alpha} \sqrt{2} U_2 \sin \omega t \mathrm{d}(\omega t) = 1.17 U_2 \cos \alpha \ (0° \leqslant \alpha \leqslant 30°) \tag{4.3.1}$$

式中,U_2 为整流变压器二次相电压有效值。

(3)当 $\alpha > 30°$ 时,负载电流断续,$\theta = 150° - \alpha$,输出电压平均值 U_d 为

$$U_d = \frac{1}{2\pi/3} \int_{\frac{\pi}{6}+\alpha}^{\pi} \sqrt{2}\,U_2 \sin \omega t\,\mathrm{d}(\omega t)$$

$$= 1.17U_2 \frac{1 + \cos(30° + \alpha)}{\sqrt{3}} \quad (30° < \alpha \leqslant 150°) \quad (4.3.2)$$

（4）负载电流的平均值为

$$I_d = \frac{U_d}{R_d} \quad (4.3.3)$$

流过每个晶闸管的平均电流为

$$I_{dT} = \frac{1}{3}I_d \quad (4.3.4)$$

流过每个晶闸管的电流有效值为

$$I_T = \frac{U_2}{R_d}\sqrt{\frac{1}{2\pi}\left(\frac{2\pi}{3} + \frac{\sqrt{3}}{2}\cos 2\alpha\right)} \quad (0° \leqslant \alpha \leqslant 30°) \quad (4.3.5)$$

$$I_T = \frac{U_2}{R_d}\sqrt{\frac{1}{2\pi}\left(\frac{5\pi}{6} - \alpha + \frac{\sqrt{3}}{4}\cos 2\alpha + \frac{1}{4}\sin 2\alpha\right)} \quad (30° \leqslant \alpha < 150°) \quad (4.3.6)$$

（5）晶闸管承受的最大反向电压为电源线电压峰值，即$\sqrt{6}\,U_2$；最大正向电压为电源相电压，即$\sqrt{2}\,U_2$。

例 **4.3.1** 调压范围为 2~15 V 的直流电源，采用三相半波相控整流电路带电阻负载，输出电流不小于 130 A。

（1）求整流变压器二次侧相电压有效值；

（2）试计算 9 V 时的 α 角；

（3）选择晶闸管的型号；

（4）计算变压器二次侧的容量。

解：（1）因为是电阻性负载，且 $U_{dmax} = 15$ V，此时可视为 $\alpha = 0°$，

而 $\qquad\qquad\qquad\qquad U_d = 1.17U_2 \cos \alpha \quad (0° \leqslant \alpha \leqslant 30°)$

则 $\qquad\qquad\qquad\qquad U_2 = \frac{U_{dmax}}{1.17} = \frac{15}{1.17}\mathrm{V} \approx 12.8 \text{ V}$

（2）当 $\alpha = 30°$时，$U_d = 1.17U_2 \cos \alpha = (1.17 \times 12.8 \times \cos 30°)\text{ V} = 12.99$ V，因此 $U_d = 9$ V 时，一定有 $\alpha > 30°$，于是

$$U_d = 1.17U_2 \frac{1 + \cos(30° + \alpha)}{\sqrt{3}} \quad (30° < \alpha \leqslant 150°)$$

$$\cos(\alpha + 30°) = \frac{\sqrt{3}\,U_d}{1.17U_2} - 1 = \frac{\sqrt{3} \times 9}{1.17 \times 12.8} - 1 \approx 0.040\ 26$$

则 $\qquad\qquad\qquad\qquad\qquad \alpha = 57.7°$

（3）在 $\alpha = 57.7°$时，

$$I_T = \frac{U_2}{R_d} \sqrt{\frac{1}{2\pi} \left(\frac{5\pi}{6} - \alpha + \frac{\sqrt{3}}{4} \cos 2\alpha + \frac{1}{4} \sin 2\alpha \right)} \quad (30° \leqslant \alpha < 150°)$$

$$\approx 0.512\,5 \frac{U_2}{R_d}$$

又

$$I_d = \frac{U_d}{R_d} = 1.17 \frac{U_2}{R_d} \cdot \frac{1 + \cos(30° + \alpha)}{\sqrt{3}} , \overline{m} \ I_d = 130 \text{ A}$$

故

$$I_T = 95.34 \text{ A}$$

晶闸管的额定电流为

$$I_{T(AV)} \geqslant \frac{I_T}{1.57} = 60.72 \text{ A}$$

晶闸管的额定电压为

$$U_{Te} = \sqrt{6} \, U_2 = 31.4 \text{ V}$$

考虑裕量,选择 KP100-1 型号的晶闸管。

（4）因为

$$I_2 = I_T$$

$$S_2 = 3 I_2 U_2 = 3 \times 95.34 \times 12.8 \text{ VA} \approx 3.66 \text{ kVA}$$

2. 大电感负载

带大电感负载的三相半波相控整流电路在 $\alpha \leqslant 30°$ 时,u_d 的波形与电阻性负载时相同。当 $\alpha > 30°$ 时[如图 4.3.3(a)所示,$\alpha = 60°$ 的波形],在 ωt_0 时刻触发晶闸管 T_1 导通,T_1 导通到 ωt_1 时,其阳极电压 u_A 已过零开始变负,但由于电感 L_d 感应电动势的作用,使 T_1 仍继续维持导通,直到 ωt_2 时刻,触发 T_2 导通,T_1 才截止,从而使 u_d 波形出现部分负压。尽管 $\alpha > 30°$,由于大电感负载的作用,仍然使各相晶闸管导通 120°,保证了电流的连续。整流输出电压平均值 U_d 为

$$U_d = \frac{1}{2\pi/3} \int_{\frac{\pi}{6} + \alpha}^{\frac{5}{6}\pi + \alpha} \sqrt{2} \, U_2 \sin \omega t \, d(\omega t) = 1.17 U_2 \cos \alpha \qquad (4.3.7)$$

从式(4.3.7)可知,当 $\alpha = 0°$ 时,U_d 最大;当 $\alpha = 90°$ 时,$U_d = 0$。因此,大电感负载时,三相半波整流电路的移相范围为 $0° \sim 90°$。

因为是大电感负载,电流波形接近于平行线。考虑每个晶闸管的导通角,则流过每个晶闸管的电流平均值与电流有效值分别为

$$I_{dT} = \frac{\theta_T}{2\pi} I_d = \frac{120°}{360°} I_d = \frac{1}{3} I_d \qquad (4.3.8)$$

$$I_T = \sqrt{\frac{\theta_T}{2\pi}} I_d = \sqrt{\frac{1}{3}} I_d = 0.577 I_d \qquad (4.3.9)$$

值得注意的是,大电感负载时,晶闸管可能承受的最大正反向电压都是 $\sqrt{6} U_2$,这与电阻性负载时只承受 $\sqrt{2} U_2$ 的正向电压是不同的。

三相半波相控整流电路带电感性负载时,可以通过并联续流二极管解决因控制角 α 接近 90°,输出电压波形出现正负面积相等而使其平均值为零的问题。图 4.3.3(c)画出了并联续流二极管 D[图 4.3.3(a)中虚线所示]后,大电感负载当 $\alpha = 60°$ 时的电压电流波形。很明显,u_d 的波形与纯电阻性负载时一样,U_d 的计算公式也一样。负载电流 $i_d = i_{T1} + i_{T2} + i_{T3} + i_D$。

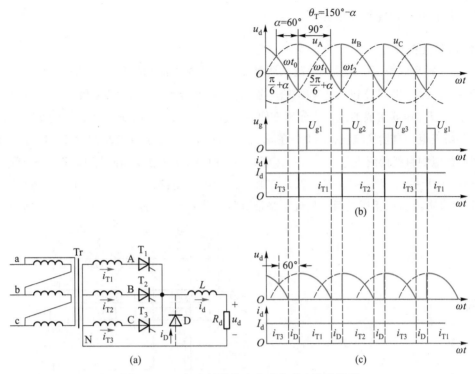

图 4.3.3 三相半波整流大电感负载电路及波形

一周期内晶闸管的导通角 $\theta_T = 150° - \alpha$。续流二极管在一周期内导通三次,因此其导通角 $\theta_D = 3(\alpha - 30°)$。流过晶闸管的电流平均值和电流有效值分别为

$$I_{dT} = \frac{\theta_T}{2\pi} I_d = \frac{150° - \alpha}{360°} I_d \qquad (4.3.10)$$

$$I_T = \sqrt{\frac{\theta_T}{2\pi}} I_d = \sqrt{\frac{150° - \alpha}{360°}} I_d \qquad (4.3.11)$$

流过续流二极管的电流平均值和电流有效值分别为

$$I_{dD} = \frac{\theta_D}{2\pi} I_d = \frac{\alpha - 30°}{120°} I_d \qquad (4.3.12)$$

$$I_D = \sqrt{\frac{\theta_D}{2\pi}} I_d = \sqrt{\frac{\alpha - 30°}{120°}} I_d \qquad (4.3.13)$$

三相半波相控整流电路只用三个晶闸管,接线简单,与单相电路比较,其输出电压脉动小、输出功率大、三相负载平衡。但是整流变压器二次绕组在一个周期内只有 1/3 时间流过电流,变压器利用率低。另外变压器每一个二次绕组中电流是单方向的,其直流分量在磁路中产生直流不平衡磁动势,会引起附加损耗。如不用变压器,则中性线电流较大,同时交流侧的直流电流分量会造成电网的附加损耗。

4.3.2　三相桥式相控整流电路

1. 电阻性负载

三相全控桥式整流电路是由一组共阴极接法的三相半波相控整流电路(共阴极组的晶闸管依次编号为 T_1、T_3、T_5)和一组共阳接法的三相半波相控整流电路(共阳极组的晶闸管依次编号为 T_4、T_6、T_2)串联组成的。为了分析方便,把交流电源的一个周期由六个自然换流点划分为六段,共阴极组的自然换流点($\alpha = 0°$)在 ωt_1、ωt_3、ωt_5 时刻,分别触发晶闸管 T_1、T_3、T_5,同理可知,共阳极组的自然换流点($\alpha = 0°$)在 ωt_2、ωt_4、ωt_6 时刻,分别触发晶闸管 T_2、T_4、T_6。晶闸管的导通顺序为 $T_1 \rightarrow T_2 \rightarrow T_3 \rightarrow T_4 \rightarrow T_5 \rightarrow T_6$。并假设在 $t = 0$ 时电路已在工作,即 T_5、T_6 同时导通,电流波形已经形成。三相桥式相控整流电路带电阻负载 $\alpha = 0°$时的情况如图 4.3.4(a)所示。

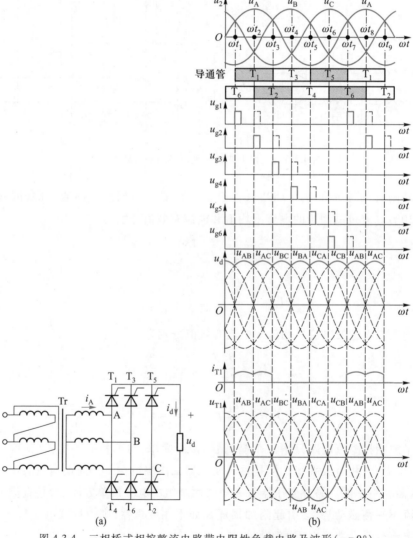

图 4.3.4　三相桥式相控整流电路带电阻性负载电路及波形($\alpha = 0°$)

在 $\omega t_1 \sim \omega t_2$ 期间,A 相电压为正最大值,ωt_1 时刻触发晶闸管 T_1,则 T_1 导通,T_5 因承受反向电压而截止,此时变成 T_1 和 T_6 同时导通,电流从 A 相流出,经 T_1、负载、T_6 流回 B 相,负载上得到 A、B 线电压 u_{AB}。在 $\omega t_2 \sim \omega t_3$ 期间,C 相电压变为负最大值,A 相电压仍保持正最大值,ωt_2 时刻触发 T_2,则 T_2 导通,T_6 截止。此时 T_1 和 T_2 同时导通,负载上得到 A、C 线电压 u_{AC}。在 $\omega t_3 \sim \omega t_4$ 期间,B 相电压变为正最大值,C 相保持负最大值,ωt_3 时刻触发 T_3,则 T_3 导通,T_1 截止,此时 T_2 和 T_3 同时导通,负载上得到 B、C 线电压 u_{BC}。依此类推,在 $\omega t_4 \sim \omega t_5$ 期间,T_3 和 T_4 导通,负载上得到 u_{BA}。在 $\omega t_5 \sim \omega t_6$ 期间,T_4 和 T_5 导通,负载上得到 u_{CA}。在 $\omega t_6 \sim \omega t_7$ 期间,T_5 和 T_6 导通,负载上得到 u_{CB}。到 $\omega t_7 \sim \omega t_8$ 起,又重复从 $\omega t_1 \sim \omega t_2$ 开始的这一过程。在一个周期内负载上得到如图 4.3.4(b) 所示的整流输出电压波形,它是线电压波形正半部分的包络线,其基波频率为 300 Hz,脉动较小。

综上所述,可以得出三相桥式全控整流电路的一些特点如下:

① 每个时刻均需两个晶闸管同时导通,形成向负载供电的回路,其中一个晶闸管是共阴极组,另一个是共阳极组,且不能为同一相的晶闸管。

② 对触发脉冲的要求:六个晶闸管的触发脉冲按 $u_{g1} \rightarrow u_{g2} \rightarrow u_{g3} \rightarrow u_{g4} \rightarrow u_{g5} \rightarrow u_{g6}$ 的顺序(相位依次差 60°)分别触发晶闸管 $T_1 \rightarrow T_2 \rightarrow T_3 \rightarrow T_4 \rightarrow T_5 \rightarrow T_6$;共阴极组 T_1、T_3、T_5 的触发脉冲依次相差 120°,共阳极组 T_2、T_4、T_6 的触发脉冲也依次差 120°,同一相的上下两个桥臂,即 T_1 与 T_4、T_3 与 T_6、T_5 与 T_2 脉冲相差 180°。

③ 整流输出电压 u_d 一周期脉动六次,每次脉动的波形都一样,故该电路为六脉波整流电路;但前面的分析是在整流桥已经启动,且电流连续的基础上来进行的。在全控桥整流电路接通电源启动过程中或电流断续时,由于全控桥的六个晶闸管全部处于关断状态,要使负载中有电流流过,共阴极和共阳极组中须各有一个晶闸管同时导通,即必须对两组中应导通的一对晶闸管同时加触发脉冲,才能实现全控桥的启动。为此可采用两种方法:一种是使脉冲宽度大于 60°(一般取 80°~100°),称为宽脉冲触发。另一种方法是在触发某个晶闸管的同时,给相邻前一序号的一个晶闸管补发脉冲,即用两个窄脉冲代替宽脉冲,两个窄脉冲的前沿相差 60°,脉宽一般为 20°~30°,称为双脉冲触发。双脉冲触发电路较复杂,但要求的触发电路输出功率小。宽脉冲触发电路虽可少输出一半脉冲,但为了不使脉冲变压器饱和,需将铁心体积做得较大,绕组匝数较多,导致漏感增大,脉冲前沿不够陡,对于晶闸管串联使用不利,虽然可用去磁绕组改善这种情况,但又使触发电路复杂化,因此常用的是双脉冲触发。

④ $\alpha = 0°$ 时晶闸管承受的电压波形如图 4.3.4(b) 所示。图中仅给出 T_1 的电压波形。将此波形与三相半波时图 4.3.1(b) 中的 T_1 电压波形比较,可见两者是相同的,晶闸管承受最大正、反向电压的关系也与三相半波时一样。

图 4.3.4(b) 中还画出了晶闸管 T_1 流过电流 i_{T1} 的波形,由此波形可以看出,晶闸管一周期中有 120° 处于导通,240° 处于截止。由于负载为电阻,故晶闸管处于导通时的电流波形与相应时段的 u_d 波形相同。

当触发角 α 改变时,电路的工作情况将发生变化,图 4.3.5 为 $\alpha = 30°$ 时的波形。图 4.3.5

与图 4.3.4 的区别在于晶闸管起始导通时刻推迟了 30°,组成 u_d 的每一段线电压因此推迟 30°,i_d 平均值也降低,晶闸管电压波形也相应发生变化。图中同时画出了变压器二次侧 A 相电流 i_A 的波形。该波形的特点是,在 T_1 处于通态的 120°期间,i_A 为正,i_A 波形的形状与同时段的 u_d 波形相同,在 T_4 处于通态的 120°期间,i_A 波形的形状也与同时段的 u_d 波形相同,但为负值。

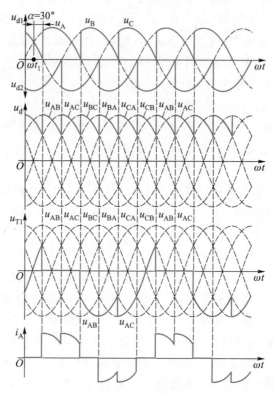

图 4.3.5   三相桥式相控整流电路带电阻负载 $\alpha = 30°$ 时的情况

图 4.3.6 为 $\alpha = 60°$ 时的波形。u_d 波形中每段线电压的波形继续向后移,u_d 平均值继续降低。$\alpha = 60°$ 时,u_d 出现了为零的点。

由以上分析可见,当 $\alpha < 60°$ 时,u_d 波形均连续,对于电阻负载,i_d 波形与 u_d 波形的形状是一样的,也连续。

当 $\alpha > 60°$ 时,如 $\alpha = 90°$,电阻负载情况下的工作波形如图 4.3.7 所示,此时 u_d 波形每 60° 中有 30° 为零,这是因为电阻负载时 i_d 波形与 u_d 波形一致,一旦 u_d 降至零,i_d 也降至零,流过晶闸管的电流即降至零,晶闸管截止,输出整流电压 u_d 为零,因此 u_d 波形不能出现负值。图 4.3.7 中还画出了晶闸管电流和变压器二次电流的波形。如果 α 继续增大至 120°,整流输出电压 u_d 波形将全为零,其平均值也为零,可见,带电阻负载时三相桥式全控整流电路 α 角的移相范围是 120°。

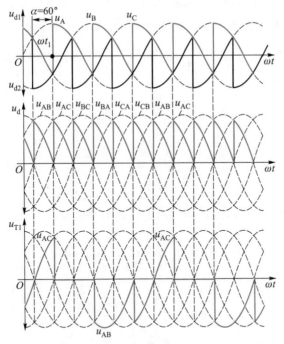

图 4.3.6 三相桥式相控整流电路带电阻负载 $\alpha = 60°$ 时的情况

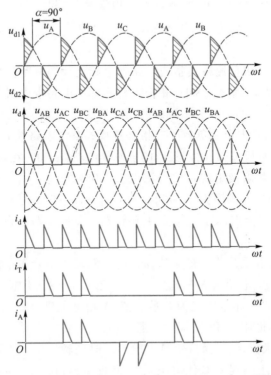

图 4.3.7 三相桥式相控整流电路带电阻负载 $\alpha = 90°$ 时的情况

下面对三相桥式相控整流电路带电阻负载的情况进行定性研究:

当 $\alpha < 60°$ 时,负载电流连续,负载上承受的是线电压,设其表达式为 $u_{AB} = \sqrt{3} \times \sqrt{2} U_2 \sin \omega t$,在 $\dfrac{\pi}{3}$ 内积分,上、下限为 $\left(\dfrac{2\pi}{3}+\alpha\right)$ 和 $\left(\dfrac{\pi}{3}+\alpha\right)$。因此当控制角为 α 时,整流输出电压的平均值为

$$U_d = \frac{1}{\pi/3}\int_{\frac{\pi}{3}+\alpha}^{\frac{2\pi}{3}+\alpha} \sqrt{6} U_2 \sin \omega t\, d(\omega t)$$

$$= \frac{3\sqrt{6}}{\pi}U_2 \cos \alpha$$

$$= 2.34 U_2 \cos \alpha \, (\alpha < 60°) \tag{4.3.14}$$

当 $\alpha > 60°$ 时,负载电流不连续,整流输出电压的平均值为

$$U_d = \frac{1}{\pi/3}\int_{\frac{\pi}{3}+\alpha}^{\pi} \sqrt{6} U_2 \sin \omega t\, d(\omega t)$$

$$= \frac{3\sqrt{6}}{\pi}U_2\left[1 + \cos\left(\frac{\pi}{3} + \alpha\right)\right]$$

$$= 2.34 U_2\left[1 + \cos\left(\frac{\pi}{3} + \alpha\right)\right] \, (\alpha > 60°) \tag{4.3.15}$$

当 $\alpha = 120°$ 时,$U_d = 0$,从公式可知,电路的移相范围为 $120°$。

晶闸管承受的最大正反向峰值电压为 $\sqrt{6} U_2$。

2. 电感性负载

图 4.3.8(a)所示是三相全控桥式整流电路带电感负载的电路。为了节省篇幅,这里只讨论大电感负载($\omega L \gg R_d$)的情况。和三相全控桥式整流电路带电阻负载时一样,把共阴极组的晶闸管依次编号为 T_1、T_3、T_5,共阳极组的晶闸管依次编号为 T_4、T_6、T_2。

图 4.3.8(b)~(e)为带大电感负载的三相全控桥式整流电路在 $\alpha = 0°$ 时的电流、电压波形。由三相半波电路的分析可知,共阴极组的自然换流点($\alpha = 0°$)在 ωt_1、ωt_3、ωt_5 时刻,分别触发 T_1、T_3、T_5 晶闸管;共阳极组的自然换流点($\alpha = 0°$)在 ωt_2、ωt_4、ωt_6 时刻,分别触发 T_2、T_4、T_6 晶闸管,晶闸管的导通顺序为 $T_1 \rightarrow T_2 \rightarrow T_3 \rightarrow T_4 \rightarrow T_5 \rightarrow T_6$。为了分析方便,把交流电源的一个周期由六个自然换流点划分为六段,并假设在 $t = 0$ 时电路已在工作,即 T_5、T_6 同时导通,电流波形已经形成。

在 $\omega t_1 \sim \omega t_2$ 期间,A 相电压为正最大值,ωt_1 时刻触发晶闸管 T_1,则 T_1 导通,T_5 截止,此时变成 T_1 和 T_6 同时导通,电流从 A 相流出,经 T_1、负载、T_6 流回 B 相,负载上得到 A、B 线电压 u_{AB}。在 $\omega t_2 \sim \omega t_3$ 期间,C 相电压变为负最大值,A 相电压仍保持正最大值,ωt_2 时刻触发 T_2,则 T_2 导通,T_6 截止,此时 T_1 和 T_2 同时导通,负载上得到 A、C 线电压 u_{AC}。在 $\omega t_3 \sim \omega t_4$ 期间,B 相电压变为正最大值,C 相保持负最大值,ωt_3 时刻触发 T_3,则 T_3 导通,T_1 截止,此时 T_2 和 T_3 同时导通,负载上得到 B、C 线电压 u_{BC}。依此类推,在 $\omega t_4 \sim \omega t_5$ 期间,T_3 和 T_4 导通,

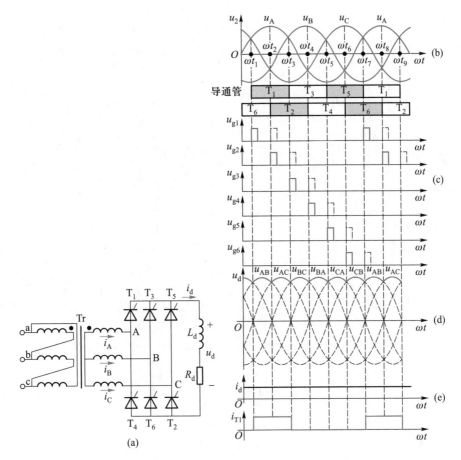

图 4.3.8 带大电感负载的三相全控桥式整流电路及 $\alpha = 0°$ 时的电流、电压波形

负载上得到 u_{BA}。在 $\omega t_5 \sim \omega t_6$ 期间，T_4 和 T_5 导通，负载上得到 u_{CA}。在 $\omega t_6 \sim \omega t_7$ 期间，T_5 和 T_6 导通，负载上得到 u_{CB}。到 $\omega t_7 \sim \omega t_8$ 起，又重复从 $\omega t_1 \sim \omega t_2$ 开始的这一过程。在一个周期内负载上得到如图 4.3.8(d)所示的整流输出电压波形，它是线电压波形正半部分的包络线，其基波频率为 300 Hz，脉动较小。

当 $\alpha > 0°$ 时，输出电压波形发生变化，图 4.3.9 (a)、(b)分别是 $\alpha = 30°$、$\alpha = 90°$ 时的波形。由图中可见，当 $\alpha \leqslant 60°$ 时，u_d 波形均为正值；当 $60° < \alpha < 90°$ 时，由于电感的作用，u_d 波形出现负值，但正面积大于负面积，平均电压 U_d 仍为正值；当 $\alpha = 90°$ 时，正负面积基本相等，$U_d \approx 0$。

通过上面的分析可知，在 $0° \leqslant \alpha \leqslant 90°$ 范围内负载电流 i_d 连续，负载上承受的是线电压，设其表达式为 $u_{AB} = \sqrt{3} \times \sqrt{2} U_2 \sin \omega t$，而线电压 u_{AB} 超前于相电压 u_A 30°，在 $\dfrac{\pi}{3}$ 内积分，上、下限为 $\left(\dfrac{2\pi}{3} + \alpha\right)$ 和 $\left(\dfrac{\pi}{3} + \alpha\right)$。因此当控制角为 α 时，整流输出电压的平均值为

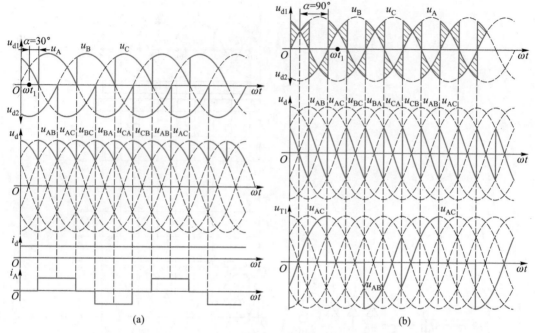

图 4.3.9　带大电感负载的三相全控桥式整流电路在 $\alpha=30°$、$\alpha=90°$时的电流、电压波形

$$U_{\mathrm{d}} = \frac{1}{\frac{\pi}{3}} \int_{\frac{\pi}{3}+\alpha}^{\frac{2\pi}{3}+\alpha} \sqrt{6}\, U_2 \sin \omega t\, \mathrm{d}(\omega t) = \frac{3\sqrt{6}}{\pi} U_2 \cos \alpha = 2.34 U_2 \cos \alpha$$

$$(0° \leqslant \alpha \leqslant 90°) \tag{4.3.16}$$

当 $\alpha=0$ 时，U_{d} 为最大值；当 $\alpha=90°$时，U_{d} 为最小值。因此三相全控桥式整流电路带大电感负载时的移相范围为 $0° \sim 90°$。

负载电流平均值为

$$I_{\mathrm{d}} = \frac{U_{\mathrm{d}}}{R_{\mathrm{d}}} = 2.34 \frac{U_2}{R_{\mathrm{d}}} \cos \alpha \tag{4.3.17}$$

三相全控桥式整流电路中，晶闸管换流只在本组内进行，每隔 120°换流一次，即在电流连续的情况下，每个晶闸管的导通角 $\theta_{\mathrm{T}}=120°$。因此流过晶闸管的电流平均值和有效值分别为

$$I_{\mathrm{dT}} = \frac{\theta_{\mathrm{T}}}{2\pi} I_{\mathrm{d}} = \frac{120°}{360°} I_{\mathrm{d}} = \frac{1}{3} I_{\mathrm{d}} \tag{4.3.18}$$

$$I_{\mathrm{T}} = \sqrt{\frac{\theta_{\mathrm{T}}}{2\pi}} I_{\mathrm{d}} = \sqrt{\frac{1}{3}} I_{\mathrm{d}} = 0.577 I_{\mathrm{d}} \tag{4.3.19}$$

整流变压器二次侧正、负半周内均有电流流过，每半周期内流通角为 120°，故变压器二次电流有效值为

$$I_2 = \sqrt{\frac{1}{2\pi}\int_0^{\frac{2\pi}{3}} I_d^2 \mathrm{d}(\omega t) + \frac{1}{2\pi}\int_\pi^{\frac{5\pi}{3}} (-I_d)^2 \mathrm{d}(\omega t)}$$

$$= \sqrt{\frac{2}{3}}I_d = 0.816I_d \qquad (4.3.20)$$

晶闸管承受的最大电压为$\sqrt{6}\,U_2$。

4.4　大容量相控整流电路

在相控整流电路中,如果要实现采用相同器件达到更大的功率,并且减少交流侧输入电流的谐波或提高功率因数,从而减小对供电电网的干扰,就必须采用多重化整流电路。而在电解电镀等工业应用中,经常需要低电压大电流(例如几十伏,几千至几万安)的可调直流电源。如果采用三相桥式电路,整流器件的数量很多,由于管压降损耗,降低了效率。在这种情况下,可采用带平衡电抗器的双反星形相控整流电路。

4.4.1　带平衡电抗器的双反星形相控整流电路

1. 带平衡电抗器的双反星形相控整流电路工作原理

带平衡电抗器的双反星形相控整流电路如图 4.4.1(a)所示。整流变压器的二次侧每相有两个匝数相同极性相反的绕组绕在同一相铁心上(故得名双反星形电路),分别接成两组三相半波整流电路。正电压星形绕组整流输出电压u_{d1}和负电压星形绕组整流输出电压u_{d2}经平衡电抗器L_p的两个绕组 Ad、dB 后并联对负载供电,等效电路如图 4.4.1(b)所示。平衡电抗器L_p的两个绕组 Ad、dB 匝数相同,绕在同一个铁心上,与同一个主磁通交链,因此电感$L_1 = L_2 = L$,$u_{Ad} = u_{dB}$。如果瞬时值

$$u_P = u_{d1} - u_{d2} \qquad (4.4.1)$$

则

$$u_P = u_{Ad} + u_{dB} = 2u_{Ad} = u_{Ad} - u_{Bd} = L\frac{\mathrm{d}i_1}{\mathrm{d}t} - L\frac{\mathrm{d}i_2}{\mathrm{d}t} \qquad (4.4.2)$$

在双电源并联对负载供电时,只有当两个电源的电压平均值和瞬时值都相等,才能使负载电流完全平均分配。在图 4.4.1(b)电路中,虽然两组整流电压波形相同,u_{d1}与u_{d2}的平均值相等,但是根据变压器一次、二次绕组的连接方式可知它们的波形相差 60°,u_{d1}和u_{d2}的瞬时值是不相等的,如图 4.4.1(e)所示。现在把六个晶闸管的阴极经电抗器L_p连接在一起,图中 A、B 两点之间的电压便等于u_{d1}和u_{d2}之差,其波形是三倍频的近似三角波,如图 4.4.1(f)所示。

2. 带平衡电抗器的双反星形相控整流电路数量关系

在图 4.4.1(a)中,如果正、反整流组输出电流i_1和i_2在周期 2π 内连续,则晶闸管 T_1、

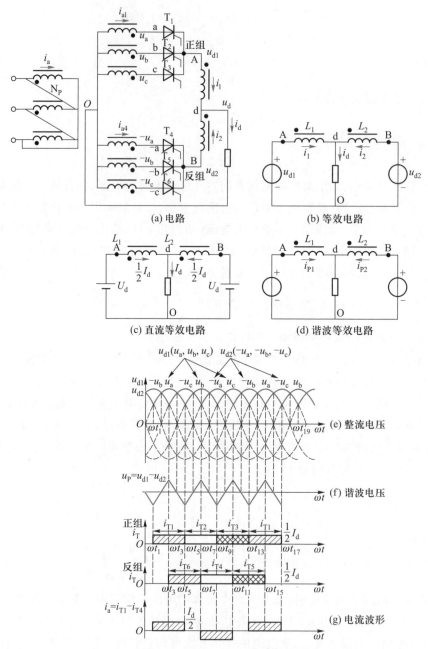

图 4.4.1　带平衡电抗器的双反星形相控整流电路及其波形图

T_3、T_5 和 T_4、T_6、T_2 的导电角都为 $\dfrac{2\pi}{3}$，在控制角 $\alpha=0$ 时，有

$$u_{d1} = \frac{3\sqrt{3}}{\pi}U_{2m}\left(\frac{1}{2} + \frac{1}{2\times4}\cos 3\omega t - \frac{1}{5\times7}\cos 6\omega t + \right.$$

$$\frac{1}{8 \times 10}\cos 9\omega t - \frac{1}{11 \times 13}\cos 12\omega t + \cdots \Big) \qquad (4.4.3)$$

由 u_{d1} 和 u_{d2} 相差 60°，有

$$u_{d2} = \frac{3\sqrt{3}}{\pi}U_{2m}\Big(\frac{1}{2} + \frac{1}{2 \times 4}\cos 3\Big(\omega t - \frac{\pi}{3}\Big) - \frac{1}{5 \times 7}\cos 6\Big(\omega t - \frac{\pi}{3}\Big) +$$

$$\frac{1}{8 \times 10}\cos 9\Big(\omega t - \frac{\pi}{3}\Big) - \frac{1}{11 \times 13}\cos 12\Big(\omega t - \frac{\pi}{3}\Big) + \cdots \Big) \qquad (4.4.4)$$

则

$$u_P = u_{d1} - u_{d2} = \frac{3\sqrt{3}\,U_{2m}}{4\pi}\Big(\cos 3\omega t - \frac{1}{10}\cos 9\omega t + \cdots \Big) \approx \frac{3\sqrt{3}\,U_{2m}}{4\pi}\cos 3\omega t \quad (4.4.5)$$

从上面的关系式可知，如果负载中有大电感，三次谐波很难流入负载，三次谐波电压产生的三次谐波电流 i_P 只在两组半波整流电路中流动，称为环流。

根据图 4.4.1(b)得到整流输出电压瞬时值为

$$u_d = u_{d1} - u_{Ad} = u_{d1} - \frac{1}{2}u_P = \frac{1}{2}(u_{d1} + u_{d2})$$

将式(4.4.3)、式(4.4.4)代入上式得

$$u_d = \frac{3\sqrt{3}\,U_{2m}}{2\pi}\Big(1 - \frac{2}{5 \times 7}\cos 6\omega t - \frac{2}{11 \times 13}\cos 12\omega t + \cdots \Big) \qquad (4.4.6)$$

输出直流电压平均值为

$$U_d = \frac{3\sqrt{3}\,U_{2m}}{2\pi} = \frac{3\sqrt{6}\,U_2}{2\pi} = 1.17U_2 \qquad (4.4.7)$$

如果控制角为 α，输出直流电压平均值为

$$U_d = \frac{3\sqrt{6}\,U_2}{2\pi}\cos \alpha = 1.17U_2\cos \alpha \qquad (4.4.8)$$

通过上面分析可知，由于平衡电抗器的接入，瞬时电压差 u_P 加在电抗器两端，$U_{Ad} = U_{dB}$ $= u_P/2$，当 $u_{d1} > u_{d2}$ 时，$u_P = u_{d1} - u_{d2} > 0$，$U_{Ad} = u_P/2 > 0$，使 u_{d1} 降低 $\frac{u_P}{2}$ 后接入负载；$U_{dB} = u_P/2 > 0$，使 u_{d2} 升高 $\frac{u_P}{2}$ 后接入负载，L_P 使两组整流桥输出到负载的电压达到平衡，正、负两组同时导电，故称为平衡电抗器。两组整流器任何时刻都有一个开关器件导通，即六个开关器件中同时有两个开关管导通，两组整流器分担负载电流 I_d，因此经平衡电抗器输出时，变压器二次绕组及晶闸管导电角为 120°，如图 4.4.1(g)所示。

由式(4.4.6)可知，输出电压中的谐波阶次 n 为 $6k$，$k = 1, 2, 3, \cdots$，$n = 6, 12, 18, \cdots$，最低谐波为六次谐波，其值仅为直流平均值的 2/35。

带平衡电抗器的三相双半波(双反星形)整流电路中,由于每组三相半波整流电流是负载电流的 1/2,故晶闸管的选择和变压器二次绕组额定容量的确定只要按 $I_d/2$ 计算即可。流过晶闸管和变压器二次绕组的电流相同,在电感性负载时都是方波,其等效值为

$$I_T = I_2 = \sqrt{\frac{1}{2\pi}\left(\frac{I_d}{2}\right)^2 \times \frac{2\pi}{3}} = \frac{I_d}{2\sqrt{3}} = 0.289 I_d \tag{4.4.9}$$

晶闸管承受的最大正反向电压计算与三相半波时相同。变压器流过的二次电流与三相半波时相同,一次电流则与三相桥式相同。

3. 结论

将双反星形相控整流电路与三相桥式相控整流电路进行比较,可得出以下结论:

① 三相桥为两组三相半波串联,而双反星形为两组三相半波并联,且后者需用平衡电抗器,同时有两相导通,变压器磁路平衡,不存在直流磁化问题。

② 当 U_2 相等时,双反星形的 U_d 是三相桥的 1/2,而 I_d 是单相桥的 2 倍。

③ 每一整流器件承担负载电流 I_d 的一半,整流器件流过电流的有效值在电感性负载时为 $0.289 I_d$,所以与其他整流电路相比,提高了整流器件承受负载的能力。

④ 两种电路中晶闸管的导通及触发脉冲的分配关系相同,u_d 和 i_d 的波形形状相同。

4.4.2 多重化整流电路

随着整流电路功率的进一步增大,其输出电能中所含的谐波干扰也跟着增大。为了减轻整流装置中谐波对电网的干扰,可采用多重化的多相整流电路。

多重化整流电路的移相多重连接有并联多重连接和串联多重连接两种形式,整流电路多重叠加的目的是增加电源的相数,可由三相桥式整流电路叠加成 12 相(二重叠加)、18 相(三重叠加)、24 相(四重叠加)整流电路,整流相数的增加不但可以减小其输出电能中谐波的幅度,还能使谐波的频率提高,减小平波电抗器的电感量,同时交流输入端电流的低次谐波含量减小,使交流输入端电流接近于正弦波,减小了对电网的干扰,提高了整流装置的输入功率因数。

1. 并联多重连接

图 4.4.2 是由 2 个三相桥并联的 12 脉波整流电路,它使用了平衡电抗器来平衡 2 组整流器的电流,其原理与双反星形电路中是一样的,它不仅可减少输入电流谐波,也可减小输出电压中的谐波并提高纹波频率,因而可减小平波电抗器。

2. 串联多重连接

图 4.4.3 是移相 30°构成的串联 2 重连接电路,利用变压器二次绕组接法的不同,使两组三相交流电源间相位错开 30°,从而使输出整流电压 u_d 在每个交流电源周期中脉动 12 次,故该电路为 12 脉波整流电路。整流变压器二次绕组分别采用星形相控整流和三角形联结构成相位相差 30°、大小相等的两组电压,接到相互串联的 2 组整流桥。因绕组接法不同,变压器一次绕组和两组二次绕组的匝比为 $1:1:\sqrt{3}$。

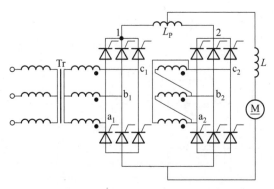

图 4.4.2 2 个三相桥并联的 12 脉波整流电路

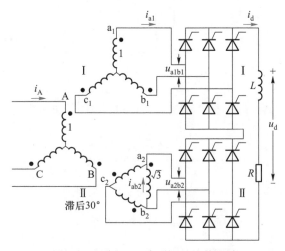

图 4.4.3 移相 30°串联 2 重连接电路

图 4.4.4 是串联 2 重连接多重整流电路的输入电流波形图,其中,图 4.4.4(a)是 I 整流桥 A 相输入电流 i_{a1} 的波形图,图 4.4.4(b)是 II 整流桥 A 相输入电流 i_{a2} 的波形图,图4.4.4(c)中 i'_{ab2} 是 II 整流桥变压器一次绕组 AB 相之间电流 i_{ab2} 折算到变压器一次侧 A 相绕组中的电流,图 4.4.4(d)是变压器一次侧 A 相绕组中总输入电流 i_A 的波形图,其值为图 4.4.4(a)的 i_{a1} 与图 4.4.4(c)的 i'_{ab2} 之和。

对输入电流 i_A 的波形作傅里叶分析,可得其基波幅值 I_{m1} 和 n 次谐波幅值 I_{mn} 分别如下

$$I_{m1} = \frac{4\sqrt{3}}{\pi} I_d \quad \left(\text{单桥时为} \frac{2\sqrt{3}}{\pi} I_d\right) \tag{4.4.10}$$

$$I_{mn} = \frac{1}{n} \frac{4\sqrt{3}}{\pi} I_d \quad n = 12k \pm 1, k = 1,2,3,\cdots \tag{4.4.11}$$

即输入电流谐波次数为 $12k \pm 1$,其幅值与次数成反比而降低。

通过分析和计算可得**串联 2 重连接多重整流电路**的直流输出电压为

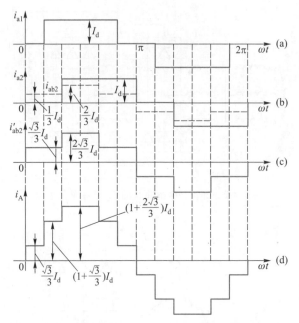

图 4.4.4　移相 30°串联 2 重连接电路输入电流波形

$$U_{d}=\frac{6\sqrt{6}\,U_{2}}{\pi}\cos\alpha \qquad (4.4.12)$$

基波位移因数 $\qquad\cos\varphi_{1}=\cos\alpha$ （与单桥时相同） $\qquad (4.4.13)$

功率因数 $\qquad PF=\dfrac{I_{s1}}{I}\cos\varphi_{1}=0.988\,6\cos\alpha \qquad (4.4.14)$

　　根据同样的道理,利用变压器二次绕阻接法的不同,互相错开 20°,可将三组整流桥构成串联 3 重连接,整流变压器采用星形、三角形组合无法移相 20°,需采用曲折接法。串联 3 重连接整流电压 u_d 在每个电源周期内脉动 18 次,故此电路为 18 脉波整流电路。其交流侧输入电流谐波更少,为 $18k\pm1$ 次($k=1,2,3,\cdots$),整流输出电压 u_d 的脉动也更小。

　　串联 3 重连接整流电路输入位移因数和功率因数分别为

$$\cos\varphi_{1}=\cos\alpha \qquad (4.4.15)$$

$$PF=\frac{I_{s1}}{I}\cos\varphi_{1}=0.994\,9\cos\alpha \qquad (4.4.16)$$

　　如将整流变压器的二次绕组移相 15°,可构成**串联 4 重连接电路**,它是 24 脉波整流电路,其交流侧输入电流谐波次为 $24k\pm1$,($k=1,2,3,\cdots$)。其输入位移因数功率因数分别为

$$\cos\varphi_{1}=\cos\alpha \qquad (4.4.17)$$

$$PF=\frac{I_{s1}}{I}\cos\varphi_{1}=0.997\,19\cos\alpha \qquad (4.4.18)$$

　　通过上面的分析可知,采用多重连接的方法并不能提高位移因数,但可使输入电流谐波

大幅减小,从而也可以在一定程度上提高功率因数。

3. 多重连接电路的顺序控制

如果只对多重整流桥中一个桥的 α 角进行控制,其余各桥的工作状态则根据需要输出的整流电压而定,或者不工作而使该桥输出直流电压为零,或者 $\alpha=0$ 而使该桥输出电压最大,这种根据所需总直流输出电压从低到高的变化按顺序依次对各桥 α 角进行控制的方法被称为顺序控制。

顺序控制并不能降低输入电流谐波。但是各组桥中只有一组在进行相位控制,其余各组或不工作,或位移因数为1,因此总功率因数得以提高,我国电气机车的整流器大多为这种方式。图 4.4.5(a)是用于电气机车的 3 重晶闸管整流桥(电气化铁道对机车是单相供电)电路原理图,图 4.4.5(b)、(c)分别是 3 重晶闸管整流桥整流输出电压和交流输入电流的波形图,通过它可以说明顺序控制的原理。

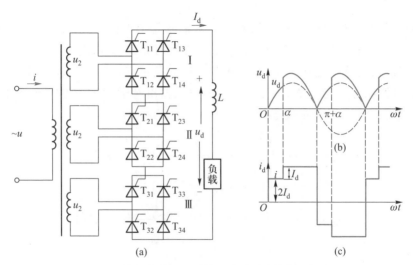

图 4.4.5　单相串联 3 重联接电路及顺序控制时的波形

当需要的输出电压低于三分之一最高电压时,只对第 I 组桥的 α 角进行控制,连续触发晶闸管 T_{23}、T_{24}、T_{33}、T_{34} 使其导通,这样第 II、III 组的输出电压就为零;当需要的输出电压达到 $\frac{1}{3}$ 最高电压时,第 I 组桥的 α 角为 0°;需要输出电压为 $\frac{1}{3}$ 到 $\frac{2}{3}$ 最高电压时,第 I 组桥的 α 角固定为 0°,第 III 组桥的 T_{33} 和 T_{34} 维持导通,使其输出电压为零,仅对第 II 组桥的 α 角进行控制;需要输出电压为 $\frac{2}{3}$ 最高电压以上时,第 I、II 组桥的 α 角固定为 0°,仅对第 III 组桥的 α 角进行控制。

在对一个单元桥的 α 进行控制时,为使直流输出电压波形不含负的部分,可采取如下的控制方法:以第 I 组桥为例,当电压相位为 α 时,触发 T_{11} 和 T_{14} 导通并有直流电流 I_{d},在电压相位为 $\pi\alpha$ 时,触发 T_{13},T_{11} 则关断,I_{d} 通过 T_{11} 和 T_{14} 续流,I 组桥的输出电压为零而不出现负值;当电压相位为 π+α 时,触发 T_{12},则 T_{14} 关断,由 T_{12} 和 T_{13} 导通输出直流电压;当电压相位为 2π 时,触发 T_{11},则 T_{13} 关断,I_d 通过 T_{11} 和 T_{12} 续流,Ⅰ组桥的输出电压为零,直到电压相位为 2π+α 时的下一周期开始,重复上一过程。

图 4.4.5(b)、(c)分别是 3 重晶闸管整流桥整流输出直流电压大于 $\frac{2}{3}$ 最高电压时的总直流输出电压 u_d 和总交流输入电流 i 的波形图,这时第Ⅰ、Ⅱ组桥的 α 均固定在 0°,第Ⅲ组桥的控制角为 α,电流从 i 的波形仍与单相全控桥一样含有奇次谐波(桥Ⅰ的电流 i 的波形半周期内前后四分之一周期不对称),但其奇波分量比电压的滞后少,则位移因数高,总的功率因数就提高了。

4.5　相控整流电路的换相压降

在前面分析和计算相控整流电路时,都认为晶闸管为理想开关,其换流是瞬时完成的。实际上整流变压器有漏抗,晶闸管之间的换流不能瞬时完成,会出现参与换流的两个晶闸管同时导通的现象,同时导通的时间对应的电角度称为换相重叠角 γ。图 4.5.1 画出了三相半波相控整流电路在考虑变压器漏抗后的等效电路及输出电压、电流的波形。图中 L_1 为变压器的每相绕组折合到二次侧的漏感。

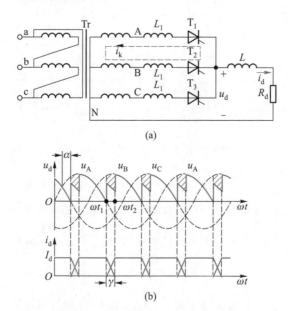

图 4.5.1　考虑变压器漏抗后相控整流电路的等效电路及输出电压、电流波形

当 ωt_1 时刻触发 T_2 时,B 相电流不能瞬时上升到 I_d 值,A 相电流不能瞬时下降到零,电流换相需要时间 t_γ,换流重叠角所对应的时间为 $t_\gamma = \gamma/\omega$。在重叠角期间,T_1、T_2 同时导通,产生一个虚拟电流 i_k,如图 4.5.1(a)中虚线所示。很明显

$$u_B - u_A = 2L_1 \frac{di_k}{dt} \tag{4.5.1}$$

而整流输出电压为

$$u_d = u_B - L_1 \frac{di_k}{dt} = u_A + L_1 \frac{di_k}{dt} = u_B - \frac{1}{2}(u_B - u_A)$$

$$= \frac{1}{2}(u_A + u_B) \tag{4.5.2}$$

式(4.5.2)表明,在 γ 期间,直流输出电压比 u_A 或 u_B 都小,使输出电压波形减少了一块阴影面积,降低的电压值为

$$u_B - u_d = \frac{1}{2}(u_B - u_A) = L_1 \frac{di_k}{dt}$$

图中的阴影面积大小为

$$A = \int_0^\gamma L_1 \frac{di_k}{dt} d(\omega t) = \int_0^{I_d} \omega L_1 di_k = \omega L_1 I_d \tag{4.5.3}$$

1. 换相压降 U_γ

在图 4.5.1(a)所示的三相半波相控整流电路中,整流输出电压为三相波形组合(即一周期内换相三次),每个周期内有三个阴影面积,这些阴影面积之和 3A 除以周期 2π,即为换相重叠角期间输出平均电压的减少量,称为换相压降 U_γ,则

$$U_\gamma = \frac{3A}{2\pi} = \frac{3\omega L_1 I_d}{2\pi} = \frac{3X_1 I_d}{2\pi} \tag{4.5.4}$$

式中, $X_1 = \omega L_1$ 是变压器每相漏感折合到二次侧的漏电抗。

由式(4.5.4)可知,换相压降 U_γ 正比于负载电流 I_d,它相当于整流电源增加了一项等效电阻 $\frac{3X_1}{2\pi}$,但这个等效内阻并不消耗有功功率。

2. 换相重叠角 γ

在图 4.5.1(b)中,为便于计算,将坐标原点移到 A、B 相的自然换流点,并设 $u_A = \sqrt{2}\, U_2 \cos\left(\omega t + \frac{\pi}{3}\right)$,则

$$u_B = \sqrt{2}\, U_2 \cos\left(\omega t - \frac{\pi}{3}\right)$$

由式(4.5.1)可得

$$2L_1 \frac{di_k}{dt} = \sqrt{2}\, U_2 \left[\cos\left(\omega t - \frac{\pi}{3}\right) - \cos\left(\omega t + \frac{\pi}{3}\right)\right]$$

$$= \sqrt{6}\,U_2 \sin \omega t$$

将上式两边同乘以 ω，得

$$2\omega L_1 \mathrm{d}i_k = \sqrt{6}\,U_2 \sin \omega t \mathrm{d}(\omega t) \tag{4.5.5}$$

从电路工作原理可知，当电感 L_1 中电流从 0 变到 I_d 时，正好对应 ωt 从 α 变到 $(\alpha+\gamma)$，将此条件代入式(4.5.5)中，得

$$2X_1 \int_0^{I_d} \mathrm{d}i_k = \sqrt{6}\,U_2 \int_\alpha^{\alpha+\gamma} \sin \omega t \mathrm{d}(\omega t)$$

即

$$2X_1 I_d = \sqrt{6}\,U_2 [\cos \alpha - \cos(\alpha + \gamma)] \tag{4.5.6}$$

则换相重叠角为

$$\gamma = \arccos\left(\cos \alpha - \frac{2X_1 I_d}{\sqrt{6}\,U_2}\right) - \alpha \tag{4.5.7}$$

式(4.5.7)表明：当 L_1 或 I_d 增大时，γ 将增大；当 α 增大时，γ 减小。必须指出，如果在负载两端并联续流二极管，将不会出现换流重叠的现象，因为换流过程因续流二极管的存在而改变。

对于其他整流电路，可用同样的方法进行分析。现将结果列于表 4.5.1 中，以方便读者使用。

表 4.5.1   各种整流电路换相压降和换相重叠角的计算

电路形式	单相全波	单相全控桥	三相半波	三相全控桥	m 脉冲整流电路
ΔU_d	$\dfrac{X_B}{\pi}I_d$	$\dfrac{2X_B}{\pi}I_d$	$\dfrac{3X_B}{2\pi}I_d$	$\dfrac{3X_B}{\pi}I_d$	$\dfrac{mX_B}{2\pi}I_d$ [1]
$\cos \alpha - \cos(\alpha+\gamma)$	$\dfrac{I_d X_B}{\sqrt{2}\,U_2}$	$\dfrac{2I_d X_B}{\sqrt{2}\,U_2}$	$\dfrac{2X_B I_d}{\sqrt{6}\,U_2}$	$\dfrac{2X_B I_d}{\sqrt{6}\,U_2}$	$\dfrac{I_d X_B}{\sqrt{2}\,U_2 \sin \frac{\pi}{m}}$ [2]

① 单相全控桥电路的换相过程中，环流 i_k 是从 $-I_d$ 变为 I_d，本表所列通用公式不适用。

② 三相桥等效为相电压有效值等于 $\sqrt{3}\,U_2$ 的六脉波整流电路，故其 $m=6$，相电压有效值按 $\sqrt{3}\,U_2$ 代入。

4.6 整流电路的谐波分析

整流电路的输出电压是非周期性的正弦函数，其中既有直流成分，又包含一定阶次的谐波电压，这些谐波对负载的工作是不利的。认真对整流电路的谐波进行分析以评判整流器的特性，掌握整流电压中各次谐波电压的阶次、数值和相位关系及控制特性可以更清晰地分析、计算和控制交流电源电流的波形。

4.6.1 m 脉波相控整流输出电压通用公式

图 4.6.1 所示为一个 m 脉波整流输出直流脉动电压波形。在一个交流电源周期 2π 中，有 m 个形状相同的脉波，但它们相差 $2\pi/m$，脉波的周期为 $T_\mathrm{p} = \dfrac{2\pi/m}{\omega}$。若将纵坐标选在整流电压的峰值处，则在 $-\pi/m \sim \pi/m$ 期间，整流输出电压的表达式为 $u_\mathrm{d} = \sqrt{2}\,U_2\cos\omega t$，它的傅里叶级数表达式为

$$u_\mathrm{d} = U_\mathrm{d} + \sum_{n=1,2,\cdots}^{\infty} a_n\cos(n\omega t) + b_n\sin(n\omega t) \tag{4.6.1}$$

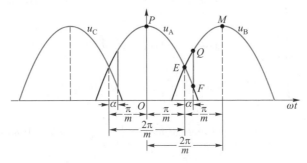

图 4.6.1 m 脉波整流输出直流脉动电压波形

式中，直流平均值为

$$U_\mathrm{d} = \frac{1}{T_\mathrm{p}}\int_0^{T_\mathrm{p}} u_\mathrm{d}\,\mathrm{d}t = \frac{m}{2\pi}\int_0^{2\pi/m} u_\mathrm{d}\,\mathrm{d}(\omega t) \tag{4.6.2}$$

谐波的系数为

$$a_n = \frac{2}{T_\mathrm{p}}\int_0^{T_\mathrm{p}} u_\mathrm{d}\cos(n\omega t)\,\mathrm{d}t = \frac{\pi}{m}\int_0^{2\pi/m} u_\mathrm{d}\cos(n\omega t)\,\mathrm{d}(\omega t) \tag{4.6.3}$$

$$b_n = \frac{2}{T_\mathrm{p}}\int_0^{T_\mathrm{p}} u_\mathrm{d}\sin(n\omega t)\,\mathrm{d}t = \frac{\pi}{m}\int_0^{2\pi/m} u_\mathrm{d}\sin(n\omega t)\,\mathrm{d}(\omega t) \tag{4.6.4}$$

图 4.6.1 中，E 点为先后两个整流电压 u_A 和 u_B 的自然换流点。若忽略交流回路电感，且换相重叠角 $\gamma = 0$，则在 $\omega t = \dfrac{\pi}{m} + \alpha$ 时刻，输出电流立即从 A 相换到 B 相。

若

$$u_\mathrm{A} = \sqrt{2}\,U_2\cos\omega t \tag{4.6.5}$$

因 u_B 比 u_A 滞后 $\dfrac{2\pi}{m}$ 弧度，故

$$u_\mathrm{B} = \sqrt{2}\,U_2\cos\left(\omega t - \frac{2\pi}{m}\right) \tag{4.6.6}$$

将式(4.6.5)、式(4.6.6)代入式(4.6.2)中，可得 m 脉波相控整流输出电压平均值为

$$U_{d} = \frac{m}{2\pi}\int_{0}^{2\pi/m} u_{d}\mathrm{d}(\omega t) = \frac{m}{2\pi}\Big[\int_{0}^{\frac{\pi}{m}+\alpha} u_{A}\mathrm{d}(\omega t) + \int_{\frac{\pi}{m}+\alpha}^{\frac{2\pi}{m}} u_{B}\mathrm{d}(\omega t)\Big]$$

$$= \frac{\sqrt{2}U_{2}}{\pi}m\sin\frac{\pi}{m}\cos\alpha \tag{4.6.7}$$

在式(4.6.7)中,令 $m = 2,3,6$,即可得单相桥、三相半波和三相全桥相控整流的电流、电压平均值。令式中的 $\alpha = 0$,则可得到不可控整流时单相桥($m = 2$)、三相半波($m = 3$)以及三相全桥($m = 6$)等不可控整流直流电压平均值。

将式(4.6.5)、式(4.6.6)代入式(4.6.3)、式(4.6.4)中,可得

$$a_{n} = \frac{\pi}{m}\Big[\int_{0}^{\frac{\pi}{m}+\alpha} u_{A}\cos(n\omega t)\mathrm{d}(\omega t) + \int_{\frac{\pi}{m}+\alpha}^{\frac{2\pi}{m}} u_{B}\cos(n\omega t)\mathrm{d}(\omega t)\Big]$$

$$= \frac{\pi}{m}\Big[\int_{0}^{\frac{\pi}{m}+\alpha} \sqrt{2}U_{2}\cos\omega t\cos(n\omega t)\mathrm{d}(\omega t) +$$

$$\int_{\frac{\pi}{m}+\alpha}^{\frac{2\pi}{m}} \sqrt{2}U_{2}\cos\Big(\omega t - \frac{2\pi}{m}\Big)\cos(n\omega t)\mathrm{d}(\omega t)\Big] \tag{4.6.8}$$

$$b_{n} = \frac{\pi}{m}\Big[\int_{0}^{\frac{\pi}{m}+\alpha} u_{A}\sin(n\omega t)\mathrm{d}(\omega t) + \int_{\frac{\pi}{m}+\alpha}^{\frac{2\pi}{m}} u_{B}\sin(n\omega t)\mathrm{d}(\omega t)\Big]$$

$$= \frac{\pi}{m}\Big[\int_{0}^{\frac{\pi}{m}+\alpha} \sqrt{2}U_{2}\cos\omega t\sin(n\omega t)\mathrm{d}(\omega t) +$$

$$\int_{\frac{\pi}{m}+\alpha}^{\frac{2\pi}{m}} \sqrt{2}U_{2}\cos\Big(\omega t - \frac{2\pi}{m}\Big)\sin(n\omega t)\mathrm{d}(\omega t)\Big] \tag{4.6.9}$$

注意到

$$\int \cos(x - \theta)\cos(y - \theta)\mathrm{d}\theta = \frac{\sin(x + y)\theta}{2(x + y)} + \frac{\sin(x - y)\theta}{2(x - y)}$$

$$\int \cos(x - \theta)\sin(y - \theta)\mathrm{d}\theta = \frac{\cos(x + y)\theta}{2(x + y)} - \frac{\cos(x - y)\theta}{2(x - y)}$$

$$\cos(x - y) = \cos x\cos y + \sin x\sin y$$

$$\sin(x - y) = \sin x\cos y - \cos x\sin y$$

可得

$$a_{n} = \frac{\sqrt{2}U_{2}}{\pi}m\sin\frac{\pi}{m}\cos\frac{n}{m}\pi\Big[\frac{\cos(n + 1)\alpha}{n + 1} - \frac{\cos(n - 1)\alpha}{n - 1}\Big]$$

$$b_{n} = \frac{\sqrt{2}U_{2}}{\pi}m\sin\frac{\pi}{m}\cos\frac{n}{m}\pi\Big[\frac{\sin(n + 1)\alpha}{n + 1} - \frac{\sin(n - 1)\alpha}{n - 1}\Big]$$

m 脉波整流电压中的谐波阶次为

$$n = Km, \quad K = 1,2,3$$

将此关系代入上两式中,有

$$a_n = \frac{\sqrt{2}\,U_2}{\pi}m\sin\frac{\pi}{m}\cos K\pi\left[\frac{\cos(Km+1)\alpha}{Km+1} - \frac{\cos(Km-1)\alpha}{Km-1}\right] \qquad (4.6.10)$$

$$b_n = \frac{\sqrt{2}\,U_2}{\pi}m\sin\frac{\pi}{m}\cos K\pi\left[\frac{\sin(Km+1)\alpha}{Km+1} - \frac{\sin(Km-1)\alpha}{Km-1}\right] \qquad (4.6.11)$$

在式(4.6.10)、式(4.6.11)中,令 $m=2,3,6$,即可得到单相桥($m=2$)、三相半波($m=3$)以及三相全桥($m=6$)相控整流电压的各次谐波。令 $\alpha=0$,则可得到不可控整流时单相桥($m=2$)、三相半波($m=3$)以及三相全桥($m=6$)等不可控整流电压的各次谐波。

4.6.2　单相和三相桥式相控整流电压的谐波分析

1. 单相桥相控整流电压的谐波分析

令 $m=2$,由式(4.6.7)、式(4.6.10)、式(4.6.11)可得单相桥相控整流电路的输出电压平均值和谐波电压分别为

$$u_d = \frac{2\sqrt{2}}{\pi}U_2\cos\alpha \qquad (4.6.12)$$

$$a_n = \frac{2\sqrt{2}\,U_2}{\pi}\cos K\pi\left[\frac{\cos(2K+1)\alpha}{2K+1} - \frac{\cos(2K-1)\alpha}{2K-1}\right] \qquad (4.6.13)$$

$$b_n = \frac{2\sqrt{2}\,U_2}{\pi}\cos K\pi\left[\frac{\sin(2K+1)\alpha}{2K+1} - \frac{\sin(2K-1)\alpha}{2K-1}\right] \qquad (4.6.14)$$

$n=Km$ 次谐波($K=1,2,3;n=2,4,6$)电压幅值为

$$U_{nm} = \sqrt{a_n^2 + b_n^2} \qquad (4.6.15)$$

n 次谐波($K=1,2,3;n=2,4,6$)电压幅值与交流电压幅值 $\sqrt{2}\,U_2$ 的比值为

$$\frac{U_{nm}}{\sqrt{2}\,U_2} = \frac{\sqrt{a_n^2 + b_n^2}}{\sqrt{2}\,U_2} \qquad (4.6.16)$$

n 次谐波($K=1,2,3;n=2,4,6$)的相位角为

$$\theta_n = \arctan\frac{b_n}{a_n} \qquad (4.6.17)$$

图 4.6.2 画出了 $n=2,4,6$ 的 $\dfrac{U_{nm}}{\sqrt{2}\,U_2}$ 与控制角 α 的关系曲线。很明显,$\alpha=90°$ 时谐波幅值最大,因此实际应用中按 $\alpha=90°$ 选用平波电抗器。

$m=2$ 时,(即单相桥)相控整流负载电压的有效值 $U=U_2$,谐波电压的有效值为

$$U_H = \sqrt{U^2 - U_d^2} = U_2\sqrt{1 - \frac{8\cos^2\alpha}{\pi^2}} \qquad (4.6.18)$$

因此,电压的纹波系数是

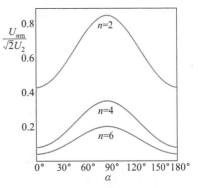

图 4.6.2　单相桥相控整流
电压的谐波电压特性

$$\gamma_u = \frac{U_H}{U_d} = \sqrt{\left(\frac{\pi}{2\sqrt{2}\cos\alpha}\right)^2 - 1} \tag{4.6.19}$$

当 $\alpha = 0$ 时(二极管不控整流电路),$\gamma_u = 0.482$。

2. 三相桥相控整流电压的谐波分析

当 $m = 6$ 时,依据式(4.6.7)、式(4.6.10)、式(4.6.11)可得三相全桥相控整流电路的输出电压平均值和谐波电压分别为

$$u_d = \frac{3\sqrt{2}}{\pi}U_{2L}\cos\alpha \tag{4.6.20}$$

$$a_n = \frac{3\sqrt{2}U_{2L}}{\pi}\cos K\pi\left[\frac{\cos(6K+1)\alpha}{6K+1} - \frac{\cos(6K-1)\alpha}{6K-1}\right] \tag{4.6.21}$$

$$b_n = \frac{3\sqrt{2}U_{2L}}{\pi}\cos K\pi\left[\frac{\sin(6K+1)\alpha}{6K+1} - \frac{\sin(6K-1)\alpha}{6K-1}\right] \tag{4.6.22}$$

式中,U_{2L} 为线电压的有效值。

$n = Km$ 次谐波($K = 1, 2, 3; n = 6, 12, 18, \cdots$)电压幅值为

$$U_{nm} = \sqrt{a_n^2 + b_n^2} \tag{4.6.23}$$

其电压幅值与交流电压幅值 $\sqrt{2}U_2$ 的比值为

$$\frac{U_{nm}}{\sqrt{2}U_2} = \frac{\sqrt{a_n^2 + b_n^2}}{\sqrt{2}U_2} \tag{4.6.24}$$

n 次谐波的相位角为

$$\theta_n = \arctan\frac{b_n}{a_n} \tag{4.6.25}$$

图 4.6.3 画出了 $n = 6, 12, 18$ 的 $\dfrac{U_{nm}}{\sqrt{2}U_2}$ 与控制角 α 的关系曲线。同样,$\alpha = 90°$ 时谐波幅值最大,因此实际应用中按 $\alpha = 90°$ 选用平波电抗器。

$m = 6$ 时(三相全桥),相控整流负载电压的有效值为

$$U = \sqrt{\frac{3}{\pi}\int_{\frac{\pi}{3}+\alpha}^{\frac{2\pi}{3}+\alpha}(\sqrt{2}U_{2L}\sin\omega t)^2 \mathrm{d}(\omega t)}$$

$$= \sqrt{2}U_{2L}\sqrt{\frac{1}{2} + \frac{3\sqrt{3}}{4\pi}\cos 2\alpha} \tag{4.6.26}$$

谐波电压的有效值为

$$U_H = \sqrt{U^2 - U_d^2}$$

因此,电压的纹波系数为

$$\gamma_u = \frac{U_H}{U_d} = \frac{\sqrt{U^2 - U_d^2}}{U_d} \tag{4.6.27}$$

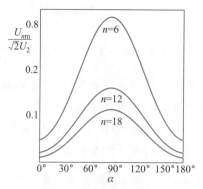

图 4.6.3　三相桥相控整流电压的
谐波电压特性

当 $\alpha = 0$ 时(二极管不控整流电路), $\gamma_u = 0.041\ 8$。

通过上面的分析,可以总结出整流电路输出电压中的谐波有如下规律:

① $\alpha = 0°$ 时, m 脉波整流电压 u_d 的谐波次数为 $mk(k = 1, 2, 3, \cdots)$ 次,即 m 的倍数次;整流电流的谐波由整流电压的谐波决定,也为 mk 次。当 m 一定时,随谐波次数增大,谐波幅值迅速减小,因此最低次(m 次)谐波是最主要的,其他次的谐波相对较少,当负载中有电感时,负载电流谐波幅值的减小更为迅速; m 增加时,最低次谐波次数增大,且幅值迅速减小,电压纹波系数迅速下降。

② α 不为 $0°$,且 α 在 $0° \sim 90°$ 变化时, u_d 的谐波幅值随 α 增大而增大, $\alpha = 90°$ 时谐波幅值最大; α 在 $90° \sim 180°$ 之间,电路工作于有源逆变工作状态(下一节讨论), u_d 的谐波幅值随 α 增大而减小。

电力电子装置产生的谐波造成了电力公害,抑制谐波是电力电子技术中的一个重要问题。许多国家都颁布了限制电网谐波的国家标准,或由权威机构制定限制谐波的规定。我国国家标准(GB/T 14549—93)《电能质量公用电网谐波》从 1994 年 3 月 1 日起开始实施。

各次谐波电压产生相应频率的谐波交流电流,为了保持电流连续,减小电流脉动程度,通常在整流电路输出的电流回路中串接平波电抗器,使负载中交流谐波电流幅值限制在一定数值内并确保负载电流连续,分析计算谐波电压可以评判整流器的特性,可用于设计计算平波电感。高压、大容量整流装置通常采用多个三相桥式整流电路串、并联组合输出,既增加了输出功率,又可以改善输出波形。交流供电变压器常采用多绕组、多相结构,这可以消除或削弱交流电源供电电流中一些较低次的谐波电流。

4.7　整流电路的有源逆变工作状态

前面分析的整流电路都是把交流电变成直流电,这一电能的变换过程称为整流。相反,把直流电转变成交流电的过程称为逆变。逆变电路分为无源逆变电路和有源逆变电路两种。无源逆变电路能将直流电能变为交流电能输出至负载(在第 3 章中已讨论)。还有一种逆变电路,它把直流电能变为交流电能输出给交流电网,称为有源逆变,完成有源逆变的装置称为有源逆变器。同一相控整流电路,既可工作在整流状态,不改变电路形式,满足一定条件,又可工作于有源逆变状态,本节讨论整流电路的有源逆变工作状态。

4.7.1　有源逆变的工作原理

图 4.7.1 中 G 是直流发电机,M 是电动机, R_Σ 是等效电阻,现在来分析直流发电机-电动机系统中电能的转换关系。

当控制发电机电动势的大小和极性时,G 和 M 之间的能量转换关系将发生变化。

图 4.7.1(a)中 M 电动运转,电动势 $E_G > E_M$,电流 I_d 从 G 流向 M,M 吸收电功率;

图 4.7.1(b)中 M 作发电运转,此时, $E_M > E_G$,电流反向,从 M 流向 G,故 M 输出电功率,

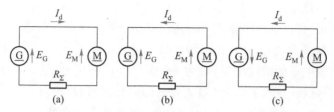

图 4.7.1　直流发电机–电动机之间电能的流转

G 则吸收电功率, M 轴上输入的机械能转变为电能反送给 G, 系统工作在回馈制动状态;

　　图 4.7.1(c)中两电动势顺向串联, 向电阻 R_Σ 供电, G 和 M 均输出功率, 由于 R_Σ 一般都很小, 实际上形成短路, 在工作中必须严防这类事故发生。

　　将整流电路代替上述发电机, 能方便地研究整流电路的有源逆变工作原理。

1. 单相全波整流电路工作在整流状态

　　如图 4.7.2 所示的单相全波整流电路带动直流卷扬系统, 当移相控制角 α 在 $0 \sim \dfrac{\pi}{2}$ 范围内变化时, 其直流侧输出电压 $U_d = 0.9 U_2 \cos \alpha > 0$, 在该电压作用下, 直流电动机 M 转动, 卷扬机将重物提升起来, 直流电动机转动产生的反电势为 E, 且 E 略小于输出直流平均电压 U_d, 此时电动机 M 作电机运行, 整流器输出功率, 电动机吸收功率, 电流值为

$$I_d = \frac{U_d - E}{R_a} \qquad (4.7.1)$$

式中, R_a 为电动机绕组电阻, 其值很小, 两端电压也很小。

　　如果在电动机运动过程中使控制角 α 减小, 则 U_d 增大, I_d 瞬时值也随之增大, 电动机电磁转矩增大, 所以电动机转速提高。随着转速升高, E 增大, I_d 随之减小, 最后恢复到原来的数值, 此时电动机稳定运行在较高转速状态。反之, 如果使 α 角增大, 电动机转速减小。所以, 改变晶闸管的控制角, 可以很方便地对电动机进行无级调速。

　　当卷扬机将重物提升到规定的高度时, 自然就需在这个位置停住, 这时只要将控制角 α 调到等于 $\pi/2$, 变流器输出电压波形中, 其正、负面积相等, 电压平均值 U_d 为零, 电动机停转(实际上采用电磁抱闸断电制动), 反电动势 E 也同时为零。

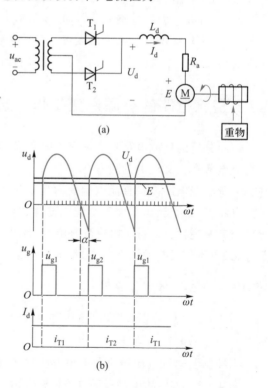

图 4.7.2　单相全波整流电路的整流工作状态

2. 单相全波整流电路工作在逆变状态

上述卷扬系统中,当重物放下时,由于重力对重物的作用,必将牵动电动机使之向与重物上升相反的方向转动,电动机产生的反电势 E 的极性也将随之反相,上负下正,如图 4.7.3 所示。为了防止两电动势顺向串联形成短路,则要求 U_d 的极性也必须反过来,即上负下正,因此,整流电路的控制角 α 必须在 $\frac{\pi}{2} \sim \pi$ 范围内变化。此时,电流 I_d 为

$$I_d = \frac{|E| - |U_d|}{R_a} \qquad (4.7.2)$$

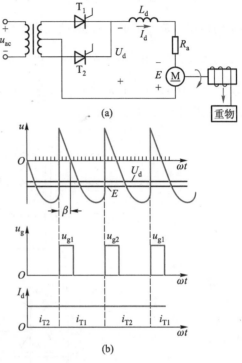

图 4.7.3 单相全波整流电路的逆变工作状态

由于晶闸管单向导通性,I_d 方向仍然保持不变。如果 $|E| < |U_d|$,则 $I_d = 0$;如果 $|E| > |U_d|$,则 $I_d \neq 0$。电动势的极性改变了,而电流的方向未变,因此功率的传递关系发生了变化,电动机处于发电机状态,发出直流功率,整流电路将直流功率逆变为 50 Hz 的交流电返送到电网,这就是有源逆变工作状态。

逆变时,电流 I_d 的大小取决于 E 和 U_d,而 E 由电动机的转速决定,U_d 可以调节控制角 α 改变其大小。为了防止过电流,同样应满足 $E \approx U_d$ 的条件。

在逆变工作状态下,虽然控制角 α 在 $\frac{\pi}{2} \sim \pi$ 间变化,晶闸管的阳极电位大部分处于交流电压的负半周期,但由于有外接直流电动势 E 的存在,晶闸管仍因承受正向电压而导通。

由此可看出,在特定的场合,同一套晶闸管电路既可以工作在整流状态,也可以工作在逆变状态,这种电路又称变流器。

从上面的分析中可归纳出有源逆变的条件,即:

① 一定要有直流电动势源,其极性必须与晶闸管的导通方向一致,其值应稍大于变流器直流侧的平均电压。

② 变流器必须工作在 $\alpha > \frac{\pi}{2}$ 的区域内,使 $U_d < 0$。

这两个条件缺一不可。由于半控桥或有续流二极管的电路不能输出负电压,也不允许直流侧出现负极性的电动势,故不能实现有源逆变。

4.7.2 三相半波有源逆变电路

图 4.7.4(a)为三相半波整流器带电动机负载时的电路,并假设负载电流连续。当 α 在

$\dfrac{\pi}{2}\sim\pi$ 范围内变化时,变流器输出电压的瞬时值在整个周期内虽然有正有负或者全部为负,但负的面积总是大于正的面积,故输出电压的平均值 U_d 为负值。电动势 E 的极性具备有源逆变的条件,当 α 在 $\dfrac{\pi}{2}\sim\pi$ 范围内变化且 $E>U_\mathrm{d}$ 时,可以实现有源逆变。

图 4.7.4(b)画出了 $\alpha=150°$ 时,逆变电路的输出电压和电流波形。I_d 从 E 的正极流出,从 U_d 的正端流入,故反送电能。

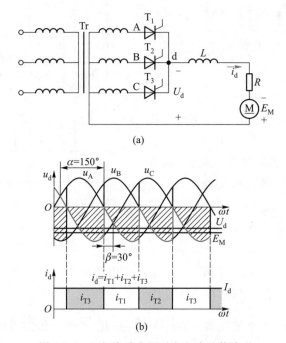

图 4.7.4　三相半波有源逆变电路及其波形

变流器逆变时,直流侧电压计算公式与整流时一样。当电流连续时,有

$$U_\mathrm{d} = 1.17U_2\cos\alpha \tag{4.7.3}$$

式中,U_2 为相电压的有效值。

由于逆变时 $\alpha>90°$,故 $\cos\alpha$ 计算不大方便,于是引入逆变角 β,令 $\alpha=\pi-\beta$,则式(4.7.3)改写成

$$U_\mathrm{d} = -1.17U_2\cos\beta \tag{4.7.4}$$

逆变角为 β 的触发脉冲位置从 $\alpha=\pi$ 的时刻左移 β 角来确定。

4.7.3　三相桥式有源逆变电路

三相全控桥式整流电路用作有源逆变时,就成了三相桥式逆变电路。三相桥式逆变电路的工作与三相桥式整流电路一样,要求每隔 60° 依次触发晶闸管,电流连续时,每个晶闸管导通 120°,触发脉冲必须是双窄脉冲或者是宽脉冲。直流侧电压计算公式为

$$U_d = -2.34U_2\cos\beta \qquad (4.7.5)$$

或

$$U_d = -1.35U_{2L}\cos\beta \qquad (4.7.6)$$

式中，U_2 为逆变电路输入相电压，U_{2L} 为逆变电路输入线电压。

4.7.4 有源逆变最小逆变角 $\beta_{\min}$ 的限制

在整流电路中已讨论了变压器漏抗对整流电路换流的影响，在这里同样也应考虑变压器漏抗对逆变电路换流的影响。由于变压器漏抗的影响，电路换流不能瞬间完成，从而引起换流重叠角 γ，如图 4.7.5 所示。如果逆变角 β 太小，即 $\beta<\gamma$ 时，从图 4.7.5 所示的波形中可清楚看到，换流还未结束，电路的工作状态到达 u_A 与 u_B 交点 P，从 P 点之后，u_A 将高于 u_B，晶闸管 T_2 承受反向电压而重新截止，而应该截止的 T_1 却承受正向电压而继续导通，从而造成逆变失败。因此，为了防止逆变失败，不仅逆变角 β 不能等于零，而且不能太小，必须限制在某一允许的最小角度内。最小逆变角 $\beta_{\min}$ 的选取要考虑以下因素：

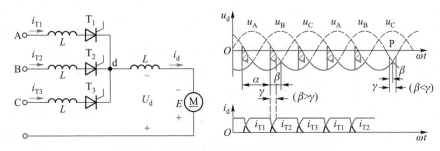

图 4.7.5 交流侧电抗对逆变换相过程的影响

① 换相重叠角 γ 随电路形式、工作电流的大小不同而不同，一般选取为 15°~25° 电角度。

② 晶闸管关断时间 t_q 所对应的电角度 δ。一般 t_q 大的可达 200~300 μs，折算电角度 δ 为 4°~5°。

③ 安全裕量角 θ。考虑到脉冲调整时不对称、电网波动等因素影响，还必须留有一个安全裕量角，一般选取 θ 为 10°。

综上所述，最小逆变角 $\beta_{\min}$ 为

$$\beta_{\min} \geqslant \gamma + \delta + \theta \approx 30° \sim 35° \qquad (4.7.7)$$

设计有源逆变电路时，必须保证 $\beta>\beta_{\min}$，因此常在触发电路中附加一个保护环节，保证控制脉冲不进入 $\beta_{\min}$ 区域内。

4.8 晶闸管相控电路的驱动控制

对于相控电路这种使用晶闸管的场合，在晶闸管阳极加上正向电压后，还必须在门极与

阴极之间加上触发电压,晶闸管才能从截止转变为导通,习惯上称为触发控制。提供这个触发电压的电路称为晶闸管的触发电路。它决定每个晶闸管的触发导通时刻,是晶闸管装置中不可缺少的一个重要组成部分。晶闸管相控整流电路,通过控制触发角 α 的大小即控制触发脉冲起始相位来控制输出电压大小,为保证相控电路的正常工作,很重要的一点是应保证按触发角 α 的大小在正确的时刻向电路中的晶闸管施加有效的触发脉冲。只有正确设计、选择与使用触发电路,才能保证晶闸管及其装置安全可靠地运行。

4.8.1 对触发电路的要求

晶闸管的型号很多,其应用电路种类也很多,不同型号的晶闸管、应用电路对触发信号都会有不同的要求。但是,归纳起来,晶闸管触发主要有移相触发、过零触发和脉冲列调制触发等。不管是哪种触发电路,对它产生的触发脉冲都有如下要求:

① 触发信号为直流、交流或脉冲电压。由于晶闸管触发导通后,门极触发信号即失去控制作用,为了减小门极的损耗,一般不采用直流或交流信号触发晶闸管,而广泛采用脉冲触发信号。

② 触发信号应有足够的功率(触发电压和触发电流)。触发信号功率大小是晶闸管元件能否可靠触发的一个关键指标。由于晶闸管元件门极参数的分散性很大,且随温度的变化也大,为使所有合格的元件均能可靠触发,可参考元件出厂的试验数据或产品目录来设计触发电路的输出电压、电流值,并留有一定的裕量。

③ 触发脉冲应有一定的宽度,脉冲的前沿尽可能陡,以使元件在触发导通后,阳极电流能迅速上升超过掣住电流而维持导通。普通晶闸管的导通时间约为 6 μs,故触发脉冲的宽度至少应有 6 μs 以上。对于电感性负载,由于电感会抑制电流上升,触发脉冲的宽度应更大一些,通常为 0.5~1 ms。此外,某些具体电路对触发脉冲的宽度会有一定的要求,如前面所述的三相全控桥等电路的触发脉冲宽度要大于 60° 或采用双窄脉冲。

为了快速而可靠地触发大功率晶闸管,常在触发脉冲的前沿叠加一个强触发脉冲,强触发的电流波形如图 4.8.1 所示。强触发电流的幅值 i_{gm} 可达最大触发电流的 5 倍,前沿 t_1 约几 μs。

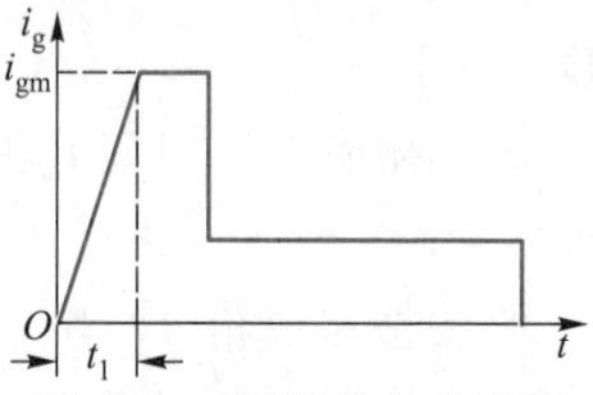

图 4.8.1 强触发电流波形

④ 触发脉冲必须与晶闸管的阳极电压同步,脉冲移相范围必须满足电路要求。在前两节分析相控整流电路时,为保证控制的规律性,要求晶闸管在每个阳极电压周期都在相同控制角 α 触发导通,这就要求触发脉冲的频率必须与阳极电压一致,且触发脉冲的前沿与阳极电压应保持固定的相位关系,这称为触发脉冲与阳极电压同步。同时,不同的电路或者相同的电路在不同负载、不同用途时,要求的 α 变化范围(移相范围)亦即触发脉冲前沿与阳极电压的相位变化范围不同,所用触发电路的脉冲移相范围必须能满足实际的需要。

4.8.2 晶闸管移相触发电路

1. 单结晶体管触发电路

由单结晶体管构成的触发电路具有简单、可靠、抗干扰能力强、温度补偿性能好,脉冲前沿陡等优点,在小容量的晶闸管装置中得到了广泛应用。它由自激振荡、同步电源、移相、脉冲形成等部分组成,电路如图 4.8.2(a)所示。

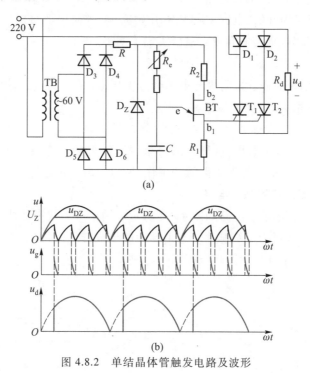

图 4.8.2　单结晶体管触发电路及波形

(1) 单结晶体管自激振荡电路

利用单结晶体管的负阻特性与 RC 电路的充放电可组成自激振荡电路,产生频率可变的脉冲。

从图 4.8.2(a)可知,经二极管 $D_1 \sim D_4$ 整流后的直流电源 U_z 一路经 R_2、R_1 加在单结晶体管两个基极 b_1、b_2 之间,另一路通过 R_e 对电容 C 充电,发射极电压 $u_e = u_C$ 按指数规律上升。u_C 刚充电到大于峰点转折电压 U_p 的瞬间,管子 e-b_1 间的电阻突然变小,开始导通。电容 C 开始通过管子 e-b_1 迅速向 R_1 放电,由于放电回路电阻很小,故放电时间很短。随着电容 C 放电,电压 U_e 小于一定值时,管子 BT 又由导通转入截止,然后电源又重新对电容 C 充电,上述过程不断重复。在电容上形成锯齿波振荡电压,在 R_1 上得到一系列前沿很陡的触发尖脉冲 u_g,如图 4.8.2(b)所示,其振荡频率为

$$f = \frac{1}{T} = \frac{1}{R_e C \ln\left(\dfrac{1}{1-\eta}\right)} \tag{4.8.1}$$

式中,$\eta = 0.3 \sim 0.9$,是单结晶体管的分压比。

可见,调节 R_e,即可调节振荡频率。

（2）同步电源

同步电压由变压器 TB 获得,而同步变压器与主电路接至同一电源,故同步电压与主电压同相位、同频率。同步电压经桥式整流、稳压二极管 D_Z 削波为梯形波 u_{DZ},而削波后的最大值 U_Z 既是同步信号,又是触发电路电源。当 u_{DZ} 过零时,电容 C 经 e-b$_1$、R_1 迅速放电到零电压。这就是说,每半周开始,电容 C 都从零开始充电,进而保证每周期触发电路送出第一个脉冲距离过零的时刻（即控制角 α）一致,实现了同步。

（3）移相控制

当 R_e 增大时,单结晶体管发射极充电到峰点电压 U_P 的时间增大,第一个脉冲出现的时刻推迟,即控制角 α 增大,实现了移相。

（4）脉冲输出

触发脉冲 u_g 由 R_1 直接取出,这种方法简单、经济,但触发电路与主电路有直接的电联系,对于晶闸管串联接法的全控桥电路无法工作,所以一般采用脉冲变压器输出。

2. 同步信号为锯齿波的触发电路

同步信号为锯齿波的触发电路如图 4.8.3 所示。输出可为双窄脉冲（适用于有两个晶闸管同时导通的电路）,也可为单窄脉冲。它由脉冲的形成与放大、锯齿波的形成和脉冲移相、同步环节、强触发和双窄脉冲形成环节等部分组成。

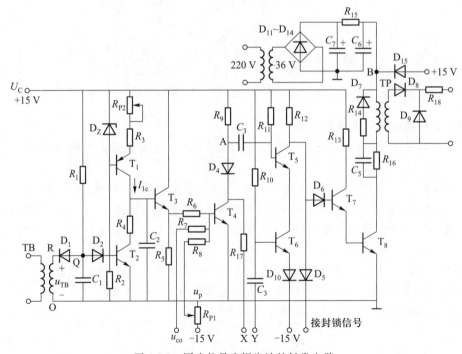

图 4.8.3 同步信号为锯齿波的触发电路

（1）锯齿波形成、同步移相环节

锯齿波形成电路由晶闸管 T_1、T_2、T_3 和电容 C_2 等元件组成，其中 T_1、D_Z、R_{P2} 和 R_3 为一个理想电流源电路。T_2 截止时，理想电流源电流 I_{1c} 对电容 C_2 充电，所以 C_2 两端电压 u_C 为

$$u_C = \frac{1}{C}\int I_{1c} \mathrm{d}t = \frac{I_{1c}}{C}t \tag{4.8.2}$$

u_C 按线性增长，即 T_3 的基极电位 u_{b3} 线性增长。

当 T_2 导通时，由于 R_4 阻值很小，所以 C_2 迅速放电，使 u_{b3} 电位迅速降到零。当 T_2 周期性地导通和截止时，u_{b3} 便形成一个周期性锯齿波，同样 u_{e3} 也是一个锯齿波电压（u_h），如图 4.8.4所示。

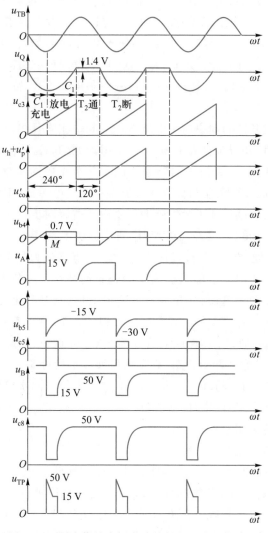

图 4.8.4 同步信号为锯齿波的触发电路工作波形

　　射极跟随器 T_3 的作用是减小控制回路的电流对锯齿波电压 u_{b3} 的影响。调节电位器 R_{P2}，即改变 C_2 的恒定充电电流 I_{1c}，可调节锯齿波斜率。

　　T_4 基极电位由锯齿波电压 u_h、控制电压 u_{co}、直流偏移电压 u_p 三者共同决定。如果 $u_{co}=0$，u_p 为负值时，u_{b4} 点的波形由 u_h+u_p 确定。当 u_{co} 为正值时，u_{b4} 点的波形由 $u_h+u_p+u_{co}$ 确定。u_{b4} 电压等于 0.7 V 后，T_4 导通，T_4 经过 M 点时使电路输出脉冲。之后 u_{b4} 一直被钳位在 0.7 V。M 点是 T_4 由截止到导通的转折点，也就是脉冲的前沿。因此当 u_p 为某固定值时，改变 u_{co} 便可改变 M 点的时间坐标，即改变了脉冲产生的时刻，脉冲被移相。可见，加 u_p 的目的是为了确定控制电压 $u_{co}=0$ 时脉冲的初始相位。

　　对于三相全控桥接感性负载且电流连续时，脉冲初始相位应定在 $\alpha=90°$。如果是可逆系统，需要在整流和逆变状态下工作，要求脉冲的移相范围理论上为 180°（主要是考虑 α_{min} 和 β_{min}，实际一般为 120°），由于锯齿波波形两端的非线性，因此要求锯齿波的宽度大于 180°（例如 240°）。此时令 $u_{co}=0$，调节 u_p 的大小使产生脉冲的 M 点移至锯齿波 240° 的中央（120°处），对应于 $\alpha=90°$ 的位置。如 u_{co} 为正值，M 点就向前移，控制角 $\alpha<90°$，晶闸管电路处于整流工作状态；如 u_{co} 为负值，M 点就向后移，控制角 $\alpha>90°$，晶闸管电路处于逆变状态。

（2）同步环节

　　同步就是要求触发脉冲的频率与主电路电源的频率相同且相位关系确定。锯齿波是由晶体管 T_2 来控制的。T_2 由导通变截止期间产生锯齿波，T_2 截止状态持续的时间就是锯齿波的宽度，T_2 开关的频率就是锯齿波的频率。同步环节是由同步变压器 TB 和作同步开关用的晶体管 T_2 组成。同步变压器和整流变压器接在同一电源上，用同步变压器的二次电压来控制它的通、断作用，这就保证了触发脉冲与主电路电源同步。

　　同步变压器 TB 二次电压 u_{TB} 经二极管 D_1 间接加在 T_2 的基极上。当二次电压波形在负半周的下降段时，D_1 导通，电容 C_1 被迅速充电。因 O 点接地为零电位，R 点为负电位，Q 点电位与 R 点相近，故在这一阶段 T_2 基极为反向偏置而截止。在负半周的上升段，+15 V 电源通过 R_1 给电容 C_1 反向充电，u_Q 为电容反向充电波形，其上升速度比 u_{TB} 波形慢，故 D_1 截止。当 Q 点电位达 1.4 V 时，T_2 导通，Q 点电位被钳位在 1.4 V。直到 TB 二次电压的下一个负半周到来时，D_1 重新导通，C_1 迅速放电后又被充电，T_2 截止，如此周而复始。在一个正弦波周期内，T_2 包括截止与导通两个状态，对应锯齿波波形恰好是一个周期，与主电路电源频率和相位完全同步，达到同步的目的。可以看出，Q 点电位从同步电压负半周上升段开始时刻到达 1.4 V 的时间越长，T_2 截止时间就越长，锯齿波就越宽。锯齿波的宽度是由充电时间常数 R_1C_1 决定的，可达 240°。

（3）脉冲形成环节

　　晶体管 T_4、T_5 组成脉冲形成环节，晶体管 T_7、T_8 组成脉冲放大电路。控制电压 u_{co} 加在 T_4 基极上。$u_{co}=0$ 时，T_4 截止，T_5 饱和导通，T_7、T_8 处于截止状态，脉冲变压器 TP 二次侧无脉冲输出。电容 C_3 充电，充满后电容两端电压接近 $2U_c$（30 V）。当 $u_{co}\approx0.7$ V 时，T_4 导通，A 点电位由 $+U_c$（+15 V）下降到 1.0 V 左右，由于 C_3 两端的电压不能突变，T_5 基极电位迅速降至 $-2U_c$（-30 V），T_5 立即截止。T_5 集电极电压由 $-U_c$（-15 V）上升到钳位电压 +2.1 V

（D_6、T_7、T_8 三个 PN 结正向压降之和），T_7、T_8 导通,脉冲变压器TP 二次侧输出触发脉冲。与此同时,电容 C_3 经+15 V、R_{11}、D_4、T_4 放电和反向充电,使 T_5 基极电位上升,直到 $u_{b5}>-U_c(-15\ V)$,T_5 又重新导通,使 T_7、T_8 截止,输出脉冲终止。输出脉冲前沿由 T_4 导通时刻确定,脉冲宽度与反向充电回路时间常数 $R_{11}C_3$ 有关。

（4）双窄脉冲形成环节

产生双脉冲的方法有两种,一种是每个触发电路在每个周期内只产生一个脉冲,脉冲输出电路同时触发两个桥臂的晶闸管,这称为外双脉冲触发。另一种方案是每个触发电路在一个周期内连续发出两个相隔60°的窄脉冲,脉冲输出电路只触发一个晶闸管,这称为内双脉冲触发。内双脉冲触发是目前应用最多的一种触发方式。图 4.8.3 所示的触发电路在一个周期内输出两个间隔60°的脉冲,称为内双脉冲电路。

晶体管 T_5、T_6 构成**或门**。当 T_5、T_6 都导通时,T_7、T_8 截止,没有脉冲输出。只要 T_5、T_6 有一个截止,都会使 T_7、T_8 导通,有脉冲输出。所以只要用适当的信号来控制 T_5 或 T_6 的截止（前后间隔60°）,就可以产生符合要求的双脉冲。其中,第一个脉冲由本相触发单元的 u_{co} 对应的控制角 α 所产生,使 T_4 由截止变为导通,T_5 瞬时截止,于是 T_8 输出脉冲。相隔60°的第二个脉冲是由滞后60°相位的后一相触发单元产生（通过 T_6）,在其生成第一个脉冲时刻将其信号引至本相触发单元的基极,使 T_6 瞬时截止,于是本相触发单元的 T_8 管又导通,第二次输出一个脉冲,因而得到间隔60°的双脉冲。其中 D_4 和 R_{17} 的作用主要是防止双脉冲信号互相干扰。

在三相桥式全控整流电路中,器件的导通次序为晶体管 $T_1 \to T_2 \to T_3 \to T_4 \to T_5 \to T_6$,彼此间隔60°。本相触发电路输出脉冲时 X 端发出信号给相邻前相触发电路 Y 端,使前相触发电路补发一个脉冲,其触发电路中双脉冲环节的接线方式如图 4.8.5 所示。

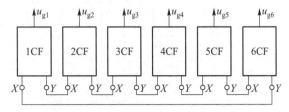

图 4.8.5　触发电路 X、Y 端的连接方式

应当注意,图 4.8.3 中还有强触发环节。单相桥式整流获得近似 50 V 直流电压作电源,在 T_8 导通前,50 V 直流电源经 R_{15} 对 C_6 充电,B 点电位为 50 V。当 T_8 导通时,C_6 经脉冲变压器 TP 一次侧、R_{16}、T_8 迅速放电,由于放电回路电阻很小,B 点电位迅速下降,当 B 点电位下降到 14.3 V 时,D_{15} 导通,脉冲变压器 TP 改由 +15 V 稳压电源供电。这时虽然 50 V 电源也向 C_6 再充电,使它电压回升,但由于充电回路时间常数较大,B 点电位只能被 15 V 电源钳位在 14.3 V。电容 C_5 的作用是为了提高强触发脉冲前沿。加强触发后,脉冲变压器 TP 一次电压 u_{TP} 如图 4.8.4 所示。晶闸管采用强触发可缩短开通时间,提高管子承受电流上升率的能力。

3. KC04 集成移相触发器

KC 系列集成触发器品种多、功能全、可靠性高、调试方便,因此应用非常广泛。下面介绍 KC04 集成移相触发器。

KC04 移相触发器主要为单相或三相全控桥式晶闸管整流电路作触发电路,其主要技术参数为:

电源电压:DC±15 V(允许波动 5%);

电源电流:正电流≤15 mA,负电流≤8 mA;

脉冲宽度:400 μs~2 ms;

脉冲幅值:≥13 V;

移相范围:<180°(同步电压 $u_T = 30$ V 时,为 150 ℃);

输出最大电流:100 mA;

环境温度:-10~70 ℃。

图 4.8.6 是 KC04 作为移相式触发电路的典型应用电路图。它可分为同步、锯齿波形成、移相、脉冲形成、脉冲输出等几部分。图 4.8.7 是 KC04 的各点电压波形图。

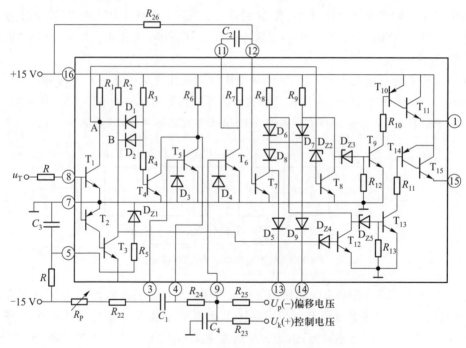

图 4.8.6　KC04 集成移相式触发电路

(1) 同步电路

同步电路由晶体管 $T_1 \sim T_4$ 等元件组成。正弦波同步电压 u_T 经限流电阻加到 T_1、T_2 基极。在 u_T 正半周,T_2 截止,T_1 导通,D_1 导通,T_4 得不到足够的基极电压而截止;在 u_T 的负半

周,T_1 截止,T_2、T_3 导通,D_2 导通,T_4 同样得不到足够的基极电压而截止。必须注意的是,在上述 u_T 的正、负半周内,当 $|u_T| < 0.7$ V 时,T_1、T_2、T_3 均截止,D_1、D_2 也截止,于是 T_4 从电源 $+15$ V 经 R_3、R_4 获得足够的基极电流而饱和导通,形成如图 4.8.7 所示与正弦波同步电压 u_T 同步的脉冲 u_{c4}。

（2）锯齿波形成电路

晶体管 T_5、电容 C_1 等组成锯齿波发生器。当 T_4 截止时,$+15$ V 电源通过 R_6、R_{22}、R_P、-15 V 对 C_1 充电。当 T_4 导通时,C_1 通过 T_4 迅速放电,在 KC04 的第④脚(也就是 T_5 的集电极)形成锯齿波电压 u_{c5},锯齿波的斜率取决于 R_{22}、R_P 与 C_1 的大小,锯齿波的相位与 u_{c4} 相同。

（3）移相电路

晶体管 T_6 与外围元件组成移相电路。锯齿波电压 u_{c5}、控制电压 U_k、偏移电压 U_p 分别通过电阻 R_{24}、R_{23}、R_{25} 在 T_6 的基极叠加成 u_{be6}。当 $u_{be6} > 0.7$ V 时,T_6 导通,即 $u_{c5} + U_p + U_k$ 控制了 T_6 的导通与截止时刻,也就是控制了脉冲的移相。

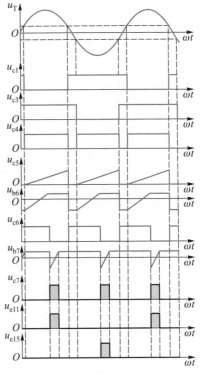

图 4.8.7　KC04 各点电压波形图

（4）脉冲形成电路

T_7 与外围元件组成脉冲形成电路。当晶体管 T_6 截止时,$+15$ V 电源通过 R_7、T_7 的 b-e 极对 C_2 充电(左正右负),同时 T_7 经 R_{26} 获得基极电流而导通。当 T_6 导通时,C_2 上的充电电压成为 T_7 管 b-e 结的反偏电压,T_7 截止。此后 $+15$ V 经 R_{26}、T_6 对 C_2 充电(左负右正),当反向充电电压大于 1.4 V 时,T_7 又恢复导通。这样在 T_7 的集电极得到了脉冲 u_{c7},其脉宽由时间常数 $R_{26}C_2$ 大小决定。

（5）脉冲输出电路

晶体管 $T_8 \sim T_{15}$ 组成脉冲输出电路。在同步电压 u_T 的一个周期内,T_7 的集电极输出两个相位差 180° 的脉冲。在 u_T 的正半周,T_1 导通,A 点为低电位,B 点为高电位,使 T_8 截止,T_{12} 导通。T_{12} 的导通使 D_{Z4} 截止,由 T_{13}、T_{14}、T_{15} 组成的放大电路无脉冲输出。T_8 的截止,使 D_{Z3} 导通,T_7 集电极的脉冲经 T_9、T_{10}、T_{11} 组成的电路放大后由①脚输出。同理可知,在 u_T 的负半周,T_8 导通,T_{12} 截止,T_7 的正脉冲经 T_{13}、T_{14}、T_{15} 组成电路放大后由⑮脚输出。

KC04 的第⑬脚为脉冲列调制端,⑭脚为脉冲封锁控制端。

在 KC04 的基础上采用晶闸管作脉冲记忆就构成了改进型产品 KC09,KC09 与 KC04 可以互换,但提高了抗干扰能力和触发脉冲的前沿陡度,脉冲调节范围增大了。

4. 六路双脉冲发生器 KC41C

KC41C 是一种双内脉冲发生器,其内部原理电路图如图 4.8.8(a)所示。①~⑥脚是六路脉冲输入端(如三片 KC04 的六个输出脉冲),每路脉冲由输入二极管送给本相和前相,再由晶体管 $T_1 \sim T_6$ 组成的六路电流放大器,分六路输出。T_7 组成电子开关,当控制端⑦脚接低电平时,T_7 截止,⑪~⑯脚有脉冲输出。当⑦脚接高电平时,T_7 导通,各路输出脉冲被封锁。图 4.8.8(b)是 KC41C 的外部接线图。利用三片 KC04 与一片 KC41C 可组成如图 4.8.9所示的三相全控桥触发电路。三相全控桥式整流电路要求用双窄脉冲触发,即用两个间隔60°的窄脉冲去触发晶闸管。

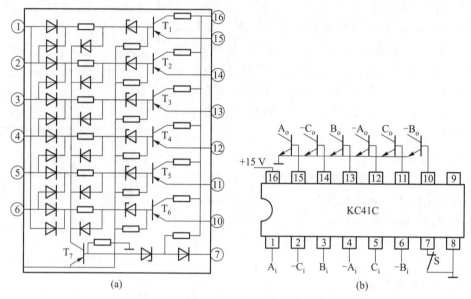

图 4.8.8　KC41C 原理图及其外部接线图

4.8.3　触发脉冲与主电路电压的同步

在晶闸管装置中,送到主电路各晶闸管的触发脉冲与其阳极电压之间保持正确的相位关系是一个非常重要的问题,因为它直接关系到装置能否正常工作。

很明显,触发脉冲只有在晶闸管阳极电压为正的区间内出现,晶闸管才能被触发导通。锯齿波同步触发电路产生触发脉冲的时刻,由接到触发电路的同步电压 u_T 定位,由控制电压 U_k 和偏移电压 U_p 的大小来移相。这就是说,必须根据被触发的晶闸管阳极电压相位,正确供给触发电路特定相位的同步电压 u_T,以使触发电路在晶闸管需要触发脉冲的时刻输出脉冲。这种正确选择同步电压相位以及得到不同相位的同步电压的方法,称为晶闸管装置的同步或定相。

每个触发电路的同步电压 u_T 与被触发晶闸管的阳极电压应该有什么样的相位关系呢?这取决于主电路、触发电路形式、负载性质、移相范围要求等几个方面。

例如,主电路为图 4.8.10 所示的三相半波相控整流电路,触发电路采用图 4.8.3 所示的锯齿波同步触发电路,且移相范围要求 180°。因为锯齿波底宽为 240°,考虑到两端的非线性,故取 30°~210°作为 0°~180°的移相区间。以 A 相晶闸管 T_1 为例,$\alpha = 0$ 时,触发电路产

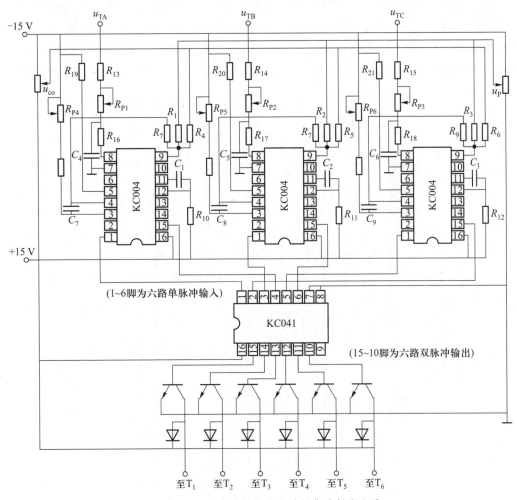

图 4.8.9 三相全控桥整流电路的集成触发电路

生的触发脉冲应对准相电压自然换流点,即对准相电压 u_A 为 30° 时刻。这说明,锯齿波的起点正好是相电压 u_A 的上升过零点,即控制锯齿波电路的同步电压 u_{TA} 应与晶闸管阳极电压 u_A 相位上相差 180°。同理,u_{TB} 与 u_B、u_{TC} 与 u_C 相位亦应相差 180°。

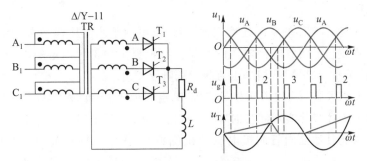

图 4.8.10 三相半波相控整流电路主电压与触发同步电压的相位关系

晶闸管装置通过同步变压器的不同连接方式再配合阻容移相,得到特定相位的同步电压。三相同步变压器有二十四种接法,可得到十二种不同相位的二次电压,通常形象地用钟点数来表示,如图 4.8.11 所示。由于同步变压器二次电压要分别接至各触发电路,需要有公共接地端,所以同步变压器二次绕组采用星形联结,即同步变压器只能有 Y/Y、Δ/Y 两种形式的接法。

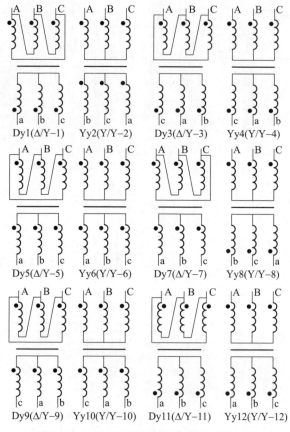

图 4.8.11　三相同步变压器的接法与钟点数

实现同步,就是确定同步变压器的接法,具体步骤是:

① 根据主电路、触发电路形式与移相范围来确定同步电压 u_T 与对应的晶闸管阳极电压之间的相位关系。

② 根据整流变压器 Tr 的实际连接或钟点数,以电网某线电压作参考相量,画出整流变压器二次电压,也就是晶闸管阳极电压的相量。再根据步骤①所确定的同步电压与晶闸管阳极电压的相位关系,画出同步相电压与同步线电压相量。

③ 根据同步变压器二次线电压相量位置,确定同步变压器的钟点数和连接法。

很明显,按照上述步骤实现同步时,为了简化步骤,只要先确定一只晶闸管触发电路的同步电压,然后对比其他晶闸管阳极电压的相位顺序,依序安排其余触发电路的同步电压即可。

例 4.8.1 三相全控桥整流电路,整流变压器 Tr 为 Δ/Y-5 接法,采用图4.8.3所示锯齿波同步触发电路,电路要求工作在整流与逆变状态。同步变压器 TB 二次电压 u_T 经阻容滤波后变为 u_T' 送至触发电路,u_T' 滞后 u_T 30°电角度。试确定同步变压器 TB 的接线。

解:(1)要求电路工作在整流与逆变状态,表明移相范围为180°,这样锯齿波的30°处应对应阳极电压30°处,即控制锯齿波电压的同步电压 u_T' 应与阳极电压反相。对于晶闸管 T_1,其触发电路的同步电压 u_{TA}' 应滞后阳极电压 u_A180°。因为加接了阻容滤波器,故同步变压器二次电压 u_T 应滞后阳极电压 u_A150°。

(2)因为整流变压器 Tr 为 Δ/Y-5 接法,若以电网线电压 $\dot{U}_{A1B1}$ 作参考相量,则可作出如图 4.8.12 所示的 Tr 电压相量图。根据(1)可在 Tr 电压相量图上作出 $\dot{U}_{TA}$ 相量,它滞后 $\dot{U}_A$ 150°,而与 $\dot{U}_{AB}$ 反相。因为同步变压器 TB 的二次侧只能是星形联结,故 TB 的二次线电压 $\dot{U}_{TAB}$ 超前 $\dot{U}_{TA}$30°,也即 $\dot{U}_{TAB}$ 超前 $\dot{U}_{A1B1}$60°,将 $\dot{U}_{TAB}$ 画在图 4.8.12 中。

(3)由图 4.8.12 所示相量图可得出:同步变压器 TB 对共阴极组来说应为 Y/Y-10 接法;而对共阳极组来说,同步电压应反相,故应为 Y/Y-4 接法。

由图 4.8.12 所示相量图还可看出,同步变压器二次相电压 $\dot{U}_{TA}$ 与一次相电压 $\dot{U}_{B1}$ 反相,二次相电压 $\dot{U}_{-TA}$ 与一次相电压 $\dot{U}_{B1}$ 同相。据此可画出同步变压器 TB 的接线如图 4.8.13 所示。u_{TA}、u_{TB}、u_{TC}、u_{-TA}、u_{-TB}、u_{-TC} 分别作为晶闸管 T_1、T_3、T_5、T_4、T_6、T_2 触发电路的同步电压,晶闸管装置将能正常工作。

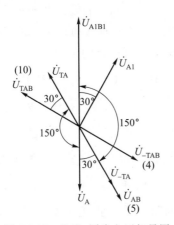

图 4.8.12 整流、同步电压相量图

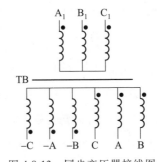

图 4.8.13 同步变压器接线图

4.9 PWM 整流电路

目前在各个领域实际应用的整流电路几乎都是晶闸管相控整流电路或二极管整流电路。晶闸管相控整流电路的输入电流滞后于电压,其滞后角随着触发延迟角 α 的增大而增大,而且输入电流中谐波分量相当大,因此功率因数很低。

把逆变电路中的 SPWM 控制技术用于整流电路,就形成了 PWM 整流电路。通过对 PWM 整流电路的适当控制,可以使其输入电流非常接近正弦波,且和输入电压同相位,功率因数近似为 1。这种整流电路也可以称为高功率因数整流器。

PWM 整流电路按是否具有能量回馈功能可分为无能量回馈功能的整流电路(亦称 active power factor correction,简称有源功率因数校正或 APFC)和有能量回馈功能的开关模式整流电路。

有能量回馈功能的开关模式 PWM 整流电路和逆变电路一样,也可分为电压型(升压型)和电流型(降压型)两大类。目前研究和应用较多的是电压型 PWM 整流电路,因此这里主要介绍电压型单相和三相 PWM 整流电路的构成及其工作原理。

4.9.1　PWM 整流电路的工作原理

1. 单相 PWM 整流电路

图 4.9.1 所示为单相全桥 PWM 整流电路。交流侧电感 L_s 包含外接电抗器的电感和交流电源内部电感,是电路正常工作所必需的,电阻 R_s 包含外接电抗器中的电阻和交流电源内阻。同由 SPWM 控制逆变电路输出电压相类似,开关管按正弦规律作脉宽调制,稳态时,PWM 整流电路输出直流电压不变,交流输入端 AB 之间产生一个 SPWM 波 u_{AB},u_{AB} 中除了含有与电源同频率的基波分量以及和三角波载波有关的频率很高的谐波外,不含低次谐波成分。由于电感 L_s 的滤波作用,这些高次谐波电压只会使交流电流 i_s 产生很小的脉动。如果忽略这种脉动,i_s 为频率与电源频率相同的正弦波。单相全桥 PWM 整流逆变电路的等效电路如图 4.9.2 所示,其中 u_s 为交流电源电压。当 u_s 一定时,i_s 的幅值和相位由 u_{AB} 中基波分量的幅值及其与 u_s 的相位差决定。改变 u_{AB} 中基波分量的幅值和相位,就可以使 i_s 与 u_s 同相位、反相位,i_s 比 u_s 超前 90°或使 i_s 与 u_s 的相位差为所需要的角度。图 4.9.3 画出了单相 PWM 整流电路运行方式相量图,其中 $\dot{U}_s$ 表示电网电压,$\dot{U}_{AB}$ 表示 PWM 整流电路输出的交流电压,$\dot{U}_L$ 为连接电抗器 L_s 的电压,$\dot{U}_R$ 为电网内阻 R_s 的电压。在图 4.9.3(a)中,$\dot{U}_{AB}$ 滞后 $\dot{U}_s$ 的相角为 φ,$\dot{I}_s$ 与 $\dot{U}_s$ 的相位完全相同,电路工作在整流状态,从交流侧向直流侧输送能量,且功率因数为 1。在图 4.9.3(b)中,$\dot{U}_{AB}$ 超前 $\dot{U}_s$ 的相角为 φ,$\dot{I}_s$ 与 $\dot{U}_s$ 的反相,电路工作在逆变状态,从直流侧向交流侧输送能量。在图 4.9.3(c)中,$\dot{U}_{AB}$ 滞后 $\dot{U}_s$ 的相角为 φ,$\dot{I}_s$ 超前 $\dot{U}_s$90°,电路向交流电源输出无功功率,这时的电路称为静止无功发生器(SVG)。在图 4.9.3(d)中,控制 $\dot{U}_{AB}$ 的幅度和相位,可以使 $\dot{I}_s$ 超前或滞后 $\dot{U}_s$ 任意角度 φ。

根据上面的分析,PWM 整流电路具有整流和逆变两种工作状态,下面分别介绍每一种工作状态下主电路开关器件的工作过程。

(1) 整流运行

根据整流运行状态下的电路工作情况,可将图 4.9.1 简化为图 4.9.4。图 4.9.4(a)是在 $u_s>0$ 和 $i_s>0$ 时的简化电路,图 4.9.4(b)是在 $u_s<0$ 和 $i_s<0$ 时的简化电路。在图 4.9.4(a)中,由晶体管 T_2、二极管 D_1、L_s 和 T_3、D_4、L_s 分别组成两个升压变换电路。以第一个升压变换电

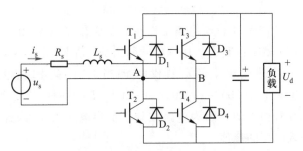

图 4.9.1 单相全桥 PWM 整流电路

路为例,当 T_2 导通时,电源 u_s 通过 T_2、D_4 向 L_s 中储能;当 T_2 截止时,L_s 中储存的能量通过 D_1、D_4 向直流侧电容充电。在图 4.9.4(b)中,由 T_1、D_2、L_s 和 T_4、D_3、L_s 分别组成两个升压变换电路,其工作过程同 $u_s > 0$ 相类似。因为电路按升压变换电路工作,因此工作时其直流侧电压大于交流输入电压的峰值。从上述分析可以看出,电压型 PWM 整流电路是升压型整流电路,其输出直流电压可以从交流电源电压峰值附近向高调节,如要向低调节就会使电路性能恶化,以至不能工作。

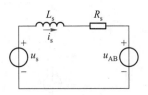

图 4.9.2 单相全桥 PWM 整流逆变电路的等效电路

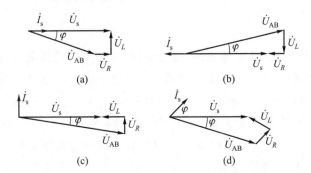

图 4.9.3 单相 PWM 整流电路运行方式相量图

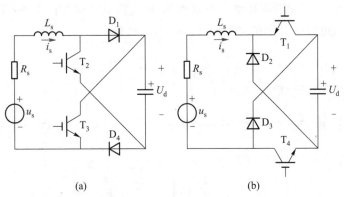

图 4.9.4 单相 PWM 整流电路工作在整流状态时的简化电路

（2）逆变运行

同整流运行相类似，当 PWM 整流电路工作在逆变状态时，可将图 4.9.1 简化为图 4.9.5。在图 4.9.5(a)中，$u_s>0$，$i_s<0$，由 T_1、T_4、D_2、D_3 共同组成一个降压变换电路。当 T_1、T_2 导通时，直流侧通过 T_1、T_2 向电感 L_s 和电源 u_s 提供电能；当 T_1、T_2 截止时，电感 L_s 中的能量通过 D_2、D_3 向电源释放。在图 4.9.5(b)中，$u_s<0$，$i_s>0$，由 T_2、T_3、D_1、D_4 共同组成一个降压变换电路，其工作过程同 $u_s>0$ 时相类似。因为电路按降压变换电路工作，因此工作时其直流侧电压也必须大于交流输入电压的峰值。

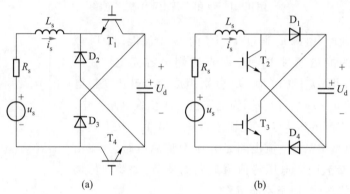

图 4.9.5 单相 PWM 整流电路工作在逆变状态时的简化电路

2. 三相 PWM 整流电路

图 4.9.6 是三相桥式 PWM 整流电路，这是最基本的 PWM 整流电路之一，其应用也最为广泛。交流侧电感 L_s 包含外接电抗器的电感和交流电源内部电感，是电路正常工作所必需的。电阻 R_s 包含外接电抗器中的电阻和交流电源内阻。对开关管按正弦规律作脉宽调制，稳态时，PWM 整流电路输出直流电压不变，交流输入端 A、B 和 C 可得到 SPWM 电压，其中除了含有与电源同频率的基波分量以及和三角波载波有关的频率很高的谐波外，不含低次谐波成分。由于电感 L_s 的滤波作用，这些高次谐波电压只会使交流电流 i_a、i_b、i_c 产生很小的脉动。如果忽略这种脉动，i_a、i_b、i_c 为频率与电源频率相同的正弦波，且和电压相位相同，功率因数近似为 1。和单相 PWM 整流电路相同，该电路也可以工作在图4.9.3(a)、(b)所示的整流、逆变状态，也可以工作在 4.9.3(c)、(d)所示状态。

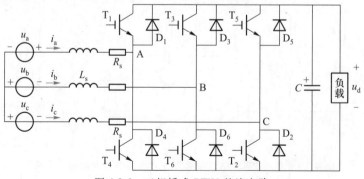

图 4.9.6 三相桥式 PWM 整流电路

4.9.2 PWM 整流电路的控制方法

为了使 PWM 整流电路在工作时功率因数近似为 1,即要求输入电流为正弦波且和电压同相位,可以有多种控制方法。根据有没有引入电流反馈可以将这些控制方法分为两种,没有引入交流电流反馈的电路称为间接电流控制,引入交流电流反馈的电路称为直接电流控制。下面分别介绍这两种控制方法的基本原理。

1. 间接电流控制

间接电流控制也称为相位和幅值控制。这种方法就是按照图 4.9.3(a)[逆变运行时为图 4.9.3(b)]的相量关系来控制整流桥交流输入端电压,使得输入电流和电压同相位,从而得到功率因数为 1 的控制效果。

图 4.9.7 为间接电流控制的系统原理方框图,图中的 PWM 整流电路为图 4.9.6 的三相桥式电路。控制系统的闭环是整流器直流侧电压控制环。直流电压给定信号 u_d^* 和实际的直流电压 u_d 比较后送入 PI 调节器,PI 调节器的输出为直流电流指令信号 i_d,i_d 的大小和整流器交流输入电流的幅值成正比。稳态时,$u_d^* = u_d$,PI 调节器输入为零,输出 i_d 时,与整流器负载电流大小相对应,也与整流器交流输入电流的幅值相对应。当负载电流增大时,直流侧电容 C 放电而使其电压 u_d 下降,PI 调节器的输入端出现正偏差,使其输出 i_d 增大,i_d 的增大会使整流器的交流输入电流增大,也使直流侧电压 u_d 回升。达到稳态时,仍有 $u_d^* = u_d$,PI 调节器输入仍恢复到零,而 i_d 则稳定在新的较大的值,与较大的负载电流和较大的交流输入电流相对应。当负载电流减小时,调节过程和上述过程相反。若整流器要从整流运行变为逆变运行时,首先是负载电流反向,向直流侧电容 C 充电,使 u_d 升高,PI 调节器出现负偏差,其输出 i_d 减小后变为负值,使交流输入电流相位和电压相位反相,实现逆变运行。达到稳态时,仍然有 $u_d^* = u_d$,PI 调节器输入恢复到零,其输出 i_d 为负值,并与逆变电流的大小相对应。

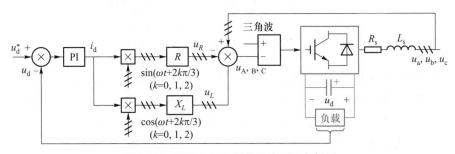

图 4.9.7 间接电流控制的系统原理方框图

图 4.9.7 中上面的乘法器是 i_d 分别乘以和 a、b、c 三相相电压同相位的正弦信号,再乘以电阻 R,得到各相电流在 R_s 上的压降 u_{Ra}、u_{Rb} 和 u_{Rc}。下面的乘法器是 i_d 分别乘以比 a、b、c 三相相电压相位超前 π/2 的余弦信号,再乘以电感 L 的感抗,得到各相电流在电感 L_s 上的压降 u_{La}、u_{Lb} 和 u_{Lc}。各相电源相电压 u_a、u_b、u_c 分别减去前面求得的输入电流在电阻 R 和电感 L 上的压降,就可得到所需要的交流输入端各相的相电压 u_A、u_B 和 u_C 的信号,用该信号

对三角波载波进行调制,得到 PWM 开关信号去控制整流桥,就可以得到需要的控制效果。

　　在上述信号运算过程中用到电路参数 L_s 和 R_s,当 L_s 和 R_s 的运算值和实际值有误差时,会影响控制效果。这种控制方式是基于系统的静态模型设计的,其动态特性较差,因此间接电流控制的系统应用较少。

2. 直接电流控制

　　通过运算求出交流输入电流指令值,再引入交流电流反馈,通过对交流电流的直接控制而使其跟踪指令电流值,称为直接电流控制。直接电流控制引入交流输入电流反馈实行闭环控制,其电流指令运算电路比不引入交流输入电流反馈的间接电流控制简单,因此获得了广泛的应用。

　　图 4.9.8 是直接电流控制的系统原理方框图。采用双环控制,其外环为直流电压控制环(外环的结构、工作原理和图 4.9.7 间接电流控制系统相同),内环为交流电流控制环。直流输出电压给定信号 u_d^* 和实际的直流电压 u_d 比较后的误差信号送入 PI 调节器,PI 调节器的输出即为整流电路交流输入电流的幅值 i_d,i_d 分别乘以和 a、b、c 三相相电压同相位的正弦信号,得到三相交流电流的正弦指令信号 i_a^*、i_b^* 和 i_c^*。而 i_a^*、i_b^* 和 i_c^* 分别和各自的电源电压同相位,其幅值和反映负载电流大小的直流信号 i_d 成正比,这是整流器运行时所需的交流电流指令信号。该指令信号与实际的交流输入电流 i_a、i_b、i_c 进行比较产生电流误差信号,它经比例调节器放大后送入比较器,再与三角载波信号比较形成 PWM 信号。该 PWM 信号经驱动电路后去驱动主电路开关器件,便可使实际的交流输入电流跟踪指令值,同时达到控制直流电压的目的。

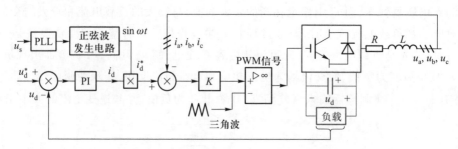

图 4.9.8　直接电流控制的系统原理方框图

　　PWM 整流电路向电网反送能量时,不仅需要控制流入电网的电流为正弦波,同时还要跟踪电网电压的相位,使流入电网的电流与电压反向。由于电网电压存在不同程度的畸变,不能直接用作 PWM 整流电路的标准正弦波信号,需要重新产生与电网电压同频同相的标准正弦波,可以采用锁相环(PLL)电路产生与电源电压同步的标准正弦波信号。

思考题与习题

　　4.1　什么是整流?它与逆变有何区别?

　　4.2　单相半波相控整流电路中,如果:

　　(1)晶闸管门极不加触发脉冲;

　　(2)晶闸管内部短路;

（3）晶闸管内部断开。

试分析上述三种情况负载两端电压 u_d 和晶闸管两端电压 u_T 的波形。

4.3　某单相全控桥式整流电路给电阻性负载和大电感负载供电,在流过负载电流平均值相同的情况下,哪一种负载的晶闸管额定电流应选择大一些?

4.4　某电阻性负载的单相半控桥式整流电路,若其中一只晶闸管的阳、阴极之间被烧断,试画出整流二极管、晶闸管两端和负载电阻两端的电压波形。

4.5　相控整流电路带电阻性负载时,负载电阻上的 U_d 与 I_d 的乘积是否等于负载有功功率? 为什么? 带大电感负载时,负载电阻 R_d 上的 U_d 与 I_d 的乘积是否等于负载有功功率? 为什么?

4.6　某电阻性负载要求 $0 \sim 24$ V 直流电压,最大负载电流 $I_d = 30$ A,如采用由 220 V 交流直接供电和由变压器降压到 60 V 供电的单相半波相控整流电路,是否两种方案都能满足要求? 试比较两种供电方案的晶闸管的导通角、额定电压、额定电流、电路的功率因数和对电源容量的要求。

4.7　某电阻性负载,$R_d = 50$ Ω,要求 U_d 在 $0 \sim 600$ V 可调,试用单相半波和单相全控桥两种整流电路来供给,分别计算:

（1）晶闸管额定电压、电流值;

（2）连接负载的导线截面积(导线允许电流密度 $j = 6$ A/mm^2);

（3）负载电阻上消耗的最大功率。

4.8　整流变压器二次侧中间抽头的双半波相控整流电路如图题 4.8 所示。

（1）说明整流变压器有无直流磁化问题。

（2）分别画出电阻性负载和大电感负载在 $\alpha = 60°$ 时的输出电压 u_d、电流 i_d 的波形,比较与单相全控桥式整流电路是否相同。若已知 $U_2 = 220$ V,分别计算其输出直流电压值 U_d。

（3）画出电阻性负载 $\alpha = 60°$ 时晶闸管两端的电压 u_T 波形,说明该电路晶闸管承受的最大反向电压为多少。

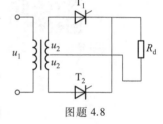

图题 4.8

4.9　带电阻性负载三相半波相控整流电路,如触发脉冲左移到自然换流点之前 $15°$ 处,分析电路工作情况,画出触发脉冲宽度分别为 $10°$ 和 $20°$ 时负载两端的电压 u_d 波形。

4.10　三相半波相控整流电路带大电感负载,$R_d = 10$ Ω,相电压有效值 $U_2 = 220$ V。求 $\alpha = 45°$ 时负载直流电压 U_d、流过晶闸管的电流平均值 I_{dT} 和电流有效值 I_T,画出 u_d、i_{T2}、u_{T3} 的波形。

4.11　在图题 4.11 所示电路中,当 $\alpha = 60°$ 时,画出下列故障情况下的 u_d 波形。

（1）熔断器 1FU 熔断;

（2）熔断器 2FU 熔断;

（3）熔断器 2FU、3FU 同时熔断。

4.12　现有单相半波、单相桥式、三相半波三种整流电路带电阻性负载,负载电流 I_d 都是 40 A,求流过与晶闸管串联的熔断器的电流平均值和有效值。

4.13　三相全控桥式整流电路带大电感负载,负载电阻 $R_d = 4$ Ω,要求 U_d 从 $0 \sim 220$ V 之间变化。

（1）不考虑控制角裕量时,试求整流变压器二次线电压;

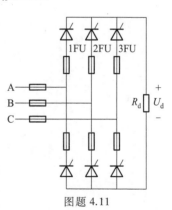

图题 4.11

（2）计算晶闸管电压、电流值，如电压、电流取 2 倍裕量，选择晶闸管型号。

4.14 单结晶体管触发电路中，作为 U_{bb} 的削波稳压二极管 D_Z 两端如并联滤波电容，电路能否正常工作？如稳压二极管损坏断开，电路又会出现什么情况？

4.15 三相半波相控整流电路带电动机负载并串入足够大的电抗器，相电压有效值 $U_2 = 220$ V，电动机负载电流为 40 A，负载回路总电阻为 0.2 Ω，求当 $\alpha = 60°$ 时流过晶闸管的电流平均值与有效值、电动机的反电动势。

4.16 串联 L_D、带电动机负载的三相全控桥电路，已知变压器二次电压为 100 V，变压器每相绕组折合到二次侧的漏感 L_1 为 100 μH，负载电流为 150 A，求：

（1）由于漏抗引起的换相压降；

（2）该压降所对应整流装置的等效内阻及 $\alpha = 0°$ 时的换相重叠角。

4.17 晶闸管装置中不采用过电压、过电流保护，而选用较高电压和电流等级的晶闸管，可不可以？

4.18 什么是有源逆变？有源逆变的条件是什么？有源逆变有何作用？

4.19 有源逆变最小逆变角受哪些因素限制？为什么？

4.20 无源逆变电路和有源逆变电路有何区别？

4.21 三相 PWM 整流与三相 PWM 逆变有何区别？

第 4 章部分习题参考答案　　　第 4 章课件 1　　　　第 4 章课件 2

第 5 章　交流变换电路

交流变换电路是指把交流电能的参数(幅值、频率、相位)加以变换的电路。根据变换参数的不同,交流变换电路可以分为交流电力控制电路和交-交变频电路。交流电力控制电路是维持频率不变,仅改变输出电压的幅值。交-交变频电路也称直接变频电路(或周波变流器),它是不通过中间直流环节而把电网频率的交流电直接变换成较低频率的交流电的相控直接变频电路。在直接变频的同时也可实现电压变换,即直接实现降频、降压变换。

通过控制晶闸管在每一个电源周期内导通角的大小(相位控制)来调节输出电压的大小,可实现交流调压。交流调压电路的电路结构有单相电压控制器和三相电压控制器两种。单相电压控制器常用于小功率单相电动机控制、照明和电加热控制;三相交流电压控制器的输出是三相恒频变压交流电源,通常给三相交流异步电动机供电,实现异步电动机的变压调速,或作为异步电动机的启动器使用,其输出电压在异步电动机的启动、升速过程中逐渐上升,控制异步电动机的启动电流不超过允许值。除采用相控原理改变输出电压外,晶闸管开关器件也时常采用整周波的通、断控制方法,例如以 M 个电源周波为一个大周期,改变导通周波数与阻断周波数的比值来改变变换器在整个大周期内输出的平均功率,实现交流调功和作为交流无触点开关使用。

采用晶闸管作开关器件的相控型交流-交流直接变频器只能降频、降压,通常用作大功率高压交流电动机变速传动系统所需的较低频率的变频变压电源。

5.1　交流调压电路

交流调压电路是用来变换交流电压幅值(或有效值)的电路,它广泛应用于电炉的温度控制、灯光调节、异步电动机软启动和调速等场合,也可以用作调节整流变压器一次电压。采用晶闸管组成的交流电压控制电路可以很方便地调节输出电压幅值(有效值)。

5.1.1　单相交流调压电路

单相交流调压器的主电路原理图如图 5.1.1(a)所示,在负载和交流电源间用两个反并

联的晶闸管 T_1、T_2 或采用双向晶闸管 T 相连。当电源电压处于正半周时,触发 T_1 导通,电压的正半周施加到负载上;当电源电压处于负半周时,触发 T_2 导通,电压负半周便加到负载上。电压过零时,交替触发 T_1、T_2,则电源电压全部加到负载。如果关断 T_1、T_2,电源电压便不能加到负载上。因此 T_1、T_2 构成无触点交流开关。电路通过控制晶闸管在每一个电源周期内导通角的大小(相位控制)来调节输出电压的大小。

单向交流电压电路的工作情况与它的负载性质有关,下面分别讨论。

1. 电阻性负载

如图 5.1.1(a)所示电路,采用相控调压,输出电压波形如图 5.1.1(b)所示。

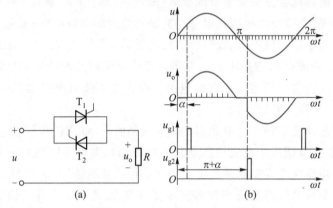

图 5.1.1 电阻性负载时单向交流电压电路及输出电压波形

在电源 u 的正半周内,晶闸管 T_1 承受正向电压,当 $\omega t = \alpha$ 时,触发 T_1 使其导通,则负载上得到了缺 α 角的正弦半波电压,当电源电压过零时,T_1 管电流下降为零而截止;在电源电压 u 的负半周,晶闸管 T_2 承受正向电压,当 $\omega t = \pi + \alpha$ 时,触发 T_2 使其导通,则负载上又得到了缺 α 角的正弦负半波电压。持续这样控制,在负载电阻上便得到每半波缺 α 角的正弦电压。改变 α 角的大小,即可改变输出电压有效值的大小。

负载电压的有效值

$$U_o = \sqrt{\frac{1}{\pi}\int_\alpha^\pi (\sqrt{2}\,U\sin\omega t)^2 \mathrm{d}\omega t} = U\sqrt{\frac{1}{2\pi}\sin 2a + \frac{\pi - a}{\pi}} \qquad (5.1.1)$$

负载电流的有效值

$$I_o = \frac{U_o}{R} = \frac{U}{R}\sqrt{\frac{1}{2\pi}\sin 2\alpha + \frac{\pi-\alpha}{\pi}} \qquad (5.1.2)$$

调压器的功率因数

$$PF = \frac{U_o I_o}{U I_o} = \frac{U_o}{U} = \sqrt{\frac{1}{2\pi}\sin 2\alpha + \frac{\pi-\alpha}{\pi}} \qquad (5.1.3)$$

式中,U 为输入交流电压的有效值。从式(5.1.1)可以看出,随着 α 角的增大,U_o 逐渐减小。当 $\alpha = \pi$ 时,$U_o = 0$。因此,单相交流调压器对于电阻性负载,其电压可调范围为 $0 \sim U$,控制角

α 的移相范围为 0 ~ π。

单相交流调压电路带电阻负载时,输出电压波形正、负半波对称,所以不含直流分量和偶次谐波,故

$$u_o = \sum_{n=1,3,5,\cdots}^{\infty} [a_n\cos(n\omega t) + b_n\sin(n\omega t)] \qquad (5.1.4)$$

式中, $a_1 = \dfrac{\sqrt{2}U_1}{2\pi}(\cos 2\alpha - 1)$ $b_1 = \dfrac{\sqrt{2}U_1}{2\pi}[\sin 2\alpha + 2(\pi - \alpha)]$

$$a_n = \frac{\sqrt{2}U_1}{\pi}\left\{\frac{1}{n+1}[\cos(n+1)\alpha - 1] - \frac{1}{n-1}[\cos(n-1)\alpha - 1]\right\} \quad (n=3,5,7,\cdots)$$

$$b_n = \frac{\sqrt{2}U_1}{\pi}\left[\frac{1}{n+1}\sin(n+1)\alpha - \frac{1}{n-1}\sin(n-1)\alpha\right] \quad (n=3,5,7,\cdots)$$

基波和各次谐波有效值

$$U_{on} = \frac{1}{\sqrt{2}}\sqrt{a_n^2 + b_n^2} \quad (n=1,3,5,7,\cdots) \qquad (5.1.5)$$

负载电流基波和各次谐波有效值

$$I_{on} = U_{on}/R \qquad (5.1.6)$$

在上面关于谐波的表达式中, $n=1$ 为基波, $n=3,5,7,\cdots$ 为奇次谐波。随着谐波次数 n 的增加,谐波含量减少。

2. 阻感性负载

单相交流调压器带阻感负载时的电路如图 5.1.2(a) 所示。 R、L 负载是交流调压器最一般的负载,其工作情况同可控整流电路带电感负载相似。当电源电压反相过零时,由于负载电感产生感应电动势阻止电流的变化,故电流不能立即为零,此时,晶闸管导通角 θ 的大小不但与控制角 α 有关,而且与负载阻抗角 φ 有关。一个晶闸管导通时,其负载电流 i_o 的表达式为

$$i_o = \frac{\sqrt{2}U}{Z}\left[\sin(\omega t - \varphi) - \sin(\alpha - \varphi)e^{\frac{\alpha - \omega t}{\tan\varphi}}\right] \qquad (5.1.7)$$

式中,
$$\alpha \leqslant \omega t \leqslant \alpha + \theta$$
$$Z = \sqrt{R^2 + (\omega L)^2}$$
$$\varphi = \arctan\frac{\omega L}{R}$$

另一个晶闸管导通时,情况完全相同,只是 i_o 相差 180°,其负载电流波形如图 5.1.2(b) 所示。

当 $\omega t = \alpha + \theta$ 时, $i_o = 0$。将此条件代入式(5.1.4),可求

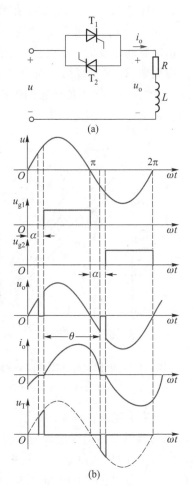

图 5.1.2 带阻感负载单向交流调压电路及输出波形

得导通角 θ 的表达式为

$$\sin(\alpha+\theta-\varphi)=\sin(\alpha-\varphi)\,\mathrm{e}^{-\frac{\theta}{\tan\varphi}} \tag{5.1.8}$$

针对交流调压电路,其导通角 $\theta\leqslant 180°$。根据式(5.1.5),可绘出 $\theta=f(\alpha,\varphi)$ 曲线如图 5.1.3 所示。

下面分 $\alpha>\varphi$、$\alpha=\varphi$ 和 $\alpha<\varphi$ 三种情况来讨论调压电路的工作。

① 当 $\alpha>\varphi$ 时,导通角 $\theta<180°$,正、负半波电流断续。α 越大,θ 越小,波形断续越严重。

② 当 $\alpha=\varphi$ 时,将其代入式(5.1.8)可得

$$\sin\theta=0$$

于是

$$\theta=180°$$

即每个晶闸管导通角为 $\theta=180°$。此时晶闸管轮流导通,相当于晶闸管此时被短接,负载电流处于连续状态,为完全的正弦波。

③ 当 $\alpha<\varphi$ 时,电源接通后,如果先触发 T_1,根据式(5.1.5),T_1 的导通角 $\theta>180°$。如果采用窄脉冲触发,当 T_1 的电流下降为零时,T_2 的门极脉冲已经消失而无法导通。到第二个工作周期,T_1 又重复第一周期工作,如图 5.1.4 所示。这样就出现了先触发的一只晶闸管导通,而另一只管子不能导通的失控现象。回路中将出现很大的直流电流分量,无法维持电路的正常工作。

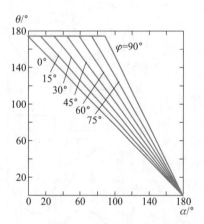

图 5.1.3 单相交流调压器以 φ 为参变量时,
θ 与 α 的关系曲线

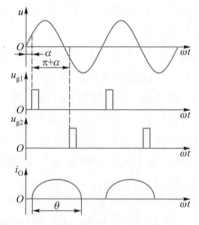

图 5.1.4 窄脉冲触发时的工作波形($\alpha<\varphi$)

解决上述失控现象的办法是采用宽脉冲或脉冲列触发,以保证 T_1 管电流下降到零时,T_2 管的触发脉冲信号还未消失,T_2 可以在 T_1 导通后接着导通,但 T_2 的初始导通角 $\alpha+\theta-\pi>\varphi$,所以 T_2 的导通角 $\varphi<\pi$。从第二周期开始,T_1 的导通角逐渐减小,T_2 的导通角逐渐增大,直到两个晶闸管的 $\theta=180°$ 时达到平衡。

根据上面的分析,当 $\alpha\leqslant\varphi$ 时,并采用宽脉冲触发,负载电压、电流总是完整的正弦波。改变控制角 α,负载电压、电流的有效值不变,即电路失去交流调压的作用。在电感负载时,

要实现交流调压的目的,则最小控制角 $\alpha = \varphi$(负载的功率因数角),所以 α 的移相范围为 $\varphi \sim 180°$。

在 $\alpha > \varphi$ 时负载电压的有效值 U_o、晶闸管电流平均值 I_{dT}、电流有效值 I_T 以及负载电流有效值 I_o 分别为

$$U_o = \sqrt{\frac{1}{\pi}\int_\alpha^{\alpha+\theta} (\sqrt{2}U\sin\omega t)^2 d(\omega t)} = U\sqrt{\frac{\theta + \sin 2\alpha - \sin 2(\alpha+\theta)}{\pi}} \tag{5.1.9}$$

$$I_{dT} = \frac{1}{2\pi}\int_\alpha^{\alpha+\theta} \left[\sin(\omega t - \varphi) - \sin(\alpha - \varphi)e^{-\frac{\omega t - \alpha}{\tan\varphi}}\right] d(\omega t) \tag{5.1.10}$$

$$I_T = \sqrt{\frac{1}{2\pi}\int_\alpha^{\alpha+\theta}\left(\frac{\sqrt{2}U}{Z}\right)^2 \left[\sin(\omega t - \varphi) - \sin(\alpha - \varphi)e^{-\frac{\omega t - \alpha}{\tan\varphi}}\right]^2 d(\omega t)}$$

$$= \frac{U}{Z}\sqrt{\frac{\theta}{\pi} - \frac{\sin\theta\cos(2\alpha + \varphi + \theta)}{\cos\varphi}} \tag{5.1.11}$$

$$I_o = \sqrt{2}I_T \tag{5.1.12}$$

经分析可知,单相交流调压器带阻感负载时电流谐波次数和电阻负载时相同,也只含3、5、7、…等次谐波,随着次数的增加,谐波含量减少。和电阻负载时相比,阻感负载时的谐波电流含量少一些,α 角相同时,随着阻抗角的增大,谐波含量有所减少。

例 5.1.1 由晶闸管反并联组成的单相交流调压器如图 5.1.2(a)所示,电源电压 $U = 2\ 300$ V。

(1)若负载为电阻负载,阻值在 $1.15 \sim 2.30$ Ω 间变化,预期最大的输出功率为 $2\ 300$ kW,求晶闸管所承受电压的最大值,以及输出最大功率时晶闸管电流的平均值和有效值;

(2)若负载为阻感负载,$R = 2.3$ Ω,$\omega L = 2.3$ Ω。求控制角范围,最大输出电流的有效值。

解:(1)电阻负载

① 当 $R = 2.3$ Ω 时,如果触发角 $\alpha = 0$,则有

$$I_o = \frac{U_1}{R} = \frac{2\ 300}{2.3}\text{A} = 1\ 000\ \text{A}$$

此时,最大输出功率 $P_o = RI_o^2 = 2\ 300$ kW,满足要求。

流过晶闸管电流的有效值 I_T 为

$$I_T = \frac{I_o}{\sqrt{2}} = 707\ \text{A}$$

输出最大功率时,$\alpha = 0$,$\theta = \pi$,负载电流连续,关系式为

$$i_o = \frac{\sqrt{2}U}{R}\sin\omega t \quad (\alpha \leqslant \omega t \leqslant \pi)$$

此时晶闸管电流的平均值为

$$I_{dT} = \frac{1}{2\pi}\int_0^\pi \frac{\sqrt{2}U}{R}\sin\omega t d(\omega t) = \frac{\sqrt{2}U}{\pi R} = 450\ \text{A}$$

② 当 $R = 1.15\ \Omega$ 时,如果调压器向负载送出原规定的最大功率,则 $\alpha > 0$。设此时负载电流为 I_o,由 $P_o = RI_o^2 = 2\ 300$ kW,得

$$I_o = 1\ 414\ \text{A}$$

晶闸管电流的有效值为

$$I_T = \frac{I_2}{\sqrt{2}} = 1\ 000\ \text{A}$$

③ 加到晶闸管的正、反向最大电压为 $\sqrt{2} \times 2\ 300$ V $= 3\ 253$ V 。

(2) 负载功率因数角为

$$\varphi = \arctan \frac{\omega L}{R} = \frac{\pi}{4}$$

最小控制角为

$$\alpha_{\min} = \varphi = \frac{\pi}{4}$$

故控制角范围为

$$\pi/4 \leqslant \alpha \leqslant \pi\text{。}$$

最大电流发生在 $\alpha_{\min} = \varphi = \dfrac{\pi}{4}$,负载电流为正弦波,其有效值为

$$I_o = \frac{U}{\sqrt{R^2 + (\omega t)^2}} = 707\ \text{A}$$

5.1.2 三相交流调压电路

三相交流调压电路用于较大功率的电压控制,其接线形式很多,各有其特点。

图 5.1.5(a)为三个独立的单相交流调压电路组成的三相交流调压电路。其特点是带中性线,因此称为三相四线制调压电路。电路中晶闸管承受的电压、电流就是单相调压器时的数值。该电路的缺陷是 3 次谐波在中性线中的电流较大,所以中性线的导线截面积要求与相线一致。

图 5.1.5(b)是三相三线制交流调压电路,三相负载既可以是星形联结也可以是三角形联结。该电路的特点是每相电路通过另一相形成回路,因此该电路的晶闸管触发电路必须是双脉冲,或者是宽度大于 60° 的单脉冲。由于该型电路中负载接线灵活且不用中性线,是一种较好的三相交流调压电路。

上述两种形式的三相交流调压电路,其输出电压、电流与触发控制角的关系,以及在负载电流中所引起谐波含量的关系都是各不相同的。选择哪一种具体的电路形式取决于负载性质和要求的控制范围。

1. 三相四线制调压电路

图 5.1.5(a)所示的三相四线制交流调压电路实际上为三个单相交流调压电路的组合。

晶闸管的门极触发脉冲信号,同相间两晶闸管的触发脉冲要互差180°。各晶闸管导通顺序为 $T_1 \sim T_6$,依次间隔60°。由于存在中性线,只需要一个晶闸管导通,负载就有电流流进,故可采用窄脉冲触发。该电路工作时,中性线上谐波电流较大,含有3次谐波,控制角 $\alpha = 90°$ 时,中性线电流甚至和各相电流的有效值接近。若变压器采用三柱式结构,则3次谐波磁通不能在铁心中形成通路,产生较大的漏磁通,引起发热和噪音。该电路中晶闸管上承受的峰值电压为 $\sqrt{\dfrac{2}{3}} U_L$ (U_L 为线电压)。

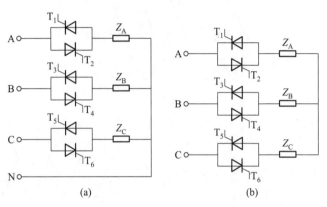

(a)　　　　　　　　　　(b)

图 5.1.5　三相交流调压电路

2. 三相三线制交流调压电路

图5.1.5(b)所示电路为三相三线制交流调压电路,负载可以接成星形也可以接成三角形。由于没有中性线,必须保证两相晶闸管同时导通,负载中才有电流流过。与三相全控桥一样,必须采用宽脉冲或者双窄脉冲触发,六只晶闸管的门极触发相序为 $T_1 \sim T_6$,依次间隔60°。相位控制时,电源相电压过零处对应的就是晶闸管控制角的起点($\alpha = 0$),α 角移相范围为 0° ~ 150°。应当注意的是,随着 α 的改变,电路中晶闸管的导通模式也不同。

① $0° \leqslant \alpha < 60°$ 时,三个晶闸管导通与两个晶闸管导通交替,每个晶闸管导通 $180° - \alpha$。但 $\alpha = 0°$ 时,一直是三个晶闸管导通,图5.1.6(a)所示为 $\alpha = 30°$ 时的负载电压波形。

② $60° \leqslant \alpha < 90°$ 时,两个晶闸管导通,每个晶闸管导通 $120°$,图5.1.6(b)所示为 $\alpha = 60°$ 时负载电压波形。

③ $90° \leqslant \alpha < 150°$ 时,两个晶闸管导通与无晶闸管导通交替,导通角度为 $300° - 2\alpha$,图5.1.6(c)所示为 $\alpha = 120°$ 时的负载电压波形。

该电路的优点是输出谐波含量低,分析可知电流谐波次数为 $6k \pm 1$($k = 1, 2, 3, \cdots$),与三相桥式全控整流电路交流侧电流所含谐波的次数完全相同。与单相交流调压电路相比,没有3次谐波,对邻近的通信线路干扰小,又因三相对称时,谐波不能流过三相三线电路,因此应用广泛。

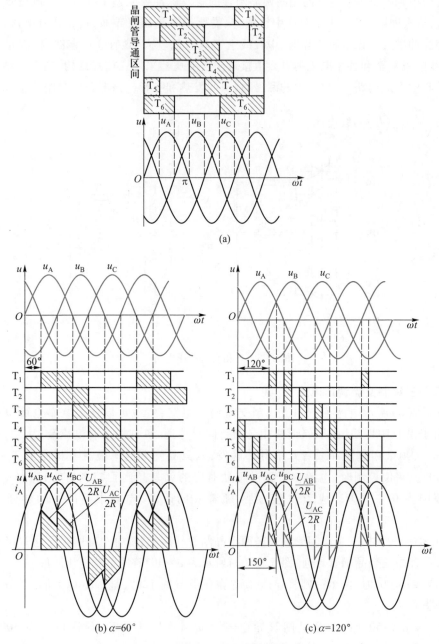

图 5.1.6 不同 α 角时负载相电压波形

5.2 交流调功电路

交流调功电路以交流电源周波数为控制单位,对电路通、断进行控制。

通、断控制调压时,电路形式与交流调压电路完全相同,将晶闸管作为开关,把负载与电源在 M 个周期中接通 N 个电源周期后,关断 $M-N$ 个电源周期,改变通、断周波数的比值来调节负载所消耗的平均功率。改变 M 与 N 的比值,就改变了开关通、断一个周期输出电压的有效值。这种控制方式简单、功率因数高,适用于有较大时间常数的负载,缺点是输出电压调节不平滑。

交流调功电路直接调节对象是电路的平均输出功率,常用于电炉的温度控制。交流调功电路控制对象时间常数很大,以周波数为单位控制即可。通常晶闸管导通时刻为电源电压过零的时刻,负载电压、电流都是正弦波,不对电网电压、电流造成通常意义的谐波污染。

当负载为电阻时,控制周期为 M 倍电源周期,晶闸管在前 N 个周期导通,后 $M-N$ 个周期关断。负载电压和负载电流(也即电源电流)的重复周期为 M 倍电源周期。$M=3$、$N=2$ 时的电路波形如图 5.2.1 所示。

图 5.2.2 为交流调功电路的电流频谱图(以控制周期为基准)。I_n 为 n 次谐波有效值,I_0 为导通时的电路电流幅值。从图可知电流中不含整数倍频率的谐波,但含有非整数倍频率的谐波,而且在电源频率附近,非整数倍频率谐波的含量较大。

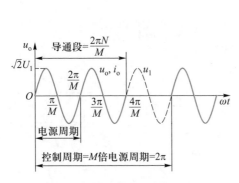

图 5.2.1 交流调功电路典型波形
($M=3$、$N=2$)

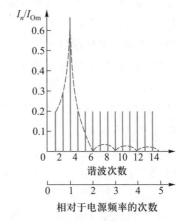

图 5.2.2 交流调功电路的电流频谱图
($M=3$、$N=2$)

5.3 交流电力电子开关

交流电力电子开关是将晶闸管反并联后串入交流电路代替机械开关,起接通和断开电路的作用。由于晶闸管作为开关使用时响应速度快、无触点、寿命长、可频繁控制通、断,因此与机械开关相比具有明显的优点。另外,如果控制晶闸管总是在电流过零时关断,在关断时不会因负载或线路电感存储能量而造成过电压和电磁干扰,特别适合于操作频繁、易燃气体和多粉尘场合。

交流电力电子开关只求控制通、断,并不控制电路的平均输出功率,通常没有明确的控制周期,只是根据需要控制电路的接通和断开,控制频度通常比交流调功电路低得多。

　　由于电网中大多数用电设备是感性负载,它们工作时要消耗无功功率,因此造成电力负荷的功率因数较低。负荷的功率因数低对供电系统和电力系统的经济运行不利,电力系统的无功不平衡还会造成电网电压降低(需求>供给时)或升高(需求<供给时),所以要对电网进行无功补偿。传统的补偿方式是采用机械开关的电容投切补偿装置,但它有个比较严重的缺点,就是反应速度比较慢。即从控制器测量电路决定需要补偿的电容,再到相应的电容投入补偿,这个过程需要一定的时间。特别是某个或某几个电容从电路中切除后,需隔一定的时间间隔(在这个时间内电容放电,让电容两端电压降下来),才可以再次投入电路。而有的负载变化比较快,这时电容切除、投入的速度跟不上负载的变化。这种补偿方式称为静态补偿。而用反应速度很快的晶闸管代替静态补偿装置中的交流接触器,它可以快速跟踪负载变化,快速进行补偿。这种补偿方式称为动态补偿。

　　晶闸管交流电力电子开关常用于交流电网中代替机械开关投切电容,对电网无功进行控制,这种装置称为晶闸管投切电容(thyristor switched capacitor,简称 TSC)。它可以提高功率因数、稳定电网电压、改善用电质量,是一种很好的无功补偿方式。TSC 实际上为断续可调的动态无功功率补偿器。

1. 电路结构和工作原理

　　图 5.3.1(a)是单相晶闸管投切电容的基本原理图,两个反并联的晶闸管起着把电容并入电网或从电网断开的作用,串联电感很小,用来抑制电容投入电网时的冲击电流。实际工程中,为避免电容组投切造成较大电流冲击,一般把电容分成几组,如图 5.3.1(b)所示,可根据电网对无功的需求而改变投入电容的容量。

　　实际中常用三相 TSC,既可三角形联结,也可星形联结。

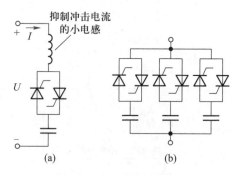

图 5.3.1　TSC 基本原理图

2. 晶闸管投切时间的选择

　　TSC 中晶闸管投切时刻的选择是个重要问题。投入时刻的选择原则是该时刻交流电源电压和电容预充电电压相等,这样电容电压不会产生跃变,就不会产生冲击电流。理想情况下,希望电容预充电电压为电源电压峰值,这时电源电压的变化率为零,电容投入过程没有冲击电流,电流也没有阶跃变化,TSC 理想投切时刻原理说明如图 5.3.2 所示。如果到上次导通时段最后,电容的端电压 u_C 已由导通的晶闸管 T_1 充电至电源电压 u_s 的正峰值,本次导通开始时刻取为 $u_C = u_s$ 的时刻 t_1,给 T_2 触发脉冲,使之导通,电容电流 i_C 开始流通。以后每半个周波轮流触发 T_1 和 T_2,电路继续导通。需要切除这条电容支路时,如在 t_2 时刻 i_C 已降为零,T_2 截止,这时撤除触发脉冲,T_1 就不会导通,u_C 保持在 T_2 导通结束时的电源电压负峰值,为下一次投入电容做准备。

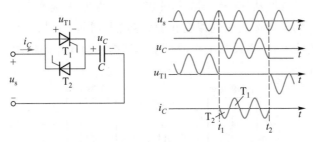

图 5.3.2　TSC 理想投切时刻原理说明

TSC 电路也可采用晶闸管和二极管反并联的方式,如图 5.3.3 所示。由于二极管的作用,在电路不导通时,u_C 总会维持在电源电压峰值;但因为二极管不可控,响应速度要慢一些,投切电容的最大时间滞后一个周波。

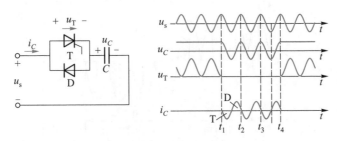

图 5.3.3　晶闸管和二极管反并联方式的 TSC

5.4　交-交变频电路

本节所介绍的交-交变频电路是不通过中间直流环节而把电网频率的交流电直接变换成不同频率(低于交流电源频率)交流电的变流电路。

交-交变频器主要用于大功率交流电动机调速系统。

5.4.1　单相输出交-交变频电路

1. 电路结构和工作原理

单相输出交-交变频电路组成如图 5.4.1 所示。它由具有相同特征的两组晶闸管整流电路反并联构成。将其中一组整流器称为正组整流器,另外一组称为反组整流器。如果正组整流器工作,反组整流器关断,负载端输出电压为上正下负;如果负组整流器工作,正组整流器关断,则负载端得到输出电压上负下正。这样,只要交替地以低于电源的频率切换正、反组整流器的工作状态,则在负载端就可以获得交变的输出电压,图 5.4.2 画出了单相交流输入时交-交变频电路的波形图。

如果在一个周期内控制角 α 是固定不变的,则输出电压波形为矩形波,如图 5.4.2 所示。矩形波中含有大量的谐波,对电机的工作很不利。如果控制角 α 不固定,在正组工作的半个周期内让控制角按正弦规律从 90°逐渐减小到 0°,然后再由 0°逐渐增加到 90°,那么正组整流电路的输出电压平均值就按正弦规律变化,从零增大到最大,然后从最大减小到零,如图 5.4.3 所示(三相交流输入)。在反组工作的半个周期内采用同样的控制方法,就可以得到接近正弦波的输出电压。

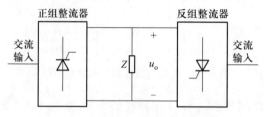

图 5.4.1　单相输出交–交变频电路

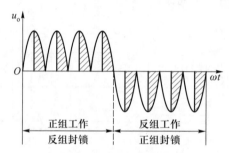

图 5.4.2　单相交流输入时交–交
变频电路的波形图

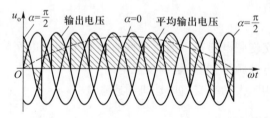

图 5.4.3　交–交变频电路的波形图(α 变化)

　　正、反两组整流器切换时,不能简单地将原来工作的整流器关断,原来关断的整流器立即开通,因为已导通的晶闸管并不能在触发脉冲取消的那一瞬间立即截止,必须待晶闸管承受反向电压时才能截止。如果两组整流器切换时,触发脉冲的关断和开通是同时进行,原先开通的整流器不能立即关断,而原来关断的整流器已经开通,于是出现两组桥同时导通的现象,将会产生很大的短路电流,使晶闸管损坏。为了防止在负载电流反向时产生环流,将原来工作的整流器关断后,必须留有一定的死区时间,再将原来关断的整流器开通工作。这种两组桥任何时刻只有一组桥工作,在两组桥之间就不存在环流的控制方式称为无环流控制方式。

2. 变频电路的工作过程

交-交变频电路的负载可以是电感性、电阻性或电容性。下面以使用较多的电感性负载为例，说明组成变频电路的两组相控整流电路的工作原理。

对于电感性负载，输出电压超前电流，图 5.4.4 画出了电感性负载时变频电路的输出电压、电流波形。

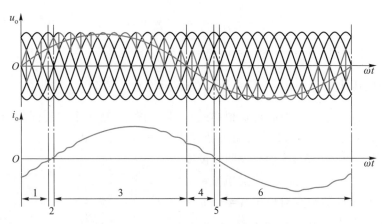

图 5.4.4　交-交变频电路的输出电压和电流波形

一个周期可以分为六个阶段：

① 第一阶段，输出电压过零为正。由于电流滞后，$i_o<0$，且整流器的输出电流具有单向性，负载负向电流必须由反组整流器输出，则此阶段为反组整流器工作，正组整流器关断。由于 u_o 为正，则反组整流器必须工作在有源逆变状态。

② 第二阶段，电流过零，为无环流死区。

③ 第三阶段，$i_o>0$，$u_o>0$。由于电流方向为正，负载电流须由正组整流器输出，此阶段为正组整流器工作，反组整流器关断。由于 u_o 为正，则正组整流器必须工作在整流状态。

④ 第四阶段，$i_o>0$，$u_o<0$。由于电流方向没有改变，正组整流器工作，反组整流器仍关断。因电压反向为负，则正组整流器工作在有源逆变状态。

⑤ 第五阶段，电流为零，为无环流死区。

⑥ 第六阶段，$i_o<0$，$u_o<0$，电流方向为负，反组整流器必须工作，正组整流器关断。此阶段反组整流器工作在整流状态。

可以看出，哪组整流器电路工作是由输出电流决定，而与输出电压极性无关。变流电路是工作在整流状态还是逆变状态，则由输出电压方向和输出电流方向的异同决定。

3. 输出正弦波电压的控制方法

要使输出电压波形接近正弦波，必须在一个控制周期内，α 角按一定规律变化，使整流电路在每个控制间隔内的输出平均电压按正弦规律变化。最常用的方法是采用"余弦波交点法"。

设 U_{d0} 为 $\alpha=0$ 时整流电路的理想空载电压，则整流电路在每个控制间隔输出的平均电压为

$$u_o = U_{d0}\cos\alpha \tag{5.4.1}$$

设希望输出的正弦波电压为

$$u_o = U_{Om} \sin \omega_0 t \qquad (5.4.2)$$

比较式(5.4.1)与式(5.4.2),则

$$U_{d0} \cos \alpha = U_{Om} \sin \omega_0 t \qquad (5.4.3)$$

得

$$\cos \alpha = \frac{U_{Om}}{U_{d0}} \sin \omega_0 t = \gamma \sin \omega_0 t$$

$$\alpha = \arccos(\gamma \sin \omega_0 t) \qquad (5.4.4)$$

式中,γ 为输出电压比 　　　　　$\gamma = \dfrac{U_{Om}}{U_{d0}}$ 　　$(0 \leqslant \gamma \leqslant 1)$

　　如果在一个控制周期内,控制角 α 根据式(5.4.4)确定,则每个控制间隔输出电压的平均值按正弦规律变化。式(5.4.4)为余弦交点法求 α 角的基本公式。

　　余弦交点法可以用图 5.4.5 加以说明。设线电压 u_{AB}、u_{AC}、u_{BC}、u_{BA}、u_{CA} 和 u_{CB} 依次用 $u_1 \sim u_6$ 表示,相邻两个线电压的交点对应于 $\alpha = 0$。$u_1 \sim u_6$ 所对应的同步信号分别用 $u_{s1} \sim u_{s6}$ 表示,$u_{s1} \sim u_{s6}$ 比相应的 $u_1 \sim u_6$ 超前 $30°$,$u_{s1} \sim u_{s6}$ 的最大值和相应线电压 $\alpha = 0$ 的时刻对应。若 $\alpha = 0$ 为零时刻,$u_{s1} \sim u_{s6}$ 为余弦信号,则各晶闸管触发时刻由相应的同步电压 $u_{s1} \sim u_{s6}$ 的下降段和输出电压 u_o 的交点来决定。

图 5.4.5　余弦交点法原理

　　不同 γ 时,在 u_o 一周期内,α 随 $\omega_0 t$ 变化的情况如图 5.4.6 所示。图中

$$\alpha = \arccos(\gamma \sin \omega_0 t) = \pi/2 - \arcsin(\gamma \sin \omega_0 t)$$

较小,即输出电压较低时,α 只在离 $90°$ 很近的范围内变化,电路的输入功率因数非常低。

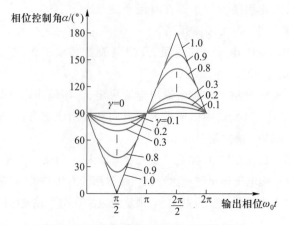

图 5.4.6　不同 γ 时,α 和 $\omega_0 t$ 变化的情况

5.4.2 三相输出交-交变频电路

交-交变频器主要用于交流调速系统中,因此实际使用的主要是三相交-交变频器。三相交-交变频电路是由三组输出电压相位各差 120°的单相交-交变频电路组成的,根据电路接线形式主要有以下两种。

1. 公共交流母线进线方式

图 5.4.7 是公共交流母线进线方式的三相交-交变频电路原理图,它由三组彼此独立、输出电压相位互差 120°的单相交-交变频电路组成,它们的电源进线通过进线电抗器接在公共的交流母线上。因为电源进线端公用,所以三路单相变频电路的输出端必须隔离。为此,交流电动机的三个绕组必须拆开,同时引出六根线。公共交流母线进线式三相交-交变频电路主要用于中等容量的交流调速系统。

2. 输出星形联结方式

图 5.4.8 是输出星形联结方式的三相交-交变频电路原理图。三相交-交变频电路的输出端星形联结,电动机的三个绕组也是星形联结,电动机中性点和变频器中性点接在一起,电动机只引三根线即可。因为三组单相变频器连接在一起,其电源进线就必须隔离,所以三组单相变频器分别用三个变压器供电。

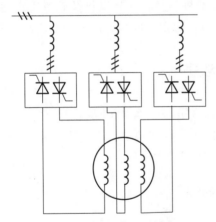

图 5.4.7 公共交流母线进线方式的
三相交-交变频电路原理图

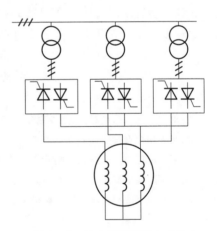

图 5.4.8 输出星形联结方式的
三相交-交变频电路原理图

由于变频器输出中性点不和负载中性点相连接,所以在构成三相变频器的六组桥式电路中,至少要有不同相的两组桥中的四个晶闸管同时导通才能构成回路,形成电流。同一组桥内的两个晶闸管靠双脉冲保证同时导通。两组桥之间依靠足够的脉冲宽度来保证同时有触发脉冲。

5.4.3 交-交变频电路输出频率上限的限制

交-交变频电路的输出电压是由若干段电网电压拼接而成的。当输出频率升高时,输出电压一个周期内电网电压的段数就减少,所含的谐波分量就要增加。这种输出电压波形的畸变是限制输出频率提高的主要因素之一。一般认为,交流电路采用六脉波三相桥式电路时,最高输出频率不高于电网频率的 1/3 ~ 1/2。电网频率为 50 Hz,交-交变频电路的输出上限频率约为 20 Hz。

5.4.4　交-交变频器的优缺点

同交-直-交变频器相比,交-交变频器有以下优、缺点。

1. 优点

① 只有一次变流,且使用电网换相,提高了变流效率。

② 可以很方便地实现四象限工作。

③ 低频时输出波形接近正弦波。

2. 缺点

① 接线复杂,使用的晶闸管数目较多。

② 受电网频率和交流电路各脉冲数的限制,输出频率低。

③ 采用相控方式,功率因数较低。

交-交变频器主要用于 500 kW 或 1 000 kW 以上,转速在 600 r/min 以下的大功率低转速的交流调速装置中。目前已在矿石碎机、水泥球磨机、卷扬机、鼓风机及轧机主传动装置中获得了较多应用。它既可用于异步电动机传动,也可以用于同步电动机传动。

思考题与习题

5.1　在单相交流调压电路中,当控制角小于负载功率因数角时为什么输出电压不可控?

5.2　晶闸管相控直接变频的基本原理是什么? 为什么只能降频、降压,而不能升频、升压?

5.3　晶闸管相控整流电路和晶闸管交流调压电路在控制上有何区别?

5.4　交流调压和交流调功电路有何区别?

5.5　一电阻炉由单相交流调压电路供电,如 $\alpha = 0°$ 时为输出功率最大值,试求功率为 80%、50% 时的控制角 α。

5.6　一交流单相晶闸管调压器,用作控制从 220 V 交流电源送至电阻为 0.5 Ω、感抗为 0.5 Ω 的串联负载电路的功率。试求:

(1) 控制角范围;

(2) 负载电流的最大有效值。

5.7　双向晶闸管组成的单相调功电路采用过零触发,输入交流电源 220 V,负载电阻 $R = 1$ Ω,在控制的设定周期 T_c 内,使晶闸管导通 0.3 s,断开 0.2 s。

(1) 计算输出电压的有效值;

(2) 求负载上所得平均功率与假定晶闸管一直导通时输出的功率;

(3) 选择双向晶闸管的型号。

5.8　一台 220 V/10 kW 的电炉,采用单相交流调压电路,现使其工作在功率为 5 kW 的电路中,试求电

路的控制角 α、工作电流以及电源侧功率因数。

　　5.9　试述单相交-交变频电路的工作原理。

　　5.10　交-交变频电路的输出频率有何限制？

　　5.11　三相交-交变频电路有哪两种接线方式？它们有什么区别？

第 5 章部分习题参考答案　　　　第 5 章课件

第6章 软开关技术

电力电子器件的导通和关断状态之间的转换是各类电力电子变换技术和控制技术的关键问题。如果电力电子装置中的开关器件在其端电压不为零时开通则称为硬开通,在其电流不为零时关断则称为硬关断。硬开通、硬关断统称为硬开关。在硬开关过程中,开关器件在较高电压下承载有较大电流,故产生很大的开关损耗。电力电子装置的工作状态一定时,开关器件开通或关断一次的损耗也是一定的,因此开关频率越高,开关损耗也就越大。这不仅降低了变换器的效率,而且严重的发热导致开关器件温度超过极限值温升,会使开关器件的寿命急剧缩短。同时在开关过程中还会激起电路分布电感和寄生电容的振荡,带来附加损耗并产生电磁干扰,因而电力电子装置中硬开关的频率不能太高,还要采取防止电磁干扰的措施。

如果在电力电子装置中采取一些措施,例如改变电路结构和控制策略,使开关器件被施加驱动信号而开通过程中其端电压为零,这种开通称为零电压开通;若使开关器件撤除其驱动信号后的关断过程中其承载的电流为零,这种关断称为零电流关断。零电压开通和零电流关断是最理想的软开关,其开关过程中无开关损耗。如果开关器件在开通过程中端电压很小,在关断过程中其电流也很小,这种开关过程的功率损耗不大,称为软开关。

国内外电力电子学术界自 20 世纪 70 年代以来,不断研究高频软开关技术,研究成果不断涌现。在我国软开关技术被成功应用到各类电力电子装置中,已经取得了很大的成就。软开关技术显著地减小了功率开关器件的开关损耗、开关过程 du/dt 和 di/dt 以及由分布电感和寄生电容激起的振荡,大幅度地提高开关频率,为电力电子装置高频化、小型化、高效率和高可靠性创造了条件。

6.1 软开关的基本概念

6.1.1 软开关及其特点

图 6.1.1(a)是电力电子装置中开关管工作时电压和电流波形。开关管不是理想器件,它在其端电压不为零时开通和其电流不为零时关断(存在电压和电流同时出现较大值的交

叠情况），即导通时 T 两端电压 u_T 很大，截止时流过 T 中的电流 i_T 也不小，从而产生较大的开通损耗 $E_{on} = \int P_{on} \cdot dt$（其中 $P_{on} = u_T \cdot i_T$）和关断损耗 $E_{off} = \int P_{off} \cdot dt$（其中 $P_{off} = u_T \cdot i_T$），二者之和 $E_T = E_{on} + E_{off}$ 统称为开关损耗（switching loss），如图 6.1.1(b) 所示，这样的开关过程称为硬开关。总的来说，硬开关在电力电子装置中存在如下问题：

① 开关损耗大：在开通时，开关器件的电流上升和电压下降同时进行；关断时，电压上升和电流下降同时进行。电压、电流波形的交叠致使器件的开通损耗和关断损耗随开关频率的提高而增加。开关频率越高，总的开关损耗越大，电力电子装置的效率就越低。

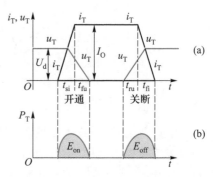

图 6.1.1 硬开关特性

② 感性关断过电压：电路中难免存在感性元件（引线电感、变压器漏感等寄生电感或实体电感），当开关器件关断时，由于通过该感性元件的 du/dt 和 di/dt 很大，从而产生大的电磁干扰（electromagnetic interference，简称 EMI），尖峰过电压加在开关器件两端，易造成电压击穿。

③ 容性开通问题：当开关器件在很高的电压下开通时，储藏在开关器件结电容中的能量将全部耗散在该开关器件内，引起开关器件过热损坏。

④ 二极管反向恢复问题：二极管由导通变为截止时存在着反向恢复期，在此期间内，二极管仍处于导通状态，若立即开通与其串联的开关器件，容易造成直流电源瞬间短路，产生很大的冲击电流，轻则引起该开关器件和二极管管耗急剧增加，重则致其损坏。

如果通过某种控制方式使电路中开关器件开通时，器件两端电压 u_T 首先下降为零，然后施加驱动信号 u_g，器件的电流 i_T 才开始上升；器件关断时，过程正好相反，即通过某种控制方式使器件中电流 i_T 下降为零后，撤除驱动信号 u_g，电压 u_T 才开始上升，如图 6.1.2(a) 所示。由于不存在电压和电流同时出现较大值的交叠，开关损耗 E_{on}、E_{off} 为零，这是一种理想的软开关。实际中要实现理想的软开关是极为困难的。如果像图 6.1.2(b) 所示的波形图中，对开关管施加驱动信号 u_g 后，电流 i_T 上升的开通过程中，电压 u_T 不大且迅速下降为零，这种开通过程的损耗 E_{on} 不大，称为软开通。撤除驱动信号 u_g 后，电流 i_T 下降的关断过程中，电压 u_T 不大且上升很缓慢，这种关断过程的损耗 E_{off} 不大，称为软关断。

从理论上说，理想的软开关技术可以使器件的开关损耗降低到零，原则上开关频率的提高不受限制。但是，实际中由于开关器件不是理想开关，磁性材料、电容、电感甚至电阻高频特性不理想，它们都成为提高开关频率的主要障碍。

6.1.2　软开关的分类

从 20 世纪 70 年代开始，国内外电力电子学术界不断研究高频软开关技术，最先发展起来的谐振开关技术为实现软开关、降低器件的开关损耗和提高开关频率找到了有效的解决

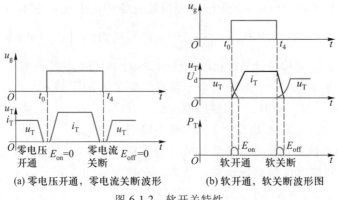

(a) 零电压开通，零电流关断波形　　　(b) 软开通，软关断波形图

图 6.1.2　软开关特性

办法，引起了电力电子技术领域和工业界同行的极大兴趣和普遍的关注。谐振开关技术是在开关状态变换过程中，适时地引发一个 LC 谐振过程，利用 LC 谐振特性使变换器中开关器件的端电压 u_T 或电流 i_T 自然的谐振过零。到上世纪末，软开关技术的研究已取得了重要成果，表 6.1.1 是得到应用的各种高频软开关变换技术的研发时间和应用电路。

表 6.1.1　高频软开关变换技术的研发时间和应用电路

时间	名称	应用
20 世纪 70 年代	串联或并联谐振技术	半桥或全桥变换器
20 世纪 80 年代中	准谐振或多谐振技术	单端或桥式变换器
20 世纪 80 年代末	ZCS-PWM 或 ZVS-PWM 技术	单端或桥式变换器
20 世纪 80 年代末	移相全桥 ZVS-PWM 技术	全桥变换器
20 世纪 90 年代初	ZCT-PWM 或 ZVT-PWM 技术	单端或桥式变换器

　　电力电子装置中的软开关技术实际上是采取措施使开关管在开通过程中其端电压为零，关断过程中其承载的电流为零。最早的方法是采用有损缓冲电路来实现软开关，从能量的角度来看，它是将开关损耗转移到缓冲电路消耗掉，从而改善开关管的开关条件，这种方法对变换器的变换效率没有提高，甚至会使效率有所降低。目前所研究的软开关技术不再采用有损缓冲电路，而是真正减小开关损耗，而不是开关损耗的转移。根据开关元件开通和关断时电压电流状态，软开关技术大体上可分为零电压开关（ZVS）和零电流开关（ZCS）两类。根据软开关技术发展的历程可以将软开关电路分成谐振型变换电路、零开关 PWM 变换电路和零转换 PWM 变换电路，以下将对其进行详细分析。

6.2　基本的软开关电路

6.2.1　谐振型变换电路

　　利用谐振现象，使电子开关器件上电压或电流按正弦规律变化，以创造零电压开通或零电流关断的条件,以这种技术为主导的变换器称为谐振变换器。它又可以分为全谐振型变换器、准谐振变换器和多谐振变换器三种类型。

1. 全谐振型变换电路

全谐振型变换器一般称为谐振变换器(resonant converters)。该类变换器实际上是负载谐振型变换器。根据谐振元件的谐振方式不同,它可分为串联谐振变换器(series resonant converters,简称 SRC)和并联谐振变换器(parallel resonant converters,简称 PRC)两类。按照与谐振电路的连接关系不同,谐振变换器可分为两类:一类是负载与谐振回路相串联,称为串联负载(或串联输出)谐振变换器(series load resonant converters,简称 SLRC);另一类是负载与谐振回路相并联,称为并联负载(或并联输出)谐振变换器(parallel load resonant converters,简称 PLRC)。在谐振变换器中,谐振元件一直谐振工作,参与谐振工作的全过程。该变换器与负载关系很大,对负载的变化很敏感,一般采用频率调制(PFM)方法。这种电路的工作模式中由于输出电压随调制频率的变化而变化,这给输出滤波器的参数设计带来困难,实际中很少采用。

2. 准谐振变换电路

众所周知,无论是串联 LC 或并联 LC 都会产生谐振。准谐振变换电路(quasi-resonant converters,简称 QRC)利用谐振原理,使电子开关器件上的电压或电流按正弦规律变化,从而创造了"零电压"或"零电流"的条件,以这种技术为主导的变换器称为准谐振变换器。由于正向和反向 LC 回路值不一样,则振荡频率不同,电流幅值不同,所以振荡不对称(一般正向正弦半波大过负向正弦半波),因此称为准谐振。其特点是谐振元件只参与能量变换的某一个阶段而不是全过程,且只能改善变换电路中一个开关元件(如开关管 T 或二极管 D)的开关特性。准谐振变换电路中谐振周期随输入电压、负载变化而改变,只能采用脉冲频率调制(PFM)调控输出电压和输出功率,这同样给输出滤波器的参数设计带来困难。

准谐振变换电路是较早出现而且实用的软开关电路。它分为零电流开关准谐振变换器(zero-current-switching quasi-resonant converters,简称 ZCS QRC)和零电压开关准谐振变换器(zero-voltage-switching quasi-resonant converters,简称 ZVS QRC)。

(1) 零电压开关准谐振变换电路(ZVS QRC)

图 6.2.1(a)是以 DC/DC 降压变换电路为例的零电压开通准谐振变换电路(ZVS QRC)。其中开关管 T 与谐振电容 C_r 并联,谐振电感 L_r 与 T 串联,如果滤波电感 L_f 足够大,则输出负载电流为恒定值 I_0。假定 $t<0$ 时,$u_g>0$,T 处于通态,$i_T=i_L=I_0$,$u_T=u_{Cr}=0$,续流二极管 D 截止,在 $t=0$ 时撤除 T 的驱动信号 u_g,把一个开关周期 T_s 中的通、断过程分为 5 个开关状态,其电压、电流波形如图 6.2.1(b)~(e)所示。

t_0~t_1 阶段:$t=0$ 时,$u_g=0$,i_T 从 I_0 减小,谐振电容电流 i_C 从零开始增大,$i_L=i_C+i_T=I_0$ 不变,负载电流 I_0 从开关管 T 流到 C_r。由于 i_T 很快下降为零,而 $u_{Cr}=u_T$ 还很小,故开关管 T 软关断,此后 $i_C=i_L=I_0$ 恒流充电到 $t=t_1$ 时,$u_{Cr}=u_T=U_d$。

值得注意的是,$t<t_1$ 时,$u_{Cr}=u_T<U_d$,续流二极管 D 反偏截止;$t=t_1$ 时,$u_{Cr}=u_T=U_d$,续流二极管 D 无反偏电压而开始导通。

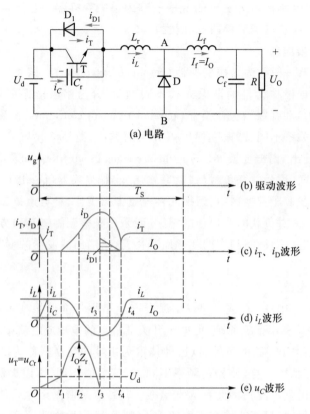

(a) 电路

(b) 驱动波形

(c) i_T、i_D 波形

(d) i_L 波形

(e) u_C 波形

图 6.2.1　零电压开通的准谐振 DC/DC 降压变换电路的工作原理

$t_1 \leqslant t \leqslant t_2$ 阶段：过了 t_1 以后，i_L 对 C_r 继续充电，$u_{Cr} > U_d$，$i_C = i_L$ 减小，续流二极管 D 开始导通，$u_{AB} = 0$，L_r、C_r 构成串联谐振电路。当到串联谐振的 1/4 周期 t_2 时刻，u_{Cr} 谐振到峰值，$i_L = i_C = 0$，此后 $t > t_2$，由于 $u_{Cr} > U_d$，i_L 反向，C_r 开始经 D 和 L_r 向电源 U_d 放电。

$t_2 < t < t_3$ 阶段：$t > t_2$ 后，C_r 经 D 和 L_r 向电源 U_d 放电，u_{Cr} 减小，到 $t = t_3$ 时 $u_{Cr} = 0$。

$t_3 < t < t_4$ 阶段：$t = t_3$ 时，C_r 放电到 $u_{Cr} = 0$，但 i_L 为负值，故二极管 D_1 开始导通，使 $u_{Cr} = u_T = 0$，此后负电流 i_L 通过 D_1 向电源 U_d 回馈能量，使负向电流 i_L 数值逐渐减小，到 $t = t_4$ 时，$i_L = 0$。由图 6.2.1(c)~(e) 可知，在 $t_3 \sim t_4$ 期间，二极管 D_1 导通使 $u_T = 0$、$i_T = 0$，这时给 T 施加驱动信号，就可以使开关管 T 在零电压下开通。可以证明，为了使 T 在零电压下可靠开通，必须选择满足下列关系式的谐振电路参数

$$L_r > \frac{1}{2\pi f_r} \cdot \frac{U_d}{I_{Omin}} \qquad (6.2.1)$$

$$C_r < \frac{1}{2\pi f_r} \cdot \frac{I_{Omin}}{U_d} \qquad (6.2.2)$$

上两式中，f_r 是谐振电路的谐振频率，I_{Omin} 是负载电流的最小值。

$t_4 < t < t_5$ 阶段：由于 T 导通，$i_T = i_L = I_O$，$u_T = u_{Cr} = 0$，续流二极管 D 截止，电源 U_d 对负载供

电。到 $t=t_5$ 时,T 再次被关断,完成了一个开关周期 T_s。

通过上面的分析可以清楚地看到,在一个开关周期 T_s 中,仅在 $t_2 \sim t_4$ 期间电源不输出能量,而这段时间的长短与 C_r、L_r 的谐振周期有关。当 C_r、L_r 的值一定时,降低开关频率 f_s(即增大 T_s)将使输出电压、输出功率增大。因此,零电压开通准谐振变换电路只适于改变变换电路的开关频率 f_s 来调控输出电压和输出功率。

(2)零电流开关准谐振变换电路(ZCS QRC)

图 6.2.2(a)是以 DC/DC 降压变换电路为例的零电流关断准谐振变换电路(ZCS QRC)。其中开关管 T 与谐振电感 L_r 串联,谐振电容 C_r 与续流二极管 D 并联。滤波电容 C_f 足够大,在一个开关周期 T_s 内,输出负载电流 I_O 和输出电压 U_O 都恒定不变。滤波电感 L_f 足够大,在一个开关周期 T_s 中 $I_f=I_O$ 恒定不变。假定 $t<0$ 时,$u_g=0$,T 处于截止状态,D 续流,$i_T=i_L=0$,$i_D=I_f=I_O$,$u_T=U_d$,$u_{Cr}=0$。在 $t=0$ 时,对 T 施加驱动信号 u_g,把一个开关周期 T_s 中的通、断过程分为 5 个开关状态,其电压、电流波形如图 6.2.2(b)~(e)所示。

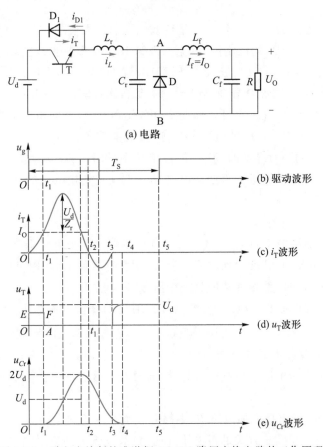

图 6.2.2 零电流关断的准谐振 DC/DC 降压变换电路的工作原理

$0 \leqslant t \leqslant t_1$ 阶段:$t=0$ 时,T 因施加驱动信号 u_g 而导通,$i_T=i_L$ 从零上升至 I_O。$i_D=I_O-i_L$ 从 I_O 下降到零,D 截止。由于在上述过程中,电感 L_r 上的感应电动势为左正右负,所以使 T 上

的电压 u_T 减小。如果电感 L_r 足够大,则有可能使 $u_T=0$,实现零电压开通。

$t_1 \leqslant t \leqslant t_2$ 阶段:$t>t_1$ 时,$i_T=i_L>I_0$,i_L-I_0 对 C_r 充电,使 u_{Cr} 上升。L_r、C_r 产生串联谐振。可以证明,谐振 $\frac{1}{4}T_S$ 时,$i_T=i_L$ 达到最大值,$u_{Cr}=U_d$;谐振 1/2 周期时,$i_T=i_L=I_0$,$u_{Cr}=2U_d$,此后,$i_T=i_L$ 从 I_0 下降,$t=t_2$ 时下降到零,$U_d<u_{Cr}<2U_d$。

$t_2 \leqslant t \leqslant t_3$ 阶段:在此期间由于 L_r、C_r 谐振,i_L 为负值,二极管 D_1 导通,$u_T=0$,若此时撤除驱动信号 u_g,T 可以在零电流下关断,无关断损耗。$t=t_3$ 时,$u_{Cr}<U_d$,二极管 D_1 截止,$i_T=i_L=0$,$u_T=U_d-u_{Cr}$。可以证明,为了使 T 在零电流下关断,必须选择满足下列关系式的谐振电路参数

$$L_r < \frac{1}{2\pi f_r} \cdot \frac{U_d}{I_{0max}} \tag{6.2.3}$$

$$C_r > \frac{1}{2\pi f_r} \cdot \frac{I_{0max}}{U_d} \tag{6.2.4}$$

上两式中,f_r 是谐振电路的谐振频率,I_{0max} 是负载电流的最大值。

$t_3<t<t_4$ 阶段:由于 T、D_1 均已断流,续流二极管 D 仍反偏截止,电容 C_r 向滤波电感和负载放电,到 $t=t_4$ 时,$u_{Cr}=0$,$u_T=U_d$,续流二极管 D 导通,其电流从零突变为 I_0。

$t_4<t<t_5$ 阶段:续流二极管 D 导通,到 $t=t_5$ 时,T 再次被驱动,经历一个完整的周期 T_S。

通过上面的分析可知,在一个开关周期 T_S 中,仅在 $0\sim t_2$ 期间电源输出功率,$t_2\sim t_3$ 期间 C_r 向电源回馈能量。而当 C_r、L_r 的值一定时,谐振周期 $T_r=1/f_r$ 不变,变换电路的开关频率 f_S 越高,T_S 就越小,T 的相对导通时间(电源输出功率的时间)t_2/T_S 增长,使输出电压、输出功率增大。因此,零电压关断准谐振变换电路只适于改变变换电路的开关频率 f_S 来调控输出电压和输出功率。

(3)准谐振变换电路的特点

① 零电压开关准谐振变换电路(ZVS QRC)与零电流开关准谐振变换电路(ZCS QRC)中谐振周期随输入电压、负载变化而改变,只能采用脉冲频率调制(PFM)调控输出电压和输出功率,其谐振元件只参与能量变换的某一个阶段,不是全程参与。

② 零电流开关准谐振变换电路中,电路开关通过的峰值电流为 I_0+U_d/Z_r,比负载电流 I_0 增加了 U_d/Z_r 部分($Z_r=\sqrt{L_r/C_r}$ 为谐振阻抗)。为了实现开关的零电流自然关断,负载电流 I_0 必须不大于 U_d/Z_r,为此,负载电阻有一定限制。在电路开关两端反并联一个二极管后,负载变化对输出电压的影响可减小。另外,流过开关管 T 的电流大于 $2I_{0max}$,谐振电容 C_r 上的最大电压为 $2U_d$。

③ 在零电压开关准谐振变换电路中,电路开关承受的正向电压为 $U_d+I_0Z_r$,它比电源电压 U_d 增加了 I_0Z_r。为了实现开关的零电压开通,负载电流 I_0 必须大于 U_d/Z_r。在负载电流变化范围较宽时,开关会承受很高的电压,因此这种电路只适用于恒定负载情况。为克服这种电路的弊端,人们又研究了零电压多谐技术。

④ 当开关在零电流但非零电压条件开通时,结间电容储存的电荷能量在开关中耗散。

开关频率很高时,这部分损耗已不可忽视。但是,在零电压条件下开通时,开关内部电容无充电电荷,因此也无这部分开通损耗。因此,开关频率较高时,ZVS QRC 比 ZCS QRC 更适用。

应该指出,在硬开关变换电路中变压器的漏感以及开关器件的结间电容是有害的寄生参数,但在谐振开关变换电路中可作为谐振电感和谐振电容的一部分加以利用。

⑤ 零电流、零电压准谐振软开关技术同样可用于其他类型的变换器,如升压变换器、库克变换器以及其他类型的 DC/DC、DC/AC 电路,实现开关器件的零电流关断或零电压开通。

(4) 零电压多谐振开关电路(ZVS MRC)

多谐振变换电路(MRC)可以同时改善多个开关器件(开关管 T 和二极管 D)的开关特性。

图 6.2.3 是降压 ZVS MRC 变换电路及波形图。其中开关管 T 与谐振电感 L_r 串联,与电容 C_T 并联,谐振电容 C_r 与续流二极管 D 并联(在多谐振开关中,有源开关和无源开关都与电容并联,以消除全部寄生参数的影响,使二者都工作于零电压条件下)。滤波电容 C_f 足够大,在一个开关周期 T_S 中输出负载电流 I_0 和输出电压 U_0 都恒定不变。滤波电感 L_f 足够大,在一个开关周期 T_S 中 $I_f = I_0$ 恒定不变。

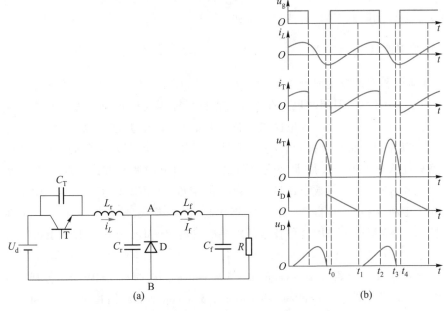

图 6.2.3 降压 ZVS MRC 变换电路及波形图

假定 $t < t_0$ 时,T 处于截止状态,D 续流,由于 C_T、L_r 谐振到 $t = t_0$ 时刻使 $u_T = u_{Cr} = 0$。从此时刻开始,把一个开关周期 T_S 中的通、断过程分为 4 个开关状态。现对它们进行分析:

$t_0 \leqslant t \leqslant t_1$ 阶段:在 $t = t_0$ 时,主开关管 T 上的电压已降到零($u_T = 0$),这时对 T 施加驱动信号 u_g 使 T 实现零电压开通,在这期间里有源开关 T 和二极管开关 D 都导通,电感 L_r 中的电

流 i_L 线性增长,直到 $i_L=I_0$。

$t_1<t<t_2$ 阶段:在 $t=t_1$ 时,$i_L=I_0$,二极管 D 截止,L_r、C_r 进入谐振状态(第一次谐振),到 $t=t_2$ 时,谐振的结果使 $u_T=0$。

$t_2<t<t_3$ 阶段:在 $t=t_2$ 时刻,撤除 T 的驱动信号 u_g 使 T 零电压关断,C_r、L_r、C_T 进入谐振状态(第二次谐振)。在这期间,开关 T 上的电压 u_T 按振荡规律变化,二极管 D 上的电压也按振荡规律变化,直到 $t=t_3$ 为止。

$t_3<t<t_4$ 阶段:在 $t=t_3$ 时刻,二极管 D 上电压下降到零,D 导通,电路进入 C_T、L_r 谐振状态(第三次谐振),这时有源开关 T 上的电压 u_T 并未下降到零。u_T 在 $t=t_4$ 时刻才下降到零,此时施加驱动信号 u_g,使 T 实现软开通,电路完成了一个工作周期。

多谐振变换器和准谐振变换器一样,其特点是谐振元件参与能量变换的某一个阶段,不是全程参与。多谐振变换器的谐振回路、参数可以超过两个(例如三个或更多),故称为多谐振变换器。多谐振变换器一般实现开关管的零电压开关。这类变换器需要采用频率调制控制方法。

从上述电路分析可知,谐振开关电路有效地降低和消除了器件的开关损耗,使得 ZCS QRC 的实际工作频率达到 1~2 MHz;ZVS QRC 的实际工作频率达到 10 MHz;ZVS MRC 的实际工作频率达到 20 MHz,但器件的电压或电流应力都比降压变换电路大,这是一个缺点,也是应用中一个重要的限制因素,有待进一步研究。

6.2.2　零开关 PWM 变换电路

谐振、准谐振和多谐振变换电路尽管有着开关损耗小、电磁干扰(EMI)减少、工作频率提高、功率密度大等优点,但同时也存在着开关器件可能承受过高的电流应力和电压应力等问题。此外,在 QRC 电路中,一旦电路参数固定后,电路的谐振过程也就确定下来了,这使得电路唯一可以控制的量是谐振过程完成后到下一次开关周期开始前的一段间隔,这实际上使得电路只能通过改变开关周期来改变输出电压,即采用调频方式。这就给系统功率变换的高频变压器、滤波器等参数设计带来了巨大的困难,使 ZCS QRC 和 ZVS QRC 的应用受到限制。为了解决这些问题,自 20 世纪 80 年代起,许多专家、学者提出了能实现恒频控制的软开关技术,并希望通过采用这种技术使之同时具有 PWM 变换电路和准谐振变换技术的优点。

零开关 PWM 变换电路(zero switching PWM converters,简称 ZSPWM)包括零电压(开通)开关 PWM 变换电路(zero-voltage-switching PWM converters,简称 ZVS PWM)与零电流(关断)开关 PWM 变换电路(zero-current-switching PWM converters,简称 ZCS PWM)。这类变换电路是 PWM 电路与 QRC 电路的结合,它在准谐振型变换电路基础上加入一个辅助开关管来控制谐振元件的谐振过程,仅在需要开关状态转变时才启动谐振电路,创造开关管的零电压开通或零电流关断条件。谐振电感 L 与主开关器件串联在电路中,开通时承受负载电流,因此变换电路可按恒定频率 PWM 方式调控输出电压,利用启动准谐振变换电路创造零电压或零电流条件,开通或关断开关器件。它既可以像 QRC 电路一样通过谐振为主功率开关管创造零电压或零电流开关条件,又可以使电路像常规 PWM 电路一样,通过恒频占空比调制来调节输出电压。

下面以 DC/DC 降压变换电路为例研究 ZCS PWM 和 ZVS PWM 变换电路的工作原理。

（1）零电压（开通）开关 PWM 变换电路（ZVS PWM）

图 6.2.4(a)、(b)是降压 ZVS PWM 变换电路的原理图和波形图。它由输入电源 U_d、主开关管 T_1（包括其反并联的二极管 D_1）、续流二极管 D、滤波电感 L_f、滤波电容 C_f、负载电阻 R、谐振电感 L_r 和谐振电容 C_r 构成。D_2 是辅助开关管 T_2 的串联二极管。从图可知,ZVS PWM 变换电路是在 ZVS QRC 电路的谐振电感 L_r 上并联了一个辅助开关管 D_2 和 T_2。

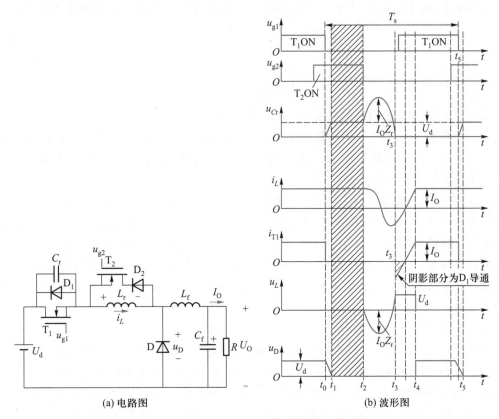

(a) 电路图　　　　　　　　　　　　(b) 波形图

图 6.2.4　降压 ZVS PWM 变换电路和工作波形

若 $t<t_0$ 时,主开关管 T_1 和辅助开关 T_2 都导通,续流二极管 D 截止,$i_L=I_f=I_0$,$u_{cr}=0$。在一个开关周期 T_s 中,可分 5 个阶段来分析电路的工作过程。

$t_0<t<t_1$ 阶段:$t=t_0$ 时,$u_{cr}=0$,撤除 T_1 的驱动信号 u_{g1} 使 T_1 零电压关断,电流 i_L 立即从 T_1 转移到 C_r,给 C_r 充电,由于 $i_L=I_f=I_0$ 恒定,$u_{cr}<U_d$ 时,续流二极管 D 仍处于反偏截止,直到 $t=t_1$,C_r 充电到 $u_{cr}=U_d$,续流二极管 D 导通。

$t_1<t<t_2$ 阶段:由于续流二极管 D 导通,经 T_2、D_2 续流,这段时间可以通过改变辅助开关 T_2 的关断时刻 t_2 控制,因此续流二极管 D 导通的占空比是可以实施 PWM 控制的,用它来调

控输出电压。

$t_2 < t < t_3$ 阶段：在 $t = t_2$ 时刻撤除辅助开关管 T_2 的驱动信号，C_r、L_r 产生谐振。在 T_2 关断前瞬间，由于 T_1 已关断，$u_{Cr} = U_d$，所以 T_2 为零电压关断。可以证明，从 $t = t_2$ 后到 3/4 谐振周期时，u_{Cr} 到达最大值 $U_d + I_0 Z_r$，此后电容 C_r 放电，u_{Cr} 下降，到 $t = t_3$ 时 $u_{Cr} = 0$，此期间 i_L 为负值。

$t_3 < t < t_4$ 阶段：负电流 i_L 经二极管 D、D_1 向电源 U_d 回馈能量。由于导通的 D_1 与主开关管 T_1 并联，在此期间若对 T_1 施加驱动信号，则 T_1 将在零电压下开通。T_1 开通后，负 i_L 反向从零线性增大，到 $t = t_4$ 时，$i_L = I_0$，续流二极管 D 的电流 $i_D = I_0 - i_L$，从 I_0 减小到零而自然关断。可以证明，为了使 T_1 在零电压下开通，必须选择满足下列关系的谐振电路参数

$$L_r > \frac{1}{2\pi f_r} \cdot \frac{U_d}{I_{0min}} \tag{6.2.5}$$

$$C_r < \frac{1}{2\pi f_r} \cdot \frac{I_{0min}}{U_d} \tag{6.2.6}$$

上两式中，f_r 是谐振电路的谐振频率，I_{0min} 是负载电流的最小值。

$t_4 < t < t_5$ 阶段：$t = t_4$ 时，主开关管下 T_1 已处于导通状态，D 截止，电源 U_d 向负载恒流供电。在 $t = t_5$ 时，撤除 T_1 的驱动信号，T_1 关断（因为 T_1 关断时，$u_{Cr} = u_{T1}$ 很小，所以 T_1 也是软关断），完成一个开关周期 T_s。

ZVS PWM 变换电路既有主开关零电压导通的优点，同时，当输入电压和负载在一个很大的范围内变化时，又可像常规 PWM 那样通过恒频 PWM 调节其输出电压，从而给电路中变压器、电感和滤波器的最优化设计创造了良好的条件，克服了 QRC 变换电路中变频控制带来的诸多问题。但其主要缺点是：保持了原 QRC 变换电路中固有的电压应力较大且与负载变化有关的缺陷；另外，谐振电感串联在主电路中，因此主开关管的 ZVS 条件与电源电压和负载有关。

（2）零电流（关断）开关 PWM 变换电路（ZCS PWM）

图 6.2.5(a)、(b) 是降压 ZCS PWM 变换电路的原理图和波形图。它由输入电源 U_d、主开关管 T_1（包括其反并联的二极管 D_1）、续流二极管 D、滤波电感 L_f、滤波电容 C_f、负载电阻 R、谐振电感 L_r 和谐振电容 C_r 构成。D_2 是辅助开关管 T_2 的并联二极管。从图可知，ZCS PWM 变换电路是在 ZCS QRC 电路的谐振电容 C_r 上增加了一个辅助开关管 T_2 和其并联的 D_2。

假设所有开关器件都是理想的，即开通时管压降为零，关断时漏电流为零，开通与关断瞬间完成。滤波电感 L_f、滤波电容 C_f 足够大，在一个开关周期中，可用其值等于该同期输出电流 I_0 的理想电流源代替。

降压 ZCS PWM 变换电路的一个开关周期可分为 6 个时间段：

设定 $t < t_0$ 时，主开关管 T_1 和辅助开关管 T_2 都截止，续流二极管 D 导通，使 $i_D = I_0$，谐振电容 C_r 上的电压为零。

$t_0 \leq t < t_1$ 阶段：对 T_1 施加驱动信号 u_{g1} 使其导通，$i_{T1} = i_L$ 线性上升至 I_0，$i_D = i_L - I_0$ 下降到零，$t = t_1$ 时，D 截止。在 T_1 导通瞬间，由于谐振电感 L_r 上的电压 $u_{Lr} = U_d$，则 T_1 为软开通。

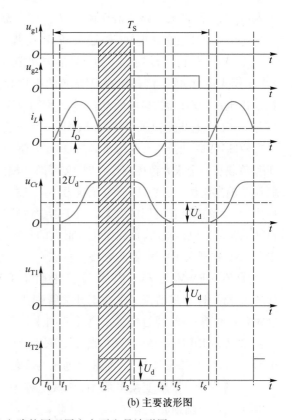

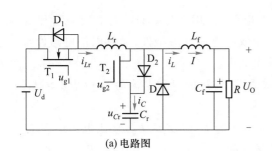

(a) 电路图　　　　　　　　　(b) 主要波形图

图 6.2.5　降压 ZCS PWM 变换电路的原理图和主要电量波形图

$t_1 < t < t_2$ 阶段：在 D 截止后，L_r、C_r 产生谐振，$i_L > I_O$，经过半个谐振周期 T_r 后到 $t = t_2$ 时刻，$i_L = I_O$，$u_{cr} = 2U_d$（最大值）。

$t_2 < t < t_3$ 阶段：$t = t_2$ 时，D_2 的电流 $i_{D2} = i_L - I_O = 0$ 而自然关断，电源对负载供电，$i_L = i_f = I_O$。

$t_3 < t < t_4$ 阶段：$t = t_3$ 时，对 T_2 施加驱动信号 u_{g2} 使其导通，C_r 处于放电状态，L_r、C_r 将继续谐振。但在 T_2 未通之前，$i_L = i_f = I_O$，$u_{cr} = 2U_d$（最大值），这一时间段电路将以标准的 PWM 模式运行。这段时期（电源对负载供电）是可以通过改变辅助开关 T_2 的开通时刻 t_3 控制的，如果在此期间对 T_1 的占空比实施 PWM 控制，就可以调控输出电压。

$t = t_3$ 以后，电感电流 i_L 由正方向谐振衰减到零之后，D_1 导通，i_L 通过 D_1 继续向反方向谐振，并将能量反馈回电源 U_d。在 $t = t_4$ 时刻，电感电流 i_L 由反方向谐振衰减到零。显然，在 i_L 反方向运行期间，撤除驱动信号 u_{g1}，主开关管 T_1 可以在零电压、零电流下完成关断过程。可以证明，为了使 T_1 在零电流下关断，必须选择满足下列关系式的谐振电路参数

$$L_r < \frac{1}{2\pi f_r} \cdot \frac{U_d}{I_{Omax}} \tag{6.2.7}$$

$$C_r > \frac{1}{2\pi f_r} \cdot \frac{I_{Omax}}{U_d} \tag{6.2.8}$$

上两式中, f_r 是谐振电路的谐振频率, I_{0max} 是负载电流的最大值。

$t_4 < t < t_5$ 阶段:在此期间, T_1 已关断, D 仍截止, C_r 经 T_2 对负载放电,到 $t = t_5$ 时, $u_{Cr} = 0$。

$t_5 < t < t_6$ 阶段: $t = t_5$ 时, $u_{Cr} = 0$,续流二极管 D 立即导通, $i_D = I_0$,此后电路也将以标准的 PWM 模式运行,因续流二极管 D 导通的占空比是可以实施 PWM 控制的,所以可用它来调控输出电压。 $t > t_5$ 后,撤除驱动信号 u_{g2} 使 T_2 关断,则 T_1 在零电流下完成关断。 $t = t_6$ 时驱动信号 u_{g1} 又使主开关管 T_1 开通,开始下一个开关周期。

ZCS PWM 变换电路保持了 ZCS QRC 电路中主开关管零电流关断的优点。同时,当输入电压和负载在一个很大范围内变化时,又可像常规的 PWM 变换电路那样通过恒定频率 PWM 控制调节输出电压,且主开关管电压应力小。其主要特点与 ZCS QRS 电路相同,即主开关管电流应力大,续流二极管电压应力大。由于谐振电感仍保持在主功率能量的传递通路上,因此实现 ZCS 的条件与电网电压、负载变化有很大的关系,这就制约了它在这些场合的作用。

（3）零开关 PWM 变换电路的特点

① ZCS PWM 与 ZVS PWM 变换电路是 PWM 电路与 QRC 电路的结合。它既可以像 QRC 电路一样通过谐振为主功率开关管创造零电压或零电流开关条件,又可以使电路像常规 PWM 电路一样,通过恒频占空比调制来调节输出电压。

② ZCS PWM 变换电路中,谐振电感 L_r 和开关管 T_1 流过的最大电流为 $I_0 + U_d/Z_r > 2I_0$,电容 C_r 和辅助二极管 D_2 上的最大电压为 $2U_d$。

③ 在 ZVS PWM 变换电路中,谐振电容上最大电压为 $U_d + I_0 Z_r > 2U_d$,它比电源电压 U_d 增加了 $I_0 Z_r$。辅助开关管 T_2 与 L_r 并联,它们应能承受的最大电压为 $I_0 Z_r$,流过开关管 T_1、T_2 的最大电流为最大负载电流,流过续流二极管的最大电流为 $2I_0$。

④ 零电流、零电压 PWM 软开关技术同样可用于其他类型的变换器,如升压变换器、库克变换器以及其他类型的 DC/DC、DC/AC 电路,实现开关器件的零电流关断或零电压开通。

6.2.3　移相全桥型零电压软开关 PWM 变换电路

在硬开关全桥移相电路的基础上,采用独特的控制方案,仅增加一个谐振电感 L_r,就使全桥中四个开关管都能实现零电压开通,这就是目前应用最广泛的移相全桥型零电压开关 PWM 电路。图 6.2.6 是移相全桥型零电压软开关 PWM 电路的原理图。

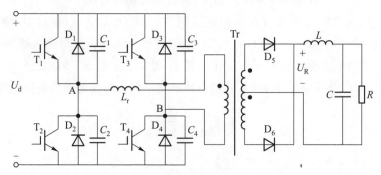

图 6.2.6　移相全桥型零电压软开关 PWM 电路

在图 6.2.6 中，移相全桥型零电压软开关 PWM 电路由四只功率开关管〔T_1、T_2、T_3、T_4（MOSFET 或 IGBT）〕、四只反向并接的快恢复二极管（D_1、D_2、D_3、D_4）、四只并联吸收电容（C_1、C_2、C_3、C_4）、高频变压器 Tr 以及谐振电感 L_r 等元件组成。零电压开关的实质，就是在利用谐振过程中对并联电容的充放电来让某一桥臂电压 u_A 或 u_B 快速上升到电源电压或者下降到零值，从而使同一桥臂即将开通的并联二极管导通，使该管的端电压钳位在 0，为 ZVS 创造条件。电路中的四个功率开关管的主要电量波形如图 6.2.7 所示。

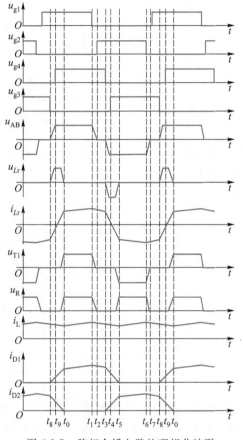

图 6.2.7　移相全桥电路的理想化波形

假设所有开关器件都是理想的，即开通时管压降为零，关断时漏电流为零，开通与关断瞬间完成；在开关周期 T_S 内，每个开关导通时间都略小于 $\dfrac{T_S}{2}$，而关断时间都略大于 $\dfrac{T_S}{2}$；同一半桥中两个开关管不同时处于通态，每个开关关断到另一个开关开通都要经过一定的死区时间；互为对角的两对开关管 T_1、T_4 和 T_2、T_3 中，T_1 的驱动波形比 T_4 的驱动波形超前 $0 \sim \dfrac{T_S}{2}$ 时间，而 T_2 的驱动波形比 T_3 驱动波形超前 $0 \sim \dfrac{T_S}{2}$ 时间，因此称 T_1 和 T_2 为超前的桥臂，而称 T_3 和 T_4 为滞后的桥臂。

下面对图 6.2.6 所示的移相全桥零电压开关 PWM 电路工作过程分时段进行分析：

如图 6.2.7 所示，在 $t_0 \sim t_1$ 时段：开关管 T_1 与 T_4 导通，A、B 两点间的电压为 u_{AB}，变压器 Tr 一次绕组电流上升，变压器二次绕组感应的电压将使 D_5 导通，D_6 截止，输出电流经 D_5 流向输出电感，并给负载提供电流（输出功率）直到 t_1 时刻 T_1 关断。

在 $t_1 \sim t_2$ 时段：t_1 时刻开关管 T_1 关断后，电容 C_1、C_2 与电感 L_r、L 构成谐振回路，如图 6.2.8 所示，谐振开始时 $u_A(t_1) = U_d$，在谐振过程中 u_A 不断下降，直到 $u_A = 0$，D_2 导通，电流 i_{Lr} 通过 D_2 续流。

在 $t_2 \sim t_3$ 时段：t_2 时刻开关管 T_2 开通，由于此时其反并联二极管 D_2 正处于导通状态，因此 T_2 为零电压开通，开通过程中没有开关损耗，T_2 开通后电路的状态也不会改变，直到 t_3 时刻 T_4 关断为止。

在 $t_3 \sim t_4$ 时段：t_4 时刻开关管 T_4 关断后，变压器 Tr 二次侧 D_5 和 D_6 同时导通，变压器 Tr 一次侧和二次侧电压均为零，相当于短路，因此 C_3、C_4 与 L_r 构成谐振回路。在谐振过程中

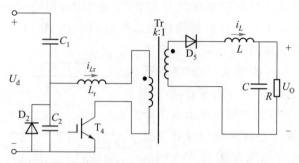

图 6.2.8 移相全桥电路在 $t_1 \sim t_2$ 阶段的等效电路

L_r 的电流不断减小,B 点电压不断上升,直到 T_3 的反并联二极管 D_3 导通。这种状态维持到 t_4 时刻 T_3 开通,如图 6.2.9 所示,T_3 开通前 D_3 导通,因此 T_3 为零电压开通。

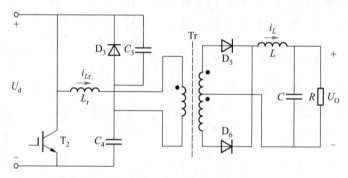

图 6.2.9 移相全桥电路在 $t_3 \sim t_4$ 阶段的等效电路

在变压器 Tr 二次侧整流二极管的换流过程中,D_5 和 D_6 同时导通,变压器 Tr 二次侧被短路,输出电压为零,这一段时间称为占空比的丢失,谐振电感 L_r 越大,L_r 中的电流减小需要的时间越长,占空比丢失也越严重。占空比丢失现象将直接导致功率开关管的损耗增大,故必须采取措施加以克服,目前通常采用减小变压器变比来实现。

在 $t_4 \sim t_5$ 时段:T_3 开通后,L_r 的电流继续减小。i_{Lr} 下降到零后反向增大,t_5 时刻 $i_{Lr} = \dfrac{I_L}{k_T}$,$k_T$ 是变压器 Tr 的变比,变压器 Tr 二次侧 D_5 的电流下降到零而关断,电流 I_L 全部转移到 D_6 中。

在上面的分析中,$t_0 \sim t_5$ 时段是开关周期 T_S 的前半个周期,在此后的后半个周期中电路的工作过程与 $t_0 \sim t_5$ 时段完全对称。

应当注意:在一个完整的开关周期 T_S 中,当输出功率状态向快恢复二极管续流状态转换的谐振过程中,由于谐振回路电感大(总电感是谐振 L_r、变压器二次绕组反射到一次绕组的电感和分布电感之和),储能多,因此负载电流在很小时便可以使电容电压谐振到零,因此相位超前的两个桥臂开关管 T_3、T_4 很容易实现零电压开通。而在续流状态向输出功率状态转换的谐振过程中,谐振回路电感小(总电感是谐振 L_r 和分布电感之和),其电感较小,只有

L_r 参与谐振。所以储能小,负载电流达到一定值才可以使电容电压谐振到 U_d,因此相位滞后的两个桥臂 T_1、T_2 不太容易实现零电压开通。为了使后者容易实现零电压开通,在设计功率开关管的驱动信号时,应使滞后臂的死区时间大于超前臂的死区时间,并使 C_1、C_2 的值小于 C_3、C_4。

很清楚,移相全桥型零电压软开关 PWM 电路是通过改变两桥臂对角线上下管驱动电压移相角的大小来调节输出电压,这种方式是让超前臂开关管驱动电压领先于滞后臂开关管驱动电压一定的相位,并在驱动控制端对同一桥臂的两个反相驱动电压设置不同的死区时间,巧妙地利用变压器漏感和功率开关管的结电容和寄生电容来完成谐振过程以实现零电压开通,从而错开了功率器件电流与电压同时处于较大值的硬开关状态,并有效克服了感性关断电压尖峰和容性开通时大电流使管温过高的缺点,减少了开关损耗与干扰。

这种软开关电路的特点如下:

(1) 移相全桥软开关电路可以降低开关损耗,提高电路效率。

(2) 由于降低了开通过程的 du/dt,消除了寄生振荡,从而降低了输出电能的纹波,使滤波电路简化。

(3) 当负载较小时,由于谐振能量不足而不能实现零电压开关,因此效率将明显下降。

(4) 该软开关电路存在占空比丢失现象,重载时更加严重,为了能达到所要求的最大输出功率,则必须适当降低变压器的变比,而这将导致一次绕组电流的增加并加重开关器件的负担。

(5) 由于谐振电感与输出整流二极管结电容形成振荡,因此整流二极管需要承受较高的峰值电压。

6.2.4 零转换 PWM 变换电路

前面所讨论的各种软开关变换电路,包括准谐振变换电路 QRC、多谐振变换电路 MRC、零电压开关 ZVS PWM 变换电路、零电流开关 ZCS PWM 变换电路等,通过在常规的 PWM 硬开关变换电路的基础上加上辅助谐振回路,利用电路中的谐振,使通过开关器件的电压或电流呈准正弦波形,从而为开关器件的导通或关断创造了零电压或零电流开关条件,实现了软开关,有效地减小了开关器件的损耗,然而它们共同的问题是在实现电路软开关的同时又带来了很多新的问题。

首先,与常规的硬开关变换电路相比,它们增加了电路中开关管的电压或电流应力,使电路中的导通损耗明显增加,从而部分地丧失了开关损耗降低的优点。同时,辅助谐振电路中的电感和电容由于电压或电流应力大,造成体积增大,也部分抵消了功率变压器和滤波元件体积、质量减小的优点。

另外,由于谐振电感与主开关管串联,L_r 除承受谐振电流外还要供给负载电流,电源供给负载的全部能量都要通过谐振电感 L_r,这就使电路中存在很大的环流能量,增大电路导通损耗。此外 L_r 串接入主开关电路中,还使电感 L_r 的储能极大地依赖输入电压 U_d 和负载电流 I_0,电路很难在一个很宽的输入电压变化范围和负载电流大范围变化时满足零电压、零电流开关条件。

如果谐振电感 L_r 不是与主开关串联,而是将 L_r 及辅助开关 T_2 与主开关并联,控制辅助开关的开通、关断,产生 LC 振荡,使主开关实现零电流关断或零电压开通。这种变换器被称为零电流转换(关断)开关 PWM 变换电路(zero-current-transition PWM converters,简称 ZCT PWM)和零电压转换(开通)开关 PWM 变换电路(zero-voltage-transition PWM converters,简称 ZVT PWM)。

在 ZCT PWM 和 ZVT PWM 中,主功率开关器件变换很短的一段时间间隔内,导通辅助开关管,使辅助谐振网络起作用,为主功率开关器件创造零电压或零电流的开关条件。转换过程结束后,电路返回常规的 PWM 工作方式。由于辅助谐振网络与主功率开关器件并联,因而在使主开关器件软开关工作的同时,并没有增加过高的电压或电流应力。同时,辅助谐振网络并不需要处理很大的环流能量,从而减小了电路的导通损耗。另外,谐振网络所处的位置使其不受输入电压或输出负载的影响,电路可以在很宽的输入电压和输出负载变化范围内的软开关条件下工作。所有这些特点使得零转换电路成为目前在工程实际应用中最有发展前途的功率变换电路之一。

近年来,零转换变换器受到广泛研究,已经提出了很多种不同结构的变换电路,但是至今无论是电路拓扑结构还是控制策略都还在不断地发展、完善之中,现在还没有公认的特性完善、较大功率的零转换 PWM 变换器可供实际应用。下面对零转换 PWM 变换开关的基本形式及其在升压变换电路中的应用作简单介绍,以供读者参考。

1. 零电流转换开关 PWM 变换电路(ZCT PWM)

图 6.2.10 所示为基本零电流转换开关。其中辅助谐振网络由辅助开关管 T_1、谐振电感 L_r、谐振电容 C_r 及辅助整流二极管 D_1 构成。将此开关应用到其他 PWM 变换电路中,可以得到不同的零电流转换开关 PWM 变换电路。下面以升压 ZCT PWM 变换电路为例说明 ZCT PWM 电路工作原理。

图 6.2.11 为升压 ZCT PWM 变换电路的原理图及波形图。在对升压 ZCT PWM 变换电路讨论之前,需作如下几点说明:

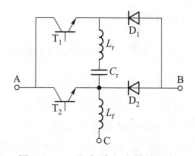

图 6.2.10　基本零电流转换开关

① 电路中所有元器件都是理想的。

② 电路中输入滤波电感足够大,故在一个开关周期内,输入电压 U_d 及输入滤波电感 L_f 可用一个理想电流源 I_i 代替。

③ 滤波电容 C_f 足够大,故在一个开关周期中,C_f 和 R 可用一个理想电压源代替。

在每一次主开关管 T 需要进行状态转换之前,先使辅助开关管 T_1 导通,则辅助电路谐振,为主开关管创造零电流关断或零电压导通条件。主功率开关管 T 完成状态转换以后,尽快关断辅助开关管 T_1,使辅助电路停止工作,电路重新回到 PWM 方式下运行。当以一种合适的方式控制辅助开关管 T_1 时,T_1 也可以在零电流下完成导通与关断的过程。

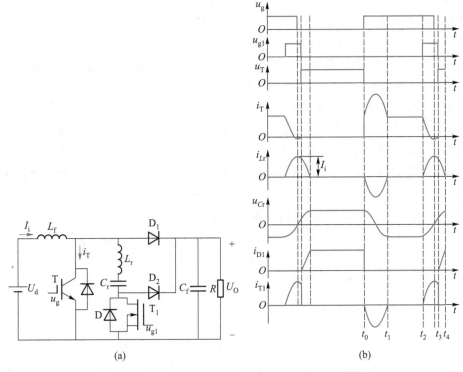

图 6.2.11 升压 ZCT PWM 变换电路的原理图及波形图

与前述多种软开关功率变换器电路相比,ZCT PWM 电路具有明显的优点。首先,它可以使主功率开关管在零电流条件下关断,从而极大地降低了类似 IGBT 这种具有很大电流拖尾的大功率半导体器件的关断损耗。与此同时,几乎没有明显增加主功率开关管 T 和二极管的电压、电流应力。虽然在 T 的导通电流波形上叠加了一个明显呈正弦形的脉冲,但由于谐振周期远小于开关周期,因此通过 T 的电流平均值与常规 PWM 电路基本上相同,对主功率开关管的通态损耗影响微乎其微。其次,谐振网络可以自适应地根据输入电压和输出负载调整自己的环流能量。再次,它的软开关条件与输入和输出无关,这使它可以在一个很宽的输入电压和输出负载变化范围内实现软开关操作。另外,ZCT PWM 电路可以像常规 PWM 硬开关电路一样以恒频方式工作。

虽然 ZCT PWM 电路具有上述一系列明显的优点,但它仍有缺陷。尽管电路中主功率开关管是在零电流条件下关断的,但它的开通却是典型的硬开关过程。在其开通瞬间,由于二极管的反向恢复特性,在主功率开关管中产生一个很大的电流尖峰,这一尖峰既危及了主功率开关管和二极管的安全运行,又增加了开关损耗。另外,ZCT PWM 电路的辅助开关管在零电压条件下导通,但其关断却是硬开关过程。如果对其控制方式的改进和拓扑结构的改进能解决 ZCT PWM 电路的不足,将使 ZCT PWM 电路在工程实用中具有更强的吸引力。

2. 零电压转换开关 PWM 变换电路(ZVT PWM)

图 6.2.12 所示为基本零电压转换开关。其中辅助谐振网络由辅助开关管 T_1、谐振电感 L_r、谐振电容 C_r 及辅助整流二极管 D_1 构成。从图可知,它与基本 ZVT PWM 电路的区别是谐振电容 C_r 的位置变了,将此开关应用到其他 PWM 变换电路中,可以得到不同的零电压转换开关 PWM 变换电路。下面以升压 ZVT PWM 变换电路为例说明 ZVT PWM 电路工作原理。

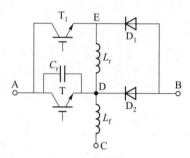

图 6.2.13 为升压 ZVT PWM 变换电路的原理图。在每一次主开关管 T 需要导通之前,先导通辅助开关管 T_1,使辅助谐振网络谐振,当主开关管 T 两端电容电压谐振到零后,在零电压下使主开关管 T 导通。主开关管 T 完成导通后,迅速关断辅助开关管 T_1,使辅助谐振电路停止工作。之后,电路以常规的 PWM 方式运行。主功率开关管 T 的关断过程是在谐振电容 C_r 的作用下完成的,因此本身就是一个软关断过程,并不要辅助电路作用。

图 6.2.12　基本零电压转换开关

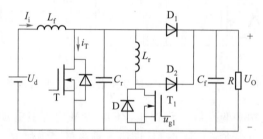

图 6.2.13　升压 ZVT PWM 变换电路的原理图

3. 零转换 PWM 变换电路的特点

① ZCT PWM 电路主开关管在零电流下关断,降低了类似 IGBT 这种具有很大电流拖尾的大功率电力电子器件的关断损耗,并且没有明显增加主功率开关管及二极管的电压、电流应力。同时,谐振网络可以自适应地根据输入电压与负载的变化调整自己的环流能力。更重要的是它的软开关条件与输入、输出无关,这就意味着它可在很宽的输入电压和输出负载变化范围内有效地实现软开关操作过程,并且用于保证 ZVS 条件所需的环流能量也不大。

② ZVT PWM 电路主功率管在零电压下完成导通和关断,有效地消除了主功率二极管反向恢复特性的影响,同时又不过多增加主功率开关管与主功率二极管的电压和电流应力。

③ ZCT PWM 电路变换器的开通是典型的硬开关方式,而 ZVT PWM 变换器中的辅助开关管是在高电压、大电流下关断,这就使辅助开关管的开关损耗增加,从而影响整个电路的效率。然而,无论是 ZCT PWM 还是 ZVT PWM 的缺点都可以通过电路拓扑结构的改进来加以克服。

④ 零转换 PWM 变换技术同样可用于其他类型的变换器,如降压变换器、库克变换器以及其他类型的 DC/DC、DC/AC 电路,实现开关器件的零电流关断或零电压开通。

思考题与习题

6.1 逆变电路中开关管的工作频率高频化的意义是什么？为什么提高开关频率可以减小滤波器的体积和质量？为什么提高开关频率可以减小变压器的体积和质量？

6.2 什么是软开关和硬开关？怎样才能实现完全无损耗的软开关过程？

6.3 零开关(即零电压开通和零电流关断)的含义是什么？

6.4 试分析图题 6.4 两个电路在工作原理上的差别,并指出它们的异同点。

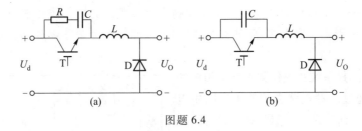

图题 6.4

6.5 软开关电路可以分为哪几类？其典型拓扑结构分别是什么样的？各有什么特点？

6.6 准谐振变换器与多谐振变换器的区别是什么？

6.7 以降压 DC/DC 变换器为例,说明零电流关断准谐振变换器 ZCS QRC 的工作原理。

6.8 以降压 DC/DC 变换器为例,说明零电压开通准谐振变换器 ZVS QRC 的工作原理。

6.9 准谐振变换器为什么只适于变频方式下工作而不宜在恒频 PWM 方式下工作？与恒频 PWM 变换器相比较,在变频下工作的变换器有哪些缺点？

6.10 试说明在零电压多谐振开关电路中,为什么二极管上电压为零时刻比电容上电压为零时刻提前。

6.11 软开关 PWM 的含义是什么？

6.12 试比较 ZCS PWM 与 ZCT PWM 这两种变换方式的优缺点。

6.13 试比较 ZVS PWM 与 ZVT PWM 这两种变换方式的优缺点。

6.14 零电流关断 PWM 变换器与零电流关断准谐振变换器 ZCS QRC 在电路结构上有什么区别？特性上有哪些改进？

6.15 零电压开通 PWM 变换器与零电压开通准谐振变换器 ZVS QRC 在电路结构上有什么区别？特性上有哪些改进？

第 6 章课件

第7章 电力电子装置

电力电子电路和特定的控制技术组成的实用装置即为电力电子装置。一般情况下电力电子装置由控制电路、驱动电路、检测电路和以电力电子器件为核心的主电路组成,如图 7.0.1 所示。

控制电路按系统的工作要求产生相应的控制信号,通过驱动电路去控制主电路中电力电子器件的通或断,来实现系统的功能;检测电路检测主电路中的相关参量反馈给控制电路,经判断后决定控制策略并发出相应的驱动信号控制主电路(简单的电力电子装置中可以不设置反馈控制的检测电路)。

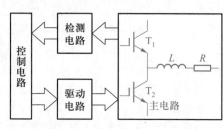

图 7.0.1 电力电子装置的一般组成

值得特别提醒的是:主电路中的电压和电流一般都较大,而控制电路的元器件只能承受较小的电压和电流,因此在主电路和控制电路之间一般需要进行电气隔离(如光、磁等来传递信号);在主电路和控制电路中附加一些保护电路,以保证电力电子器件和整个电力电子装置正常可靠运行,是非常必要的。

随着电力电子技术的发展,电力电子装置正朝着智能化、模块化、小型化、高效化和高可靠性方向发展,使之应用领域不断扩大。本章主要介绍目前应用最为广泛的几种电力电子装置的电路结构、工作原理、控制技术和性能特点。

7.1 开关电源

7.1.1 开关电源的工作原理

稳压电源通常分为线性稳压电源和开关稳压电源。

1. 线性稳压电源

线性稳压电源是指起电压调整功能的器件始终工作在线性放大区的直流稳压电源,其原理框图如图 7.1.1 所示,由 50 Hz 工频变压器、整流器、滤波器、串联调整稳压器组成,它虽然具有优良的纹波及动态响应特性,但同时存在以下缺点:

① 输入采用 50 Hz 工频变压器,体积庞大。

② 电压调整器件工作在线性放大区内,损耗大、效率低。

③ 过载能力差。

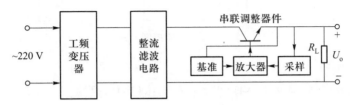

图 7.1.1 线性稳压电源方框图

2. 开关稳压电源

开关稳压电源简称开关电源(switching power supply),它是指起电压调整作用的器件始终以开关方式工作的一种直流稳压电源。图 7.1.2 所示是输入、输出隔离的开关电源原理框图。50 Hz 单相交流 220 V 电压或三相交流 220 V/380 V 电压经EMI 防电磁干扰电源滤波器,直接整流滤波,然后再将滤波后的直流电压经变换电路变换为数十或数百千赫的高频方波或准方波电压,通过高频变压器隔离并降压(或升压)后,再经高频整流、滤波电路,最后输出直流电压。通过采样、比较、放大及控制、驱动电路,控制变换器中功率开关管的占空比,便能得到稳定的输出电压。

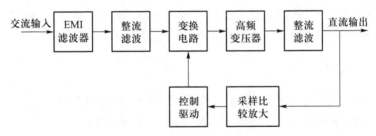

图 7.1.2 开关电源原理框图

设开关管的开关周期为 T_s,在一个周期内导通的时间为 T_{on},则占空比定义为:$D = T_{on}/T_s$。在开关电源中,改变占空比的控制方式有两种,即脉冲宽度调制控制(PWM)和脉冲频率调制控制(PFM)。在脉冲宽度控制中,保持开关频率(开关周期 T_s)不变,通过改变 T_{on} 来改变占空比 D,从而达到改变输出电压的目的,如图 7.1.3 所示,如果占空比 D 越大,则经滤波后的输出电压也就越高。而频率控制方式中,则是保持导通时间 T_{on} 不变,通过改变开关频率(即开关周期)而达到改变占空比的一种控制方式。由于频率控制方式的工作频率是不固定的,造成滤波器设计困难,因此,目前绝大部分的开关电源均采用 PWM 控制。

开关电源的优点为:

(1) 功耗小、效率高。开关管中的开关器件交替地工作在导通-截止和截止-导通的开关状态,转换速度快,这使得开关管的功耗很小,电源的效率可以大幅度提高,可达 90% ~ 95%。

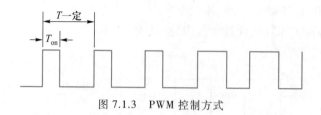

图 7.1.3 PWM 控制方式

（2）体积小、重量轻。

① 开关电源效率高、损耗小，则可以省去较大体积的散热器。

② 隔离变压用的高频变压器取代工频变压器，可大大缩小体积，减小重量。

③ 因为开关频率高，输出滤波电容的容量和体积可大为减小。

（3）稳压范围宽。开关电源的输出电压是由占空比来调节，输入电压的变化可以通过调节占空比的大小来补偿，这样在工频电网电压变化较大时，它仍能保证有较稳定的输出电压。

（4）电路形式灵活多样，设计者可以发挥各种类型电路的特长，设计出能满足不同应用场合的开关电源。

开关电源的缺点主要是存在开关噪声干扰。在开关电源中，开关器件工作在开关状态，它产生的交流电压和电流会通过电路中的其他元器件产生尖峰干扰和谐振干扰，这些干扰如果不采取一定的措施进行抑制、消除和屏蔽，就会严重地影响整机的正常工作。此外，这些干扰还会串入工频电网，使附近的其他电子仪器、设备和家用电器受到干扰。因此，设计开关电源时，必须采取合理的措施来抑制其本身产生的干扰。

7.1.2 开关电源的应用

图 7.1.4 所示是由开关电源构成的电力系统用直流操作电源的电路原理图，它的主电路采用半桥变换电路，额定输出直流电压为 220 V，输出电流为 10 A。它包含图 7.1.2 中所有基本功能块，下面简单介绍各功能块的具体电路。

（1）交流进线滤波器

为了满足有关的电磁干扰（EMI）标准，防止开关电源产生的噪声进入电网，或者防止电网的噪声进入开关电源内部，干扰开关电源的正常工作，必须在开关电源的输入端施加 EMI 滤波器。图 7.1.5 所示是一种常用的高性能 EMI 滤波器。该滤波器能同时抑制共模和差模干扰信号。C_{c1}、L_c 和 C_{c2} 构成的低通滤波器用来抑制共模干扰信号，其中 L_c 称为共模电感，其两组线圈匝数相等，但绕向相反，对差模信号的阻抗为零，而对共模信号产生很大的阻抗。C_{d1}、L_d 和 C_{d2} 构成的低通滤波器则用来抑制差模干扰信号。

（2）启动浪涌电流抑制电路

开启电源时，由于给滤波电容 C_1 和 C_2 充电，会产生很大的浪涌电流，其大小取决于启动时的交流电压相位和输入滤波器阻抗。抑制启动浪涌电流最简单的办法是在整流桥的直流侧和滤波电容之间串联具有负温度系数的热敏电阻。启动时电阻处于冷态，呈现较大的

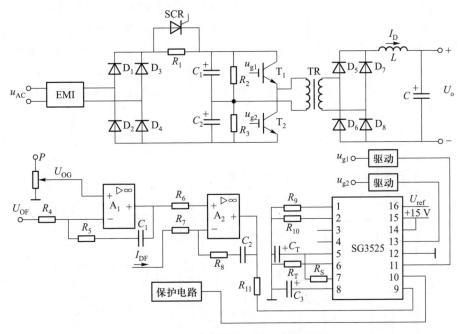

图 7.1.4 直流操作电源电路原理图

电阻,从而可抑制启动电流。启动后,电阻温度升高,阻值降低,以保证电源具有较高的效率。由于电阻在电源工作的过程中具有损耗,降低了电源的效率,因此该方法只适合小功率电源。对于大功率电路,将上述热敏电阻换成普通电阻,同时在电阻的两端并联晶闸管,电源启动时,晶闸管关断,由电阻限制启动浪涌电流;当滤波电容的充电过程完成后,触发晶闸管,使之导通,从而达到短接限流电阻的目的。

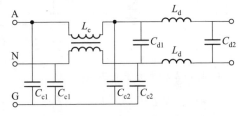

图 7.1.5 交流进线 EMI 滤波器

(3) 输出整流电路

高频隔离变压器的输出为高频交流电压,要获得直流电压,必须具有整流电路。小功率电源通常采用半波整流电路,而对于大功率电源,则采用全波或桥式整流电路。输出高频整流电路所采用的整流二极管必须是快恢复二极管。整流后再通过高频 LC 滤波,则可获得所需要的直流电压。

(4) 控制电路

控制电路是开关电源的核心,它决定开关电源的动稳态特性。该开关电源采用双环控制方式,电压环为外环控制,电流环为内环控制。输出电压的反馈信号 U_{OF} 与电压给定信号 U_{OG} 相减,其误差信号经 PI 调节器后形成输出电感 L 的电流给定,再与电感电流的反馈信号 I_{OF} 相减得电流误差信号,经 PI 调节器后送入 PWM 控制器 SG3525,然后与控制器内部三角波比较形成 PWM 信号。该 PWM 信号再通过驱动电路去驱动主电路 IGBT。如果输出电压因种种原因降低,即反馈电压 U_{OF} 小于给定电压,则电压调节误差放大器输出电压升高,即电感电流给定增大,电感电流给定增大又导致电流调节器的输出电压增大,使得 PWM 信号的占空比增大,最后达到所需要的输出电压,这就是说增大电感电流便可增大输出电压。

SG3525 系列开关电源 PWM 控制集成电路是美国硅通用公司设计的第二代 PWM 控制器,工作性能好,外部元件用量小,适用于各种开关电源。SG3525 的内部结构如图 7.1.6 所示,其管脚功能如下:

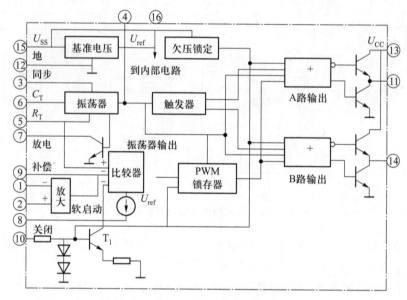

图 7.1.6 SG3525 的内部结构

① 脚:误差放大器反相输入端。

② 脚:误差放大器同相输入端。

③ 脚:同步信号输入端,同步脉冲的频率应比振荡器频率 f_s 要低一些。

④ 脚:振荡器输出。

⑤ 脚:振荡器外接定时电阻 R_T 端,R_T 值为 $2 \sim 150 \ \text{k}\Omega$。

⑥ 脚:振荡器外接电容 C_T 端,振荡器频率为 $f_s = 1/C_T(0.7R_T + 3R_0)$。其中 R_0 为⑤脚与⑦脚之间跨接电阻,用来调节死区时间,定时电容范围为 $0.001 \sim 0.1 \ \mu\text{F}$。

⑦ 脚:振荡器放电端,外接电阻来控制死区时间,电阻范围为 $0 \sim 500 \ \Omega$。

⑧ 脚:软启动端,外接软启动电容,该电容由内部 U_{ref} 的 $50 \ \mu\text{A}$ 理想电流源充电。

⑨ 脚:误差放大器的输出端。

⑩ 脚:PWM 信号封锁端,当该脚为高电平时,输出驱动脉冲信号被封锁,用于故障保护。

⑪ 脚:A 路驱动信号输出。

⑫ 脚:接地。

⑬脚:输出级集电极电压。

⑭脚:B 路驱动信号输出。

⑮脚:电源,其范围为 8~35 V。

⑯脚:内部+5 V 基准电压输出。

（5）IGBT 驱动电路

驱动电路采用日本三菱公司生产的驱动模块 M57962L。该驱动模块为混合集成电路,将 IGBT 的驱动和过流保护集于一体,能驱动电压为 600 V 和 1 200 V 系列、电流容量不大于400 A 的 IGBT。驱动电路的接线图如图 7.1.7 所示。输入 PWM 信号 U_{in} 与输出 PWM 信号 U_g 彼此隔离,当 U_{in} 为高电平时,输出 U_g 也为高电平,此时 IGBT 导通;当 U_{in} 为低电平时,输出 U_g 为 -10 V,IGBT 截止。该驱动模块通过实时检测集电极电位来判断 IGBT 是否发生过流故障。当 IGBT 导通时,如果驱动模块的①脚电位高于其内部基准值,则其⑧脚输出为低电平,通过光耦,发出过流信号,与此同时,使输出信号 U_g 变为 -10V,关断 IGBT。

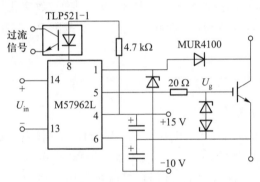

图 7.1.7 IGBT 驱动电路

7.2 高频逆变焊接电源

现代焊接设备的发展与电力电子技术和器件的发展密切相关。20 世纪 50 年代末,功率半导体二极管开始用于焊接电源。20 世纪 70 年代初,由晶闸管（SCR）构成的可控整流式弧焊机的出现标志着电力电子技术开始进入焊接电源设备领域。SCR 弧焊机的电气特性和工艺特性优于二极管整流弧焊机,是当时广泛应用的一种重要焊接电源设备。20 世纪 70 年代末开始出现晶闸管式逆变弧焊机并主要应用于 TIG 和手工电弧焊,后来又推广到 CO_2 气体保护、MAG 等焊接方法和切割。20 世纪 80 年代末又出现 IGBT 式逆变焊机,主要应用于各种电弧焊和切割。以功率晶闸管、晶体管、MOSFET、IGBT 等为开关器件的新一代弧焊逆变器,采用高频 PWM 开关技术和微电子控制技术,淘汰了笨重的工频变压器和笨拙的电磁控制方式。它不仅具有高效节能、体积小、重量轻、多功能、多用途等优点,而且具有良好的动、静态特性和工艺特性。因此,新一代的弧焊逆变器自问世以来,受到广泛的重视,发展迅猛。1989 年世界焊接与切割博览会（埃森博览会）上有 30 多家厂商展出了高频弧焊逆变器。在

1993 年的埃森会上,绝大多数的厂商都展出了高频弧焊逆变器及设备。在 2010 年的埃森会上,国外所有参展商和国内很多焊接设备的生产厂都展出了具有自主知识产权的高频弧焊逆变器及设备。

在我国,逆变式焊机的研究工作始于 20 世纪 80 年代初,紧跟国际研究开发的进程,水平差距也不大,已形成三代产品。第一代是以 SCR 为主开关器件的弧焊逆变器,其逆变频率为 2 000~5 000 Hz。第二代是以 GTR 或 MOSFET 为主开关器件的弧焊逆变器,其逆变频率为 20 k~50 kHz。第三代为 IGBT 弧焊逆变器,逆变频率为 20 k~30 kHz。到 20 世纪 90 年代初,多个规格的一、二、三代的弧焊逆变器已在多所高校和研究所研究成功,并逐渐进入小批量生产,但大批量生产和大面积推广应用逆变式焊机却比较缓慢,其主要原因是逆变电源的可靠性不高。令人振奋的是,到 20 世纪末,在我国高频逆变式焊机的研究工作取得了飞速发展,市场上高频逆变式焊机产品琳琅满目。多家焊机技术研究所相继研发出了多种高频逆变焊机,如直流手工焊机、交直流氩弧焊机、CO_2 气体保护焊机、埋弧焊机、MAG/MIG 焊机和等离子切割机,全部采用高频逆变软开关技术,并实现了"数字化控制",极大程度上提高了产品的可靠性,最大焊接电流到达 1 500 A、电流调节范围 5~1 250 A、负载持续率达 60% 以上。

7.2.1 电弧和弧焊电源的特性与分类

1. 电弧及电弧压降分布

电弧是电弧焊接的能源,实质上,电弧是在一定条件下焊接电源正、负两电极(即焊枪与工件)之间的一种气体放电现象,通过这种气体放电过程,把电能转变成焊接过程所需的机械能及热能,金属焊接就是利用其热能和机械能使金属融化达到焊接的目的。

当两电极之间产生电弧放电时,在电弧长度方向的电场强度是不均匀的,焊接电弧组成如图 7.2.1 所示。

由图可以看到电弧由三个电场强度不同的区域构成。阳极附近的区域为阳极区(与焊接电源的正极相连),其电压称为阳极电压;阴极附近的区域为阴极区(与焊接电源的负极相连),其电压称为阴极电压;中间部分为弧柱区,其电压称为弧柱电压。电弧的这种不均匀的电场强度说明电弧各区域的电阻是不相同的。弧柱的电阻较小,电压降较小;而两个电极区的电阻较大,电压降较大。

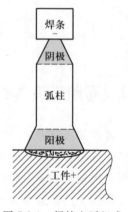

图 7.2.1 焊接电弧组成

2. 电弧的静特性

电弧燃烧时,电弧电压是阴极电压、阳极电压与弧柱电压的总和,阳极和阴极间的电压和电流关系曲线称电弧的静特性,如图 7.2.2 所示。

A 段:为下降特性段,在这个区间焊接电流增加时电弧电压则逐渐降低,此段相当于小电流焊接的情况,电弧不稳定。弧焊电源很少工作在这个区段;

B 段:为平特性段,电弧稳定燃烧,电弧长度不变时,电弧电压也不变,即电弧电压不随焊接电流变化而变化。手工焊(≤500 A)、埋弧自动焊(正常电流密度)和气体保护焊(大电流区)弧焊电源一般都工作在这个区段;

C 段:为上升特性段,电流密度大,电弧电压随焊接电流增加而增加。埋弧自动焊(大电流密度)、细丝熔化极气保焊(大电流密度)弧焊电源一般都工作在这个区段。

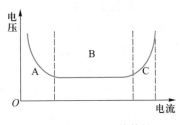

图 7.2.2 电弧的静特性

3. 弧焊电源的分类

按照焊接加热原理的不同,高频逆变电焊机分为电弧焊机和电阻焊机两大类。电弧焊机在焊接电源正、负两电极(即焊枪与工件)之间产生电弧使金属在高温下熔化而实现金属焊接;电阻焊机使焊接金属流过大电流,在工件接触电阻上发热熔化而实现金属焊接。在上述两种高频逆变焊接电源中弧焊电源的应用更广泛,按照弧焊电源输出电能的波形不同又可分为直流高频逆变焊接电源、交流高频逆变焊接电源和脉冲逆变焊接电源。

7.2.2 高频逆变弧焊电源

图 7.2.3 所示是一种多功能高频逆变焊接电源原理方框图,由电能变换主电路和控制电路组成。电能变换主电路由 EMI 电路、整流滤波电路、IGBT 一次逆变电路、高频整流电路、IGBT 二次逆变电路组成。整流滤波电路先把 50 Hz 的交流电压变成直流电压。在驱动信号的控制下,IGBT 一次逆变电路再将直流电压变换成 20 kHz 以上的高频电能。一方面通过高频整流电路变换成适合于焊接的直流电能实现直流手弧焊和直流氩弧焊的功能;另一方面,周期性地改变驱动信号的占空比,一次逆变电路 IGBT 在正半周和负半周的导通时间就周期性地改变,从而使高频整流电路输出的直流电流大小周期性地变化,实现脉冲氩弧焊的功能。驱动电路使 IGBT 二次逆变电路工作,将直流电能再次变换成 20~100 Hz 的交流方波电能,实现交流氩弧焊功能,完成铝及铝镁合金等材料的焊接。

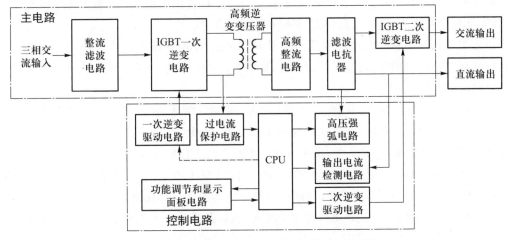

图 7.2.3 多功能高频逆变焊接电源原理方框图

1. 电能变换主电路

在图 7.2.3 中,电能变换主电路由整流滤波电路、IGBT 一次逆变电路、高频逆变变压器、高频整流电路、滤波电抗器和 IGBT 二次逆变电路等部分组成。

图 7.2.4 是电能变换主电路的原理图。电感 L_1 和电容 C_1、C_2、C_3 组成 EMI 电路,抑制谐波对电网的干扰;三相整流桥 Q_1 和电容 C_4 组成整流和滤波电路,把 50 Hz 的交流电能变成直流电能;T_1、T_2、T_3、T_4 四个 IGBT(每个 IGBT 都内置反向并联的快恢复二极管 D_{T1}、D_{T2}、D_{T3}、D_{T4})、电容 C_5、C_{T2}、C_{T4} 和变压器 Tr_1 组成一次逆变电路,将直流电能变换成 20 kHz 的高频电能,再经 D_1、D_2 高频整流,电容 C_6、C_9、C_{10}、C_{12} 和电抗器 L_5 滤波后变换成适合于焊接的直流电能,从 $U+$ 和 $U-$ 输出,送给手弧焊枪实现直流手弧焊的功能;如果要实现直流氩弧焊的功能,则控制电路使变压器 Tr_3 一次绕组输入 380 V/50 Hz 的交流电,经 Tr_3 升压后由 C_{11}、高频放电器 F 组成的高压引弧电路,通过变压器 Tr_2 将高压脉冲引入直流输出电路,从 $U+$ 和 $U-$ 输出,送给氩弧焊枪实现直流氩弧焊的功能;如果要实现带脉冲的直流氩弧焊的功能,则控制电路发出命令,周期性地改变 T_1、T_2、T_3、T_4 四个 IGBT 驱动脉冲的脉宽,使输出直流电流的大小在设定的基值和峰值之间变化,其变化频率从 0.1 ~ 20 Hz 之间可任意调节,以满足脉冲氩弧焊的功能。

上述功能适用于碳钢、合金钢、不锈钢、铜、银、钛等多种金属的焊接。如果要实现铝及铝镁合金等材料的焊接,控制电路使二次逆变驱动电路发出对称互补的两路驱动信号,控制由 T_5、T_6 两个 IGBT(每个 IGBT 都内置反向并联的快恢复二极管 D_{T5}、D_{T6})、快恢复二极管 D_3 和 D_4、电容 C_{T5} 及 C_{T6} 等组成的二次逆变电路工作,将直流电能再次变换成 20 ~ 100 Hz 的交流方波电能,从 $U\sim$ 和 $U-$ 输出,高压引弧电路同时工作,带动氩弧焊枪实现交流氩弧焊的功能,完成铝及铝镁合金等材料的焊接。

2. 控制电路

由图 7.2.3 可知,控制电路由单片机、功能调节和显示面板电路、一次逆变驱动电路、二次逆变驱动电路、过电流保护电路、高压引弧电路、输出电流检测电路组成。

单片机在功能调节和显示面板电路的配合下,控制各相关电路,实现直流手弧焊的功能、直流氩弧焊的功能、脉冲氩弧焊的功能和交流方波的功能。

功能调节和显示面板电路在单片机的管理下负责数码管显示电流、电压和焊接参数、LED 焊接状态指示灯的显示控制,管理按键事件并上报单片机,还接收单片机的指令和数据并及时刷新数码管和 LED。

一次逆变后的交流电流经过电流保护电路变成单极性脉动的电流,送给计算机控制电路进行逐脉波峰值电流判别,当一次逆变后流过 IGBT 的电流大于设定电流基准时发出控制信号,停止向 IGBT 发出驱动脉冲。保护 IGBT 不至于过电流而击穿。

当控制电路发出高压引弧信号后,高压引弧电路(变压器 Tr_3 的一次绕组将输入 380 V/50 Hz 的电压,升压后到达近 3 千多伏的电压)使放电器 F 产生火花放电,在 Tr_2 的初级产生几千伏的高频、高压引弧电压,送到氩弧焊枪中实现引弧,引弧成功后立即关闭高压引弧电路。

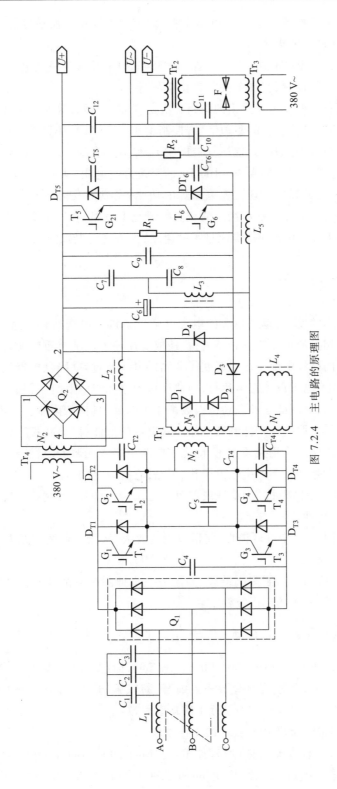

图 7.2.4 主电路的原理图

输出电流经输出电流检测电路送到 PI 调节器,调节主电路中一次逆变桥的移相角的大小,使输出电流稳定在设定的大小。

一次逆变驱动电路由 PWM 波形产生电路(UC3846)、PWM 波形驱动电路组成。它可对全桥开关电路的相位进行控制,实现全桥定频脉宽调制控制。

二次逆变驱动电路使控制电路发出的两路二次逆变驱动信号,送入两片 IGBT 专用驱动放大器 EX841,产生两路对称互补的驱动信号,控制由 T_{T5}、T_{T6} 两个 IGBT(每个 IGBT 都内置反向并联的快恢复二极管 D_{T5}、D_{T6})、快恢复二极管 D_3 和 D_4、电容 C_{T5} 及 C_{T6} 等组成的二次逆变电路工作,将直流电能再次变换成 $20 \sim 100$ Hz 的交流方波电能,从 $U \sim$ 和 $U-$ 输出,高压引弧电路同时工作,带动氩弧焊枪实现交流氩弧焊的功能;完成铝及铝镁合金等材料的焊接。变压器 Tr_4、整流桥 Q_2、L_2、C_7、C_8 和 L_3 组成的交流维弧充电电路,在输出交流电压过零时,提高 $U \sim$ 和 $U-$ 之间的电压,有利于加快电流过零的速度,维持交流电弧的稳定。

7.3　有源功率因数校正

随着电力电子技术的发展,越来越多的电力电子设备接入电网运行。这些设备的输入端往往包含不可控或相控的单相或三相整流桥,造成交流输入电流严重畸变,由此产生大量的谐波注入电网。电网谐波电流不仅引起变压器和供电线路过热,降低电器的额定值,并且产生电磁干扰,影响其他电子设备正常运行,因此许多国家和组织制订了限制用电设备谐波的标准,对用电设备注入电网的谐波和功率因数都作了明确、具体的限制。这就要求生产电力电子装置的厂家必须采取措施来抑制其产品注入电网的谐波,以提高其产品的功率因数。

抑制谐波的传统方法是采用无源校正,即在主电路中串入无源 LC 滤波器。该方法虽然简单、可靠,并且在稳态条件下不产生电磁干扰,但是,它有以下缺点:

① 滤波效果取决于电网阻抗与 LC 滤波器阻抗之比,当电网阻抗或频率发生变化时,滤波效果不能保证,动态特性差。

② 可能会与电网阻抗发生并联谐振,将谐波电流放大,从而导致系统无法正常工作。

③ LC 滤波器体积庞大。

因此,无源校正一般用于抑制高次谐波,如需进一步抑制装置的低次谐波,提高装置的功率因数,目前大多采用有源功率因数校正。

7.3.1　有源功率因数校正的工作原理

有源功率因数校正技术(active power filter correction,简称 APFC 或 PFC)就是在传统的整流电路中加入有源开关,通过控制有源开关的通、断来强迫输入电流跟随输入电压的变化,从而获得接近正弦波的输入电流和接近 1 的功率因数。

下面以单相电路为例,介绍 PFC 技术的工作原理。

从原理上说,任何一种直流变换电路,如 Boost、Buck、Buck-Boost、Flyback、Sepic 和 Cuk 电路等,均可用作 PFC 主电路。但是,由于 Boost 变换电路的特殊优点,将其用于 PFC 主电路更为广泛。

本节以 Boost 电路为例,说明有源功率因数校正电路的工作原理。图 7.3.1 给出了 Boost-PFC电路的工作原理。主电路由单相桥式整流电路和 Boost 变换电路组成,点画线框内为控制电路,包含电压误差放大器 VA 及基准电压 U_r、乘法器 M、电流误差放大器 CA、脉宽调制器 PWM 和驱动电路。

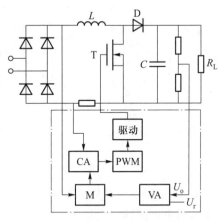

PFC 的工作原理如下:输出电压 U_o 和基准电压 U_r 比较后,误差信号经电压误差放大器 VA 以后送入乘法器,与全波整流电压采样信号相乘后形成基准电流信号。基准电流信号与电流反馈信号相减,误差信号经电流误差放大器 CA 后再与锯齿波相比较,形成 PWM 信号,然后经驱动电路控制主电路开关 T 的通、断,使电流跟踪基准电流信号变化。由于基准电流信号同时受输入交流电压和输出直流电压调控,因此当电路的实际电流与基准电流一致时,既能实现输出电压恒定,又能保证输入电流为正弦波,并且与电网电压同相,从而获得接近 1 的功率因数。

图 7.3.1 Boost-PFC 电路

根据上面的分析,PFC 电路与一般开关电源的区别在于:

① PFC 电路不仅反馈输出电压,还反馈输入平均电流。

② PFC 电路的电流环基准信号为电压环误差信号与全波整流电压采样信号的乘积。

7.3.2 PFC 集成控制电路 UC3854 及其应用

UC3854 是美国 Unitrode 集成电路公司生产的 PFC 控制专用集成电路,也是使用较多的一种 PFC 集成控制电路,用于控制图 7.3.1 所示的 PFC 变换电路。它内部集成了 PFC 控制电路所需要的所有功能,应用时,只需增添少量的外围电路,便可构成完整的 PFC 控制电路。

图 7.3.2 所示是 UC3854 内部结构框图。从图中可见,UC3854 包含电压放大器 VA、模拟乘法/除法器 M、电流放大器 CA、固定频率 PWM 脉宽调制器、功率 MOSFET 的门极驱动电路、7.5 V 基准电压等。其中模拟乘法/除法器 M 的输出信号 I_M 为基准电流信号,它与乘法器的输入电流 I_{AC} 的关系为(与图中 $I_M = AB/C$ 对应)

$$I_M = I_{AC}(U_{AO} - 1.5\ \text{V})/KU_{rms}^2 \qquad (7.3.1)$$

式中,U_{AO} 为电压放大器的输出信号;U_{rms} 为 1.5~4.7 V。由 PFC 的输入电压经分压器后提供,比例系数 $K = -1$。I_{AC} 约为 250 μA,取自输入电压,故与输入电压的瞬时值成比例。从 U_{AO} 中减去 1.5 V 是芯片设计的要求。图中平方器和除法器(除以 U_{rms}^2)起电压前馈的作用,使输入电压变化时输入功率稳定。

UC3854 有 16 个管脚,各管脚功能依次为:

①(GND):接地端。

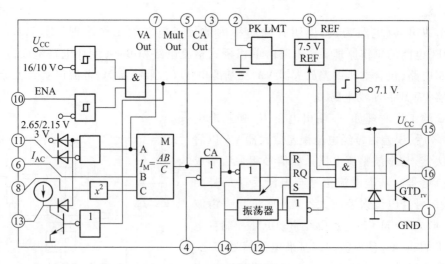

图 7.3.2 UC3854 内部结构框图

② (PK LMT):峰值限制端,接电流检测电阻的电压负端。该端的阈值为 0 V,利用该端可以限定主电路的最大电流值。

③ (CA Out):电流放大器 CA 输出端。

④ (ISENSE):电流检测端。它内部接 CA 输入负端,外部经电阻接电流检测电阻的电压正端。

⑤ (Mult Out):乘法器输出端。内部接乘法/除法器输出端和 CA 输入正端,外部经电阻接电流检测电阻的电压负端。

⑥ (I_{AC}):输入电流端。内部接乘法/除法器的输入端 B,外部经电阻接整流输入电压的正端。

⑦ (VA Out):电压放大器输出端。内部接乘法/除法器的输入端 A,外部接 RC 反馈网络。

⑧ (TRMS):电源电压有效值输入端。内部经过平方器接乘法/除法器的输入端 C,起前馈作用,该端口的电压数值范围为 1.5~4.7 V。

⑨ (REF):基准电压端,产生 7.5 V 基准电压。

⑩ (ENA):使能端。它是一个逻辑输入端,使能控制 PWM 输出、电压基准和振荡器。当它不用时,可接到+5 V 电源或用 22 kΩ 的电阻使 ENA 置于高电平。

⑪ (TSENSE):输出电压检测端,接电压放大器 VA 的输入负端。

⑫ (RSET):外接电阻 R_{set} 端,控制振荡器充电电流及限制乘法/除法器最大输出。

⑬ (SS):软启动端。

⑭ (CT):外接振荡电容 C_T 端。振荡频率为

$$f = 1.25/R_{set}C_T \tag{7.3.2}$$

⑮ (U_{CC}):电源端。正常工作期间 U_{CC} 的值应大于 17 V,但最大不能超过 35 V。U_{CC} 对 GND 端应接入旁路电容。

⑯（GTD$_{rv}$）:门极驱动端。

控制芯片 UC3854 适用的功率范围比较宽,5 kW 以下的单相 Boost-PFC 电路均可以采用该芯片作为控制器。图 7.3.3 所示是输出功率为 250 W 时由 UC3854 构成的 PFC 电路原理图。输出功率不同时,只需改变主电路中的电感 L_1 和电流检测电阻 R_s、控制电路中的电流控制环参数即可。输出电压 U_o 由下式确定

$$U_o = \frac{R_1 + R_2}{R_2} \times 7.5 \text{ V} \tag{7.3.3}$$

U_o 的大小一般选取为 380~400 V。

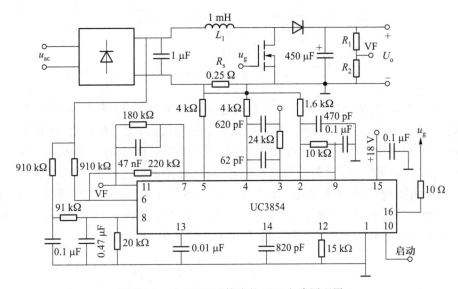

图 7.3.3　由 UC3854 构成的 PFC 电路原理图

7.4　不间断电源

随着计算机应用的日益普及和全球信息网络化的发展,对高质量供电设备的需求越来越大,不间断电源(uninterrupitable power system,简称 UPS)正是为了满足这种情况而发展起来的电力电子装置。UPS 电源装置在保证不间断供电的同时,还能提供稳压、稳频和波形失真度极小的高质量正弦波电源。目前,在计算机网络系统、邮电通信、银行证券、电力系统、工业控制、医疗、交通、航空等领域得到广泛应用。

7.4.1　UPS 的分类

根据工作方式,UPS 电源分后备式 UPS 和在线式 UPS 两大类。

后备式 UPS 的基本结构如图 7.4.1 所示,它由充电器、蓄电池、逆变器、交流稳压器、转换开关等部分组成。市电存在时,逆变器不工作,市电经交流稳压器稳压后,通过转换开关

向负载供电,同时充电器工作,对蓄电池组充电。市电断电时,逆变器工作,将蓄电池供给的直流电压变换成稳压、稳频的交流电压,转换开关同时断开市电通路,接通逆变器,继续向负载供电。后备式 UPS 的逆变器输出电压波形有方波、准方波和正弦波三种方式。后备式 UPS 结构简单、成本低、运行效率高、价格便宜,但其输出电压稳压精度差,市电断电时,输出有转换时间。目前市场销售的后备式 UPS 均为小功率,一般在 2 kV·A 以下。

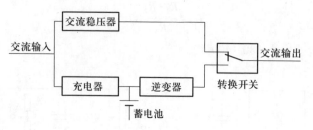

图 7.4.1　后备式 UPS 的基本结构

在线式 UPS 的基本结构如图 7.4.2 所示,它由整流器、逆变器、蓄电池组、静态开关等部分组成。正常工作时,市电经整流器变成直流后,再经逆变器变换成稳压、稳频的正弦波交流电压供给负载。当市电断电时,由蓄电池组向逆变器供电,以保证负载不间断供电。如果逆变器发生故障,UPS 则通过静态开关切换到旁路,直接由市电供电。当故障消失后,UPS 又重新切换到由逆变器向负载供电。由于在线式 UPS 总是处于稳压、稳频供电状态,输出电压动态响应特性好,波形畸变小,因此其供电质量明显优于后备式 UPS。目前大多数 UPS,特别是大功率 UPS,均为在线式。但在线式 UPS 结构复杂,成本较高。

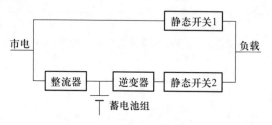

图 7.4.2　在线式 UPS 的基本结构

下面简单介绍在线式 UPS 各部分的工作原理。

7.4.2　UPS 电源中的整流器

对于小功率 UPS,整流器一般采用二极管整流电路,它的作用是向逆变器提供直流电源。蓄电池充电由专门的充电器来完成。而对于中大功率 UPS,它的整流器具有双重功能,在向逆变器提供直流电源的同时,还要向蓄电池进行充电,因此,整流器的输出电压必须是可控的。

中大功率 UPS 的整流器一般采用相控式整流电路。相控式整流电路结构简单,控制技术成熟,但交流输入功率因数低,并向电网注入大量的谐波电流。目前,对于大容量 UPS 大多采用 12 相或 24 相整流电路。整流电路的相数越多,则输入功率因数越高,注入电网的谐波含量也就越低。除了增加整流电路的相数外,还可以通过在整流器的输入侧增加有源或无源滤波器来滤去 UPS 注入电网的谐波电流。

目前,比较先进的 UPS 采用 PWM 整流电路,可以做到电网侧的电流基本接近正弦波,使其功率因数接近 1,大大降低了 UPS 对电网的谐波污染。下面以单相电路为例,说明 PWM 整流电路的工作原理。

将逆变电路中的 SPWM 技术应用于整流电路,便得到 PWM 整流电路。图 7.4.3 所示为单相 PWM 整流电路的原理框图,其主电路开关器件采用全控器件 IGBT。通过对 PWM 整流电路中开关器件的适当控制,不仅能获得稳定的输出电压,而且还使整流电路的输入电流非常接近正弦波,功率因数近似为 1。同 SPWM 逆变电路控制输出电压相类似,可在 PWM 整流电路的交流输入端 AB 产生一个正弦波调制 PWM 波 u_{AB},u_{AB} 中除了含有与电源同频率的基波分量外,还含有与开关频率有关的高次谐波。由于电感 L_s 的滤波作用,这些高次谐波电压只会使交流电流 i_s 产生很小的脉动。如果忽略这种脉动,i_s 为频率与电源频率相同的正弦波。在交流电源电压 u_s 一定时,i_s 的幅值和相位由 u_{AB} 中基波分量的幅值及其与 u_s 的相位差决定。改变 u_{AB} 中基波分量的幅值和相位,就可以使 i_s 与 u_s 同相位,电路工作在整流状态,且功率因数为 1。这就是 PWM 整流电路的基本工作原理。

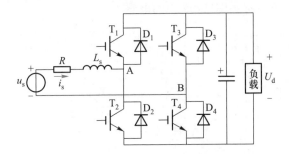

图 7.4.3　单相 PWM 整流电路的原理框图

图 7.4.4 所示为单相 PWM 整流电路采用直接电流控制时的控制系统结构简图。直流输出电压给定信号 U_d^* 和实际的直流电压 U_d 比较后送入 PI 调节器,PI 调节器的输出即为整流器交流输入电流的幅值,它与标准正弦波相乘后形成交流输入电流的给定信号 i_s^*,i_s^* 与实际的交流输入电流 i_s 进行比较,误差信号经比例调节器放大后送入比较器,再与三角波信号比较形成 PWM 信号。该 PWM 信号经驱动电路后去驱动主电路开关器件,便可使实际的交流输入电流跟踪给定值,从而达到控制输出电压的目的。

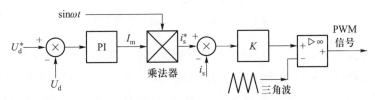

图 7.4.4　直接电流控制系统结构图

7.4.3 UPS 电源中的逆变器

为了获得恒频、恒压和波形畸变较小的正弦波电压,UPS 逆变器必须对其输出电压的波形进行瞬时控制。通常采用输出电压谐波系数 HF 来衡量 UPS 输出电压波形质量的好坏。设输出电压基波分量的有效值为 U_1,谐波分量的有效值为 U_n,则电压谐波系数定义为

$$HF = \frac{U_n}{U_1} \times 100\% \tag{7.4.1}$$

HF 越小,则说明 UPS 输出电压波形越接近理想的正弦波。

正弦波输出 UPS 通常采用 SPWM 逆变器,有单相输出,也有三相输出。下面以单相输出 UPS 为例,分析逆变器的工作原理。单相输出 UPS 逆变器的原理框图如图 7.4.5 所示,它由主电路、控制电路、输出隔离变压器和滤波电路等构成。主电路采用全桥逆变电路,对于小功率 UPS,开关器件一般为 MOSFET;而对于大功率 UPS,则采用 IGBT。为了滤去开关频率噪声,输出采用 LC 滤波电路,因为开关频率较高,一般大于 20 kHz,因此采用较小的 LC 滤波器便能滤去开关频率噪声。输出隔离变压器实现逆变器与负载隔离,避免它们之间电的直接联系,从而减少干扰。另外,为了节约成本,绝大多数 UPS 利用隔离变压器的漏感来充当输出滤波电感,从而可以省去图 7.4.5 中的电感 L。

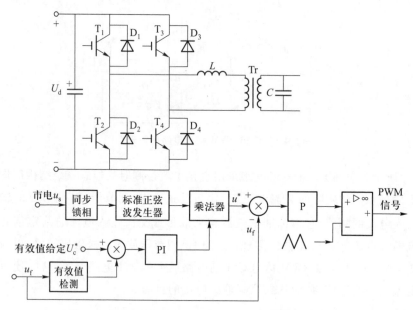

图 7.4.5 UPS 逆变器及其控制原理框图

为了保证逆变器供电和旁路供电之间能可靠无间断切换,则逆变器必须时刻跟踪市电,使输出电压与旁路电压同频率、同相位、同幅值。图 7.4.5 中,市电经同步锁相电路得到与市电同步的 50 Hz 方波,将其输入标准正弦波发生器,便能产生与市电同步的标准正弦波信号。该标准正弦波信号与输出有效值调节器的输出相乘后便得到输出电压瞬时值给定信号

u^*,再与输出电压瞬时值反馈信号 u_f 相减后,误差信号经 P 调节器后,与三角载波信号相比较,得到 PWM 信号。该信号经驱动电路后分别去驱动主电路的开关器件,从而达到控制输出电压的目的。

7.4.4　UPS 的静态开关

为了进一步提高 UPS 电源的可靠性,在线式 UPS 均装有静态开关,将市电作为 UPS 的后备电源,在 UPS 发生故障或维护检修时,无间断地将负载切换到市电上,由市电直接供电。静态开关的主电路比较简单,一般由两只晶闸管开关反并联组成,一只晶闸管用于通过正半周电流,另一只晶闸管则用于通过负半周电流。单相输出 UPS 的静态开关如图 7.4.6 所示。

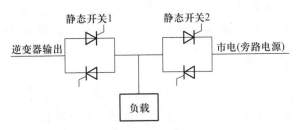

图 7.4.6　单相输出 UPS 的静态开关原理图

静态开关的切换有两种方式:同步切换和非同步切换。在同步切换方式中,为了保证在切换的过程中供电不间断,静态开关的切换为先通后断。假设负载由逆变器供电,由于某种故障,例如蓄电池电压太低,需要由逆变器供电转向旁路供电。切换时,首先触发静态开关2,使之导通,然后再封锁静态开关 1 的触发脉冲,由于晶闸管导通以后,即使除去触发脉冲,它仍然保持导通,只有等到下半个周波到来时,使其承受反压,才能将其关断,因此便存在静态开关 1 和静态开关 2 同时导通的现象,此时,市电和逆变器同时向负载供电。为了防止环流的产生,逆变器输出电压必须与市电同频、同相、同幅度。这就要求在切换的过程中,逆变器必须跟踪市电的频率、相位和幅值。如果不满足同频、同相、同幅度的条件,则不能采用同步切换方式,否则将会使逆变器烧坏。

绝大部分在线式 UPS 除了具有同步切换方式外,还具有非同步切换方式。当需要切换时,由于某种故障,UPS 的逆变器输出电压不能跟踪市电,此时,只能采用非同步切换方式,即先断后通切换方式。首先封锁正在导通的静态开关触发脉冲,延迟一段时间,待导通的静态开关关断后,再触发另外一路静态开关。很显然,非同步切换方式会造成负载短时间断电。

7.5　静止无功补偿装置

在电力系统中,电压是衡量电能质量的一个重要指标。为了满足电力系统的正常运行和用电设备对使用电压的要求,供电电压必须稳定在一定的范围内。电压控制的主要方法之一就是对电力系统的无功功率进行控制。用于电力系统无功控制的装置有同步发电机、同步调相机、并联电容器及静止无功补偿装置等,其中静止无功补偿装置是一种新型无功补偿装置,近年来得到不断发展,其应用也日益广泛。在这一节里,只介绍静止无功补偿装置。

静止无功补偿装置(static var compensator,简称 SVC)由电力电子器件与储能元件构成,其显著特点在于能快速调节容性和感性无功功率,实现动态补偿。因此,它常用于防止电网中部分冲击性负荷引起的电压波动干扰、重负荷突然投切造成的无功功率强烈变化。

根据所采用的电力电子器件,静止无功补偿装置分为两大类型。一类是采用晶闸管开关的静止无功补偿装置,它又有两种基本类型:晶闸管控制电抗器(thyristor controlled reactor,简称 TCR)和晶闸管投切电容(thyristor switched capacitor,简称 TSC)。另一类是采用自换相变流器的静止无功补偿装置,有时称为静止无功发生器(static var generator,简称 SVG)或高级静止无功补偿装置(advanced static var compensator,简称 ASVC)。

7.5.1 晶闸管控制电抗器(TCR)

TCR 的基本原理如图 7.5.1(a)所示。其单相基本结构就是两个反并联的晶闸管与一个电抗器串联,这样的电路并联到电网上,就相当于电感负载的交流调压电路结构,如图 7.5.1(b)所示。其工作原理和不同触发角时的工作波形与前面第 5 章介绍的交流调压电路完全相同。

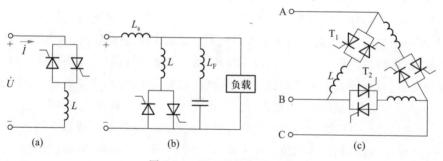

图 7.5.1　TCR 的基本原理图

电感电流的基波分量为无功电流,晶闸管的触发角 α 的有效移相范围为 90°～180°。当 $\alpha=90°$ 时,晶闸管完全导通,即导通角 $\theta=180°$,与晶闸管串联的电感相当于直接接到电网上,这时其吸收的基波电流和无功电流最大。当触发角 α 在 90°～180° 之间变化时,晶闸管导通角 $\theta<180°$,触发角越大,晶闸管的导通角就越小。增大触发角就是减小电感电流的基波分量,相当于增大补偿器的等效电感,减少其吸收的无功功率,因此,整个 TCR 就像一个连续可调的电感,可以快速、平滑地调节其吸收的感性无功功率。

在电力系统中,可能需要感性无功功率,也可能需要容性无功功率。为了满足电力系统需要,在实际应用时,可以在 TCR 的两端并联固定电容组,如图 7.5.1(b)所示,这样便可以使整个装置的补偿范围扩大,既可以吸收感性无功功率,也可以吸收容性无功功率。另外,补偿装置的电容组 C 必须串接调谐电抗器 L_F,与电容 C_f 组成滤波器,以吸收 TCR 工作时产

生的谐波。为了避免 3 次谐波进入电网,三相 TCR 一般为三角形联结。图 7.5.1(c)是三相
TCR 的基本结构。

7.5.2 晶闸管投切电容器(TSC)

TSC 由两个反并联的晶闸管构成静态开关与电容串联组成,其单相机构及其控制系统
原理图如图 7.5.2 所示。工作时,TSC 与电网并联,当控制电路检测到电网需要无功补偿时,
触发晶闸管静态开关并使之导通,这样,便将电容接入电网,进行无功补偿;当电网不需要无
功补偿时,关断晶闸管静态开关,从而切断电容与电网的连接。因此,TSC 实际上就是断续
可调的吸收容性无功功率的动态无功补偿装置。

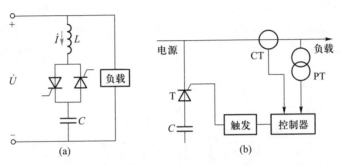

图 7.5.2 TSC 单相机构及其控制系统原理图

TSC 装置利用晶闸管作为电容的投切开关,其最大的优点是克服了传统无功补偿装置
采用接触器等机械开关投切电容所存在的一系列问题(如涌流、电弧重燃、过电压等)。

TSC 系统要解决的关键问题是:

① 大电流晶闸管开关主电路的设计、控制与触发电路的设计。

② 电容投入时刻的选择。根据电容的特性,当加在电容上的电压有阶跃变化时,将产
生冲击电流。TSC 投入电容时,如果电源电压与电容的充电电压不相等,将产生很大的冲击
电流,从而导致晶闸管烧坏。因此,TSC 电容投入时刻必须是电源电压与电容预充电电压相
等时刻。为了抑制电容投入时可能造成的冲击电流,一般在 TSC 电路中串联一个电感 L,在
很多情况下,这个电感往往不画出来。

③ 投切判据:以何种参量作为投切判据,如何检测无功电流、无功功率,如何做到最优化补
偿,取决于控制方法。同时要避免过补偿、频繁投切电容。

1. TSC 主电路

在工程实际中,一般将电容分成几组,每组均可由晶闸
管投切,如图 7.5.3 所示。电容分组通常采用二进制方案,即
采用 $n-1$ 个电容值为 C 的电容和一个电容值为 $C/2$ 的电容,
这样的分组可以使组合成的电容值有 $2n$ 级。当 TSC 用于三
相电路时,既可以是三角形联结,也可以是星形联结,每一相
均设计成如图 7.5.3 所示的分组投切。

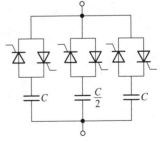

图 7.5.3 TSC 主电路

2. 零电压投入问题

在电容重投时,需要考虑电容的剩余电压。当系统电压和电容剩余电压相等时(允许有一个小范围差值),就是晶闸管无触点开关投入的触发点,否则由于电容两端电压不能突变,系统电压和电容剩余电压的差值较大时触发,SCR 会产生很大的电流冲击,这一冲击会直接损坏晶闸管。电流冲击主要体现在开关投入时的电流突变率和冲击电流最大值上。冲击电流最大值可能达到正常工作电流的几十倍,晶闸管难以承受这样大的过电流。尽管增大串联电抗器可以降低电流冲击,但更重要的是要在控制上设法解决。

为了使补偿电容的投入与切除过程不引发主电路的涌流冲击,必须选择准备投入电容上的电压为电网线电压的正或负峰值且电压极性相同的时刻,切除时只要撤消触发信号即可,开关在电流过零之后会自行关断。

根据工程实际情况也可采用晶闸管电压过零触发。通过检测晶闸管两端(阳极和阴极)的电压来确定系统电压与电容剩余电压是否相等。晶闸管电压过零触发电路示意图如图 7.5.4所示。

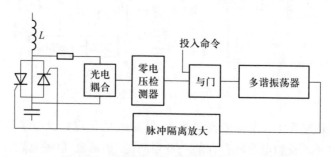

图 7.5.4　晶闸管电压过零触发电路示意图

图 7.5.4 中,晶闸管开关两端电压经电阻降压送到光电耦合器,当交流电压瞬时值与电容的剩余电压相等时,晶闸管上电压为零,这时光电耦合器上输出一个负脉冲。此脉冲宽度大约 150 μs,脉冲反相后与 TSC 投入指令相与后启动多谐振荡器输出脉冲串,然后经过功率放大和隔离电路去触发相应的晶闸管。晶闸管一经触发就保持导通,相应的电容便投入运行。

3. 电容投切判据与信号检测

TSC 常用以下方法作为电容的自动投切判据。

(1) 以无功电流为投切判据

在图 7.5.5 中,设节点相电压为

$$u_P(t) = \sqrt{2}\,U\sin \omega t \qquad (7.5.1)$$

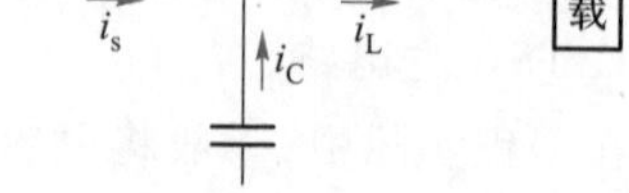

负载电流为

$$i_L(t) = \sqrt{2}\,I\sin(\omega t + \varphi) \qquad (7.5.2)$$

图 7.5.5　节点相电压与负载电流

即

$$i_L(t) = \sqrt{2}\,I\cos \varphi \sin \omega t + \sqrt{2}\,I\sin \varphi \cos \omega t = i_p(t) + i_q(t) \qquad (7.5.3)$$

式中，$i_p(t)$ 和 $i_q(t)$ 分别为有功电流分量和无功电流分量。当 $\omega t = 2k\pi$ 时

$$i_L(2k\pi) = \sqrt{2}\,I\sin\varphi = I_{QM} \qquad\qquad (7.5.4)$$

可见，只要测量在相电压正向过零时刻的负载电流，就可知对应的无功电流最大值 I_{QM}。这种无功电流检测方法简单、快速(在一个周期内只要采样一次)。图7.5.6是上述方法的无功电流检测原理电路。

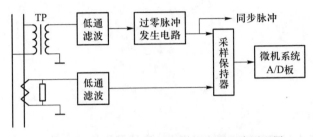

图7.5.6　无功电流为投切判据的检测电路原理图

图7.5.6中，电压信号经滤波后由过零脉冲发生电路产生相电压正向过零脉冲信号，作为采样保持器的采样开关信号，于是采样保持器的输出就是无功电流幅值。

图7.4.5中，$i_L = i_C + i_s$，如果使 $i_q = i_C$，则实现了完全补偿。

由

$$i_C = -\Delta C\,\frac{\mathrm{d}u_p}{\mathrm{d}t} = -\omega\Delta C\sqrt{2}\,U\cos\omega t$$

和

$$i_q = \sqrt{2}\,I\sin\varphi\cos\omega t = I_{QM}\cos\omega t$$

可得

$$\Delta C = -\frac{I_{QM}}{\sqrt{2}\,\omega U} \qquad\qquad (7.5.5)$$

式中，ΔC 即为全补偿所需投切的电容量。若 ΔC 为负值，则是切除相应容量的电容；反之，则应投入相应容量的电容。

(2) 以无功功率为投切判据

对于对称三相补偿，只要取任意两相电压(线电压)和另一相电流，就可测得无功功率。

如图7.5.7所示，检测 A 相电流和 BC 相线电压，由于 $P_{BC} = U_{BC}I_A\sin\varphi$，则功率因数为

$$PF = \sqrt{1 - (P_{BC}/U_{BC}I_A)^2}$$

三相视在功率为

$$S = \sqrt{3}\,U_{BC}I_A$$

三相有功功率为

$$P = S \cdot PF = \sqrt{3}\,U_{BC}I_A\sqrt{1 - (P_{BC}/U_{BC}I_A)^2}$$

由此得到无功功率

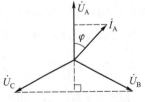

图7.5.7　三相电压相量图

$$Q = \sqrt{S^2 - P^2} = \sqrt{3}\, P_{BC} \tag{7.5.6}$$

如何由信号 u_{BC} 和 i_A 得到 U_{BC}、I_A 和 P_{BC} 是进行无功检测的关键。在这里,可以让单片机通过 A/D 转换同时对 u_{BC} 和 i_A 信号在一个周期内进行 N 次采样,得到 $2N$ 个数据,由此进行以下运算

$$I_{BC} = \sqrt{\frac{1}{N}\sum_{k=1}^{N} i_{Ak}^2} \tag{7.5.7}$$

$$U_{BC} = \sqrt{\frac{1}{N}\sum_{k=1}^{N} u_{BCk}^2} \tag{7.5.8}$$

$$P_{BC} = \frac{1}{N}\sum_{k=1}^{N} u_{BCk} i_{Ak} \tag{7.5.9}$$

4. 控制器原理框图

TSC 控制器主要由单片机、键盘接口电路、液晶显示接口电路、数据存储器、同步电压检测、电压检测、电流检测和频率检测,还有触发电路等部分组成。该控制器硬件的原理框图如图 7.5.8 所示。

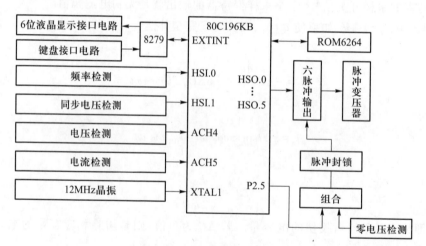

图 7.5.8 TSC 控制器原理框图

本 TSC 控制器采用 Intel 公司的 80C196KB 单片机作为系统的控制核心,ROM6264 存放系统的数据,8279 作为键盘显示接口电路,连接了 6 位液晶显示和七只按键,实现人机对话。在单片机快速检测无功功率后,即可实时决定应投入的电容级数,再由单片机通过输出 HSO.0~HSO.5 发出相应的触发脉冲信号,实现无功自动补偿。总之,其硬件机构紧凑、功能强、配合功能强大的软件,使系统的可靠性高、抗干扰能力强。

7.5.3 静止无功发生器(SVG)

图 7.5.9 所示为采用自换相电压型桥式的 SVG 基本电路结构。其工作原理同前面介绍的 PWM 整流电路相似,适当调节桥式电路交流侧输出电压的相位和幅值,就可以使该电路

吸收或者发出满足要求的无功电流,实现动态无功补偿的目的。仅考虑基波频率时,SVG 可以看成与电网频率相同且幅值和相位均可以控制的交流电压源,它通过交流电抗器连接到电网上。因此,SVG 工作原理就可以用图 7.5.10(a)所示的单相等效电路来说明。图中 $\dot{U}_s$ 表示电网电压,$\dot{U}_o$ 表示 SVG 输出的交流电压,$\dot{U}_L$ 为连接电抗器的电压。如果不考虑连接电抗器及变流器的损耗,则不必考虑 SVG 从电网吸收有功能量。在这种情况下,通过同步电路控制,使 $\dot{U}_o$ 与 $\dot{U}_s$ 同频、同相,然后改变 $\dot{U}_o$ 的幅值大小即可以控制 SVG 从电网吸收的电流 $\dot{I}$ 是超前还是滞后 $90°$,并且还能控制该电流的大小。如图 7.5.10(b)所示,当 $\dot{U}_o$ 大于 $\dot{U}_s$ 时,电流超前电压 $90°$,SVG 吸收容性无功功率;当 $\dot{U}_o$ 小于 $\dot{U}_s$ 时,电流滞后电压 $90°$,SVG 吸收感性无功功率。

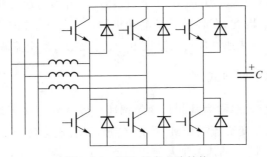

图 7.5.9 SVG 基本电路结构

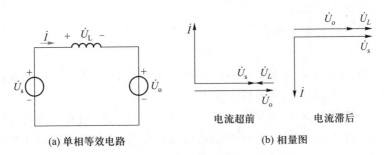

(a) 单相等效电路   (b) 相量图

图 7.5.10 SVG 等效电路及其工作原理

在实际工作时,连接电感和变流器均有损耗,这些损耗由电网提供有功功率来补充,也就是说,相对于电网电压来讲,电流 $\dot{I}$ 中有一定的有功分量。在这种情况下,$\dot{U}_o$、$\dot{U}_s$ 与电流 $\dot{I}$ 的相位差不再是 $90°$,而是比 $90°$ 略小。

应该说明的是,SVG 接入电网的连接电感,除了连接电网和变流器这两个电压源外,还起滤除电流中与开关频率有关的高次谐波的作用,因此所需要的电感值并不大,远小于补偿容量相同的其他 SVC 装置所需要的电感量。如果使用变压器将 SVG 并入电网,则还可以利用变压器的漏感,所需的连接电感可进一步减小。

7.6　变频调速装置

直流电动机具有优良的调速性能,在传统的调速系统中得到广泛应用。但是,直流电动机具有很多缺点,如结构复杂,价格昂贵,不适合恶劣的工作环境,需要定期维护,最高速度和容量受限制等。同直流电动机相比,交流电动机具有结构简单、体积小、质量轻、惯性小、运行可靠、价格便宜、维修简单、能适应恶劣的工作环境等一系列优点。以前,由于交流电动机调速比较困难,在传统的调速系统中应用得很少。近年来,由于电力电子技术的发展,由电力电子装置构成的交流调速装置已趋成熟并得到广泛应用,在现代调速系统中,交流调速已占主要地位。

由交流电动机的转速公式 $n=60f(1-s)/p$ 可以看出,若均匀地改变定子频率 f,则可以平滑地改变电动机的转速。因此,在各种异步电动机调速系统中,变频调速的性能最好,同时效率高,使得交流电动机的调速性能可与直流电动机相媲美,是交流调速的主要发展方向。

7.6.1　变频调速的基本控制方式

把交流电动机的额定频率称为基频。变频调速可以从基频往下调,也可以从基频往上调。频率改变,不仅可以改变交流电动机的同步转速,而且也会使交流电动机的其他参数发生相应变化,因此针对不同的调速范围及使用场所,为了使调速系统具有良好的调速性能,变频调速装置必须采取不同的控制方式。

（1）基频以下的变频调速

三相异步电动机的每相电动势为

$$E = 4.44fNK_{w1}\Phi_m \tag{7.6.1}$$

式中,E 为定子每相感应电动势的有效值,f 为定子电源频率,N 为定子每相绕组串联匝数,K_{w1} 为基波绕组系数,Φ_m 为每极气隙磁通量。

如果忽略定子阻抗压降,则外加电源电压 $U=E$。由此可见,当 U 不变时,随着电源输入频率 f 的降低,Φ_m 将会相应增加。由于电动机在设计制造时,已使气隙磁通接近饱和,如果 Φ_m 增加,就会使磁路过饱和,相应的励磁电流增大,铁损耗急剧增加,严重时导致绕组过热烧坏。所以,在调速的过程中,随着输入电源的频率降低,必须相应地改变定子电压 U,以保证气隙磁通不超过设计值。根据式(7.6.1)可得,如果使 $U/f=$ 常数,则在调速过程中可维持 Φ_m 近似不变,这就是恒压频比控制方式。

（2）基频以上的变频调速

电源频率从基频提高,可使电动机的转速增加。由于电动机的电压不能超过其额定电压,因此在基频以上调频时,U 只能保持在额定值。根据式(7.6.1),当电压 U 一定时,电动机的气隙磁通随着频率 f 的升高成比例下降,类似直流电动机的弱磁调速,因此基频以上的调速属恒功率调速。

除了上述两种基本控制方式外,变频调速装置的频率控制方式还有转差频率控制、矢量控制、直接转矩控制等,它们的原理将在本课程的后续课程"电力拖动自动控制系统"中叙述。

7.6.2　变频调速装置的分类

从前面的分析可知,必须同时改变电源的电压和频率,才能满足变频调速的要求。现有的交流供电电源均是恒压恒频电源,必须通过变频装置,在改变频率的同时改变电压,因此,变频装置通常又称变压变频装置(variable voltage variable frequency,简称 VVVF)。变频调速装置最早是通过旋转变流机组来实现,随着电力电子技术的发展,现在全部采用电力电子装置来实现。

从电路结构上看,变频调速装置可以分为间接变频装置和直接变频装置两大类。

(1)　间接变频调速装置

间接变频调速装置即交-直-交变频装置,首先将工频交流电源通过整流器变换成直流,然后再经过逆变器将直流变换成电压和频率可变的交流电源。按照电路结构和控制方式的不同,间接变频装置又可以分为三种,如图 7.6.1(a)、(b)、(c)所示。

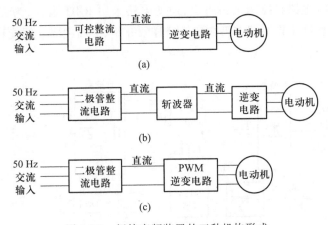

图 7.6.1　间接变频装置的三种机构形式

图 7.6.1(a)所示的间接变频装置由相控整流电路和逆变电路构成,其中整流电路调节输出电压的大小,逆变电路控制输出交流的频率。由于调压和调频分别在两个环节上进行,两者必须在控制电路上协调配合。这种装置结构简单、控制方便。但是,由于输入环节采用相控整流电路,当电压和频率调得较低时,电网端功率因数较小。输出环节大多采用由晶闸管组成的三相逆变器,输出谐波较大,这是此类变频装置的主要缺点。

图 7.6.1(b)所示的间接变频装置由二极管整流电路、斩波器和逆变电路三部分构成,其中斩波器用调节输出电压,逆变电路用于调节输出频率。同图 7.6.1(a)相比,由于采用二极管整流电路,其输入功率因数高,但是多了一个变压环节,结构复杂。此类变频装置的输出环节仍然存在输出谐波较大的缺点。

图 7.6.1(c)所示的间接变频装置由二极管整流电路和 PWM 逆变电路构成,其中调压和

调频全部由 PWM 逆变电路完成。由于采用二极管整流电路,其输入功率因数高。采用 SP-WM 逆变电路,输出波形非常接近正弦波,谐波含量小。随着 IGBT 等新型全控器件的出现以及 PWM 技术和计算机控制技术的发展,此类变频装置得到了飞速发展并且技术已经成熟,应用已日益普及。它是目前最有发展前途的一种变频装置。

（2）直接变频装置

直接变频装置的结构如图 7.6.2 所示,它采用交-交变频电路,只用一个变换环节,直接将恒压恒频的交流电源变换成 VVVF 电源。根据输出波形,直接变频装置可以分成方波形和正弦波形两种。此类变频装置一般只用于低速大容量的调速系统,如轧钢机、球磨机、水泥回转窑等。

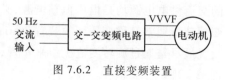

图 7.6.2　直接变频装置

7.6.3　SPWM 变频调速装置

图 7.6.3 所示为一种开环控制的 SPWM 变频调速系统结构简图。它由二极管整流电路、能耗制动电路、逆变电路和控制电路组成,逆变电路采用 IGBT 器件,为三相桥式 SPWM 逆变电路,其电路结构和工作原理在第 3 章已经详细介绍,下面主要介绍能耗制动电路和控制电路的工作原理。

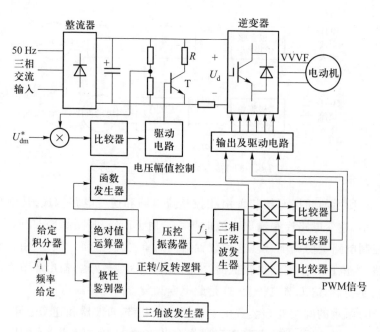

图 7.6.3　开环控制的 SPWM 的变频调速系统结构简图

（1）能耗制动电路

在图 7.6.3 中,R 为外接能耗制动电阻,当电动机正常工作时,电力晶体管 T 截止,R 中没有电流流过。当快速停机或逆变器输出频率急剧降低时,电动机将处于再生发电状态,向滤波电容 C 充电,直流电压 U_d 升高。当 U_d 升高到最大允许电压 U_{dmax} 时,功率晶体管 T 导通,接入电阻 R,电动机进行能耗制动,以防止 U_d 过高危害逆变器的开关器件。

(2) 控制电路

输出频率给定信号 f_i^* 首先经过给定积分器,以限定输出频率的升降速度。给定积分器输出信号的极性决定电动机正反转,当输出为正时,电动机正转;反之,电动机反转。给定积分器输出信号的大小控制电动机转速的高低。不论电动机是正转还是反转,输出频率和电压的控制都需要正的信号,因此需加一个绝对值运算器。绝对值运算器的输出,一路去函数发生器,函数发生器用来实现低频电压补偿,以保证在整个调频范围内实现输出电压和频率的协调控制;另一路经过压控振荡器,形成频率为 f_i 的脉冲信号,由此信号控制三相正弦波发生器,产生频率与 f_i 相同的三相标准正弦波信号,该信号同函数发生器的输出相乘后形成逆变器输出指令信号。同时,给定积分器的输出经极性鉴别器确定正反转逻辑后,去控制三相标准正弦波的相序,从而决定输出指令信号的相序。输出指令信号与三角波比较后,形成三相 PWM 控制信号,再经过输出电路和驱动电路,控制逆变器中 IGBT 的通、断,使逆变器输出所需频率、相序和大小的交流电压,从而控制交流电动机的转速和转向。

7.7 电力电子系统可靠性概述

7.7.1 可靠性的基本概念

电力电子系统的可靠性是工程技术人员、生产厂家及用户都极为关心的一个重要问题。对于一个元件、一台装置或一个系统,不仅要求它能满足实际需要的技术指标,而且还要求它能够长期稳定地工作。通常,在电力电子装置或系统中并存着强弱电信号和高低压环节,同时它还受到来自电网的电磁干扰的威胁,因此装置或系统的可靠性和电磁兼容性问题就显得尤为突出。

元件或系统的可靠性定义为元件或系统在规定的条件下和规定的时间内,完成规定功能的能力。对于电力电子装置或系统来说,其规定条件指的是环境温度和湿度、海拔高度、电磁环境、电网状况、储存条件及其他要求等。显然,如果这些条件改变了,则其可靠性也随之改变,即可靠性与规定条件是密切相关的。同时,可靠性与技术指标是分不开的,并且随时间的推移而变化。

当元件、装置或系统不能完成规定的功能时,则称为失效。为了描述一个元件、装置或系统的可靠程度,必须引入数量化的指标——可靠性指标。

7.7.2 常用的可靠性指标

常用的可靠性指标有可靠度、失效率和平均无故障时间等。

1. 可靠度 $R(t)$

可靠度定义为元件或系统在规定时间内和规定的使用条件下,正常工作的概率。它是时间 t 的函数,记作 $R(t)$,也可称为可靠度函数。若以 T 表示元件或系统的寿命,则事件 $(T>t)$ 表示元件或系统在 $[0,t]$ 时间内能正常工作的概率 P,可靠度函数为

$$R(t) = \begin{cases} P(T>t) & t \geqslant 0 \\ 1 & t < 0 \end{cases} \qquad (7.7.1)$$

若已知元件或系统寿命 T 的概率密度函数 $f(t)$,那么对于给定的 t,则有

$$R(t) = \int_t^\infty f(t)\,\mathrm{d}t \qquad (7.7.2)$$

通常,元件或系统寿命的概率分布无法事先知道,所以 $R(t)$ 值的计算是通过寿命试验得到的。

可靠度函数和概率密度的图形如图 7.7.1 所示。图中说明,随着时间的推移,T 大于 t 的可能性不断降低。

2. 失效率 $\lambda(t)$

(1) 定义

元件或系统的失效率定义为在 t 时刻以前一直正常工作的条件下,在 t 时刻以后单位时间内失效的概率,记作 $\lambda(t)$,表示为

$$\lambda(t) = \lim_{\Delta t \to 0} \frac{P(t \leqslant T \leqslant t+\Delta t \mid_{T>t})}{\Delta t} \qquad (7.7.3)$$

其中,$\lambda(t)$ 是时间的函数。如果 T 服从指数分布,则 $\lambda(t)$ 为常数。

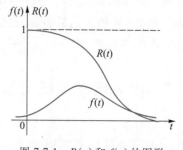

图 7.7.1 $R(t)$ 和 $f(t)$ 的图形

(2) $\lambda(t)$ 与 $f(t)$、$R(t)$ 的关系

根据上述定义,可得到

$$\lambda(t) = \frac{f(t)}{R(t)} \qquad (7.7.4)$$

$$\lambda(t) = -\frac{\mathrm{d}\ln R(t)}{\mathrm{d}t} \qquad (7.7.5)$$

$$R(t) = \exp\left[-\int_0^t \lambda(t)\,\mathrm{d}t\right] \qquad (7.7.6)$$

失效率又称危险率或风险率,失效率的常用单位是 10^{-9}/h,记作 1 非特。国外生产的电力半导体器件的失效率在 100 非特以下。显然,失效率越低,可靠性越高。

(3) 失效类型和浴盆曲线

失效率分为三种类型,反映了不同的特点和失效原因。

① 早期失效型(DFR)。这种失效类型的特点是开始时失效率高,随着时间的推移逐步减小,如图 7.7.2 所示。造成这种失效的主要原因是设计和制造上的缺陷、管理不当、检验疏忽等。

② 偶然失效型（CFR）。这种失效的特点是，失效率与时间无关，为一个常数，如图 7.7.3 所示。这是在使用过程中因某种不可预测的随机因素产生的，例如电力电子系统突然遇到不可预测的外界强干扰而出现停机或跳闸现象，其发生时刻是随机出现的。

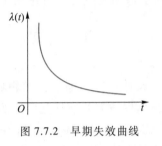

图 7.7.2 早期失效曲线

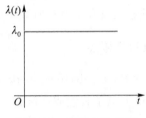

图 7.7.3 偶然失效曲线

③ 耗损失效型（IFR）。这种失效的特点是，失效率随着时间的推移而增大，如图 7.7.4 所示。元件的老化、疲劳、磨损等是造成这种失效的主要原因。在电力电子系统运行过程中，由于电力半导体器件的结面温度过高就会出现这种失效。

④ 浴盆曲线。在实际中，电力电子装置或系统的失效曲线是形似浴盆的曲线，称为浴盆曲线，如图 7.7.5 所示。装置或系统在使用初期表现为早期失效型，这一点可以通过产品在出厂前进行动态或静态老化试验来让其渡过早期失效期。之后，装置或系统进入到偶然失效期，这是装置或系统的最佳工作时期。一般希望这段时间的失效率尽可能小，运行时间尽可能长。运行后期就必然进入耗损失效期。对于像电力电子系统这样可维护的装置，如果在耗损失效期的开始就对之进行事先维护与维修，就能降低耗损失效率。例如，对电力电子系统定期进行设备维护，定期更换散热用的风扇（其寿命 3~5 年）、电力电解电容（其寿命 4~8 年）以及及时更换报废的蓄电池等，均可以降低其失效率。

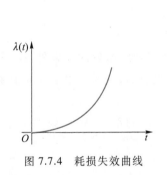

图 7.7.4 耗损失效曲线

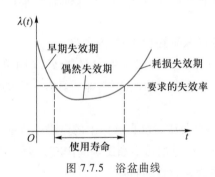

图 7.7.5 浴盆曲线

3. 平均无故障时间（MTBF）

作为可修复的电力电子装置或系统寿命 T 不是一个确定值，而是一个连续型随机变量。随机变量 T 的数学期望 μ 就是电力电子装置或系统的平均无故障时间（mean time between failure，简称 MTBF），即

$$\mu = E(T) = \int_0^\infty t f(t)\,\mathrm{d}t \tag{7.7.7}$$

其中，$f(t)$ 为寿命 T 的概率密度函数。式(7.7.7)可变为

$$\mu = \int_0^\infty R(t)\mathrm{d}t \qquad (7.7.8)$$

目前，在电力电子装置中，不间断电源(UPS)的平均无故障时间可达到 10 万～24 万小时，而通用变频器则只有 1 万小时数量级。

7.7.3 电磁兼容性概述

电磁兼容性 EMC(electromagnetic compatibility)设计在电力电子技术领域显得格外重要。随着各种电力电子装置或系统在家庭、工业、交通、国防等领域日益广泛的应用，电磁干扰 EMI(electromagnetic interference)和电磁敏感度 EMS(electromagnetic susceptibility)问题已经迅速地扩展到与电子技术应用相关的工业及民用的各个领域，成为现代电力与电子工程设计及研究人员必须认真考虑的问题。电力电子装置本身功率容量和功率密度的不断增大以及工作频率的不断提高，供电系统中发电、输配电设备、电气传动装置、感应炉、电弧炉等大功率电力电子装置以及大量使用的电子镇流器和高频开关电源均可成为重要的干扰源，由此产生的传导和辐射干扰不仅会使电网电压波形畸变，使电网本身及装置周围的电磁环境遭受污染，而且还会在供电回路中产生过电压和大的谐波电流，导致供电电网中的设备性能变坏，甚至发生严重故障。

为此，世界各国对电气设备的电磁兼容性 EMC 均制定了相应的标准，其中最有名的是欧洲经济共同体于 1989 年颁布的《欧共体成员国关于电磁兼容法律性指令》。该指令明确规定，从 1996 年 1 月 1 日起，所有投放欧洲市场的电气、电子产品均需按照指令的要求进行电磁兼容认证。欧洲电磁兼容指令也同样适用于电力电子装置或系统。现在可以说，没有经过电磁兼容认证的电力电子及机电产品、家用电器设备已经很难参与国内外激烈的市场竞争。

1. 电磁兼容性(EMC)的含义

① 电气、电子设备能够在它自己所产生的电磁环境以及它所处的复杂外界电磁环境中按照原设计要求正常地工作，即它具有一定的电磁敏感度，以保证它对电磁干扰具有一定的抗扰度。

② 该设备或系统自己产生的电磁干扰必须限制在一定的水平，从而不致对它周围的电磁环境造成严重的污染和影响周围其他设备或系统的正常工作。

2. 电磁兼容性的特点

电力电子系统中的电磁兼容问题与通信中的电磁兼容问题没有什么原则上的区别。但是，电力电子系统中的电磁兼容问题具有其固有的特点：

① 在 EMI 方面，电力电子系统中的电磁噪声对周围电磁环境所造成的电磁污染和电磁干扰要比通信系统严重得多。

a. 与通信系统相比，虽然电力电子系统的工作频率不高，但是其工作电压高、电流和功率都较大，因此系统在开关器件的开关过程中会产生强大的瞬态噪声电压或瞬态噪声电流，

成为很强的电磁噪声源。它造成的干扰主要表现为近场辐射和传导性 EMI。

　　b. 电力电子系统中的非线性功率变换电路通常还会导致很大的谐波电流和谐波电压，造成谐波干扰，它不仅会污染电网，而且还可能危害设备和系统的运行安全。

　　② 在 EMS 方面，与通信系统相比，电力电子系统中的抗干扰问题要复杂得多。

　　a. 噪声强度大(du/dt 高达数十千伏每微秒，di/dt 高达数千安每微秒)、频率可低至几赫、干扰频谱较宽(可到数十兆赫)，而且常与有用信号频率混杂在一起，所以采用一般的滤波方法难以奏效。

　　b. 强电与弱电电路或部件之间以及不同装置之间的干扰耦合常属于传导耦合和近场辐射耦合，加之电力电子装置的体积通常较为庞大、干扰频率较低，采用一般常用的屏蔽措施也存在诸多困难。

　　在 EMC 测量方面，由于电力电子系统体积庞大、功率容量高，无论进行 EMI 或 EMS 测量，都存在很多实际困难。

　　近年来，与 EMC 有关的电力电子技术领域的研究工作，例如软开关技术、功率因数校正技术、谐波抑制技术等，已经取得了新的进展。

　　在电力电子产品中常用的国际电磁兼容标准如表 7.7.1 所示。

表 7.7.1　在电力电子产品中常用的电磁兼容标准

序号	标准	标准号
1	安全规范标准	EN 60950
2	传导、辐射干扰	EN 55022 A
3	静电放电	EN 61000-4-2 Level 3
4	辐射电磁场	EN 61000-4-3 Level 2
5	脉冲群	EN 61000-4-4 Level 2
6	冲击	EN 61000-4-5 Level 3
7	对射频场感应的传导干扰	EN 61000-4-6 Level 2
8	工频磁场	EN 61000-4-8 Level 2
9	电压暂降、短时中断和电压变化	EN 61000-4-11
10	电压波动和闪变	EN 61000-3-3

思考题与习题

7.1　开关电源与线性稳压电源相比有何优缺点？

7.2　功率因数校正电路的作用是什么？有哪些校正方法？其基本原理是什么？

7.3　UPS 有何作用？它由几部分组成？各部分的功能是什么？

7.4　什么是 TCR？什么是 TSC？什么是 SVG？它们各有何区别？

7.5　试说明可靠性的概念。

7.6　试说明常用的可靠性指标有哪几个，各代表什么含义。

7.7　试说明电磁兼容的含义。

7.8　试说明在电力电子系统中的电磁兼容具有什么特点。

第 7 章课件

参 考 文 献

[1] 王兆安,黄俊.电力电子技术[M].4版.北京:机械工业出版社,2000.

[2] 陈坚.电力电子学——电力电子变换和控制技术[M].北京:高等教育出版社,2002.

[3] 湘潭电机制造学校.可控硅技术[M].北京:机械工业出版社,1979.

[4] 莫正康.半导体变流技术[M].2版.北京:机械工业出版社,1997.

[5] 张立,赵永健.现代电力电子技术器件、电路及应用[M].北京:科学技术出版社,1992.

[6] 张立.现代电力电子技术基础[M].北京:高等教育出版社,1999.

[7] 陈伯时.电力拖动自动控制系统[M].2版.北京:机械工业出版社,1997.

[8] 丁道宏.电力电子技术修订版[M].北京:航空工业出版社,1999.

[9] Lander,C.W.电力电子技术[M].郭彩霞译.北京:机械工业出版社,1987.

[10] 周继华,李宏.现代电力电子工程[M].西安:西北工业大学出版社,1998.

[11] 阮新波,严仰光.直流开关电源的软开关技术[M].北京:科学出版社,2000.

[12] 林渭勋等.电力电子技术基础[M].北京:机械工业出版社,1990.

[13] 何希才,江云霞.现代电力电子技术[M].北京:国防工业出版社,1996.

[14] 贾正春,许锦兴.电力电子学[M].武汉:华中理工大学出版社,1993.

[15] 赵炳良.现代电力电子技术基础[M].北京:清华大学出版社,1995.

[16] 张工一,肖湘宁.现代电力电子技术原理与应用[M].北京:科学技术出版社,1999.

[17] 张立,黄两一等.电力电子场控器件及应用[M].北京:机械工业出版社,1996.

[18] 叶斌.电力电子应用技术及装置[M].北京:中国铁道出版社,1999.

[19] 郑宏婕.电力电子技术[M].北京:科学普及出版社,1993.

[20] 王维平.现代电力电子技术及其应用[M].南京:东南大学出版社,2000.

[21] 黄操军,陈润恩,王桂英.变流技术基础及其应用[M].北京:中国水利水电出版社,2001.

[22] 詹长江.大功率PWM高频整流系统波形控制技术研究(博士学位论文).武汉:华中理工大学,1997.

[23] 胡存生.集成开关电源的设计制作调试与维修[M].北京:人民邮电出版社,1995.

[24] 正田英介,楠本一幸.电力电子学[M].北京:科学出版社,OHM社,2002.

[25] Ned M. Power Electronics, Converters Applications and Design[M]. 3 nd ed. New York: John Wiley & Sons, 2003.

[26] Dewan. S. B., Slenion, G. R., and Straughen. A. Power Semiconductor Drives[M]. New York: Wiley, 1984.

[27] Rashid. M. H. Power Electronics[M]. 2nd ed. New Jersey: Prentice Hall, Inc.1993.